THE STAR BUILDERS
Nuclear Fusion and the Race to Power the Planet
Arthur Turrell

「夢のエネルギー」核融合の最終解答

アーサー・タレル
横山達也・監修　田沢恭子・訳

早川書房

「夢のエネルギー」核融合の最終解答

THE STAR BUILDERS

Nuclear Fusion and the Race to Power the Planet

by

Arthur Turrell

Japanese edition supervised by
Tatsuya Yokoyama
Translated by
Kyoko Tazawa
First published 2025 in Japan by
Hayakawa Publishing, Inc.
This book is published in Japan by
arrangement with
the original publisher, Scribner,
a division of Simon & Schuster, Inc.
through Japan Uni Agency, Inc., Tokyo.

装幀／木庭貴信（オクターヴ）
写真／© National Institute for Fusion Science

アリスへ

目次

＊訳注は小さめの〔　〕で示した。

プロローグ　突拍子もないアイデア

「幾千もの新たなアイデアについて、膨大な研究が必要です――少々突拍子もないと感じられるアイデアも含めて」
――ビル・ゲイツ、エネルギー危機を解消する方法についての発言[1]

地上に星を作る〝スタービルディング〟。それを追う冒険で私が最初に訪れたのは、サンフランシスコのフィナンシャル・ディストリクトから東へ八〇キロメートルほどのところに位置する、立ち入り制限された原子力施設だ。私が今いる建物は、フットボールのピッチ三つ分の広さがある。フットボールと言うのは、もちろんアメリカンフットボールだ。ここは国立点火施設（NIF）と呼ばれている。中では科学者たちが物質を極限状態に追い込み、恒星内部における条件とそこで起きる反応を再現している。

案内役は、NIFの運用責任者を務めるブルーノ・ヴァン・ウォンターヘム博士だ。一九九八年、彼は私たちが今いるこの巨大な施設の設計を助けた（ここで製作された装置の運用が始まったのは、それより一〇年以上あとだった）。彼と他のNIFの科学者たちがここカリフォルニアの日射しのもとで建設したのは、世界最大で世界最高出力のレーザーだ。

私がここを訪れたのは、この巨大なレーザーが発射したときに起きることを自分の目で見るためだ。非常に高出力なので、ごく短時間しか使えない。この瞬間的なパルスの一回一回を、ここの科学者たちは「ショット」と呼ぶ。そわそわしながらブルーノと一緒に待っていると、シャツから個人線量計をぶら下げた今回のショットの責任者がやって来て、私たちを制御室に招き入れる。

　部屋は暗く、ＮＡＳＡの地上管制室と似たレイアウトとなっている。プラスチックで覆われたコンピューター端末が曲線を描いて並び、オペレーターはグラフィックやコンピューターコードを見つめ、テキストをスクロールしている。ブルーノは私が何を考えているか察したらしく、説明を始める。私の見ているレーザー装置は、少なくともスペースシャトルと同じくらい複雑で、五〇〇万行のコンピューターコードが作業を支配しているそうだ。私たちの目の前の壁は、スクリーンで覆われている。さまざまな色で埋め尽くされたスクリーンを眺める私を見て、ブルーノが言う。「そちらは完了させるべき確認項目のリストです」

　一時間前、施設のあちこちに設置されたスクリーンに、レーザー装置のカラーマップが表示された。構内放送で「レーザーベイ1から離れてください、繰り返します……」と指示が流れ、それから「レーザーベイ2から離れてください」と指示が流れた。各ベイを入念に見渡して、無人であることが確認された。確認が終わるたびに、準備の完了したエリアが赤色で施設のマップに表示されていった。最も複雑なショットは、準備に三〇時間かかる。

　制御室で背後に目をやると、二人の職員が落ち着かないようすでアクリル製の窓をのぞき込んでいる。一方の無精ひげを生やした三十代半ばの男性は、うろうろと歩き回る。これは彼の実験なのだ。ターゲットのコストが通常一〇万ドルから一五万ドルであることを考えれば、彼が不安を覚えるのも納得できる。アメリカのローレンス・リヴァモア国立研究所にある国立点火施設は、科学研究や国家安全保障に関係する多様な実験を行なう。今日のショットは機密扱いなので、いったい何の実験なのか私にはよくわからない。わかっているのは、極端な放射線を浴びる素材の耐久性に関するものだということくらいだ。私がここで真に知りたいのは、炉内で小さな恒星を生み出すことを目指すショットがどんなものなのかということである。
待っているあいだ、二〇人ほどいる科学者のうちの一人が建物の反対側にいる同僚とトランシーバーでやり取りするざわついた音以外、ほとんど何も聞こえない。電源装置を充電しているところだとブルーノが教えてくれる。これは世界最大のコンデンサーバンクであり、基本的にはとてつもなく巨大な高速放電バッテリーなのだそうだ。作動させると、ダイナマイト四〇〇本を爆発させるのに等しい四〇〇メガジュールのエネルギーを放出する。

ショット責任者がカウントダウンを始める。「一〇……九……」。大きなスクリーンに現れた小さな長方形がグレーから赤、そして緑へと切り替わっていく。「八……七……六……」。ショット責任者の歌うような声が構内放送で流れる。コンデンサーバンクを表す最も大きな赤いバーが緑色に変わり始める。「土壇場で失敗したり、電源が止まってすべてがダウンしたり、ということもあるのです」とブルーノが言い、私は不意に何かが故障したのではないかと思う。緑色だった部分がすべてグレーに変わり始めたのだ。それでもカウントダウンは続く。「……五……四……三……二……一……発射（ショット）！」

私の背後にあるケーブルだらけのマスターオシレーター室で、赤外光の短いビームが生成される。長さはわずか六メートル。光スイッチを二〇ナノ秒だけオンにするのに相当する。ビームに含まれる光エネルギーは、わずか一ナノジュールだ。リンゴ一個を一メートル持ち上げるのに一ジュール（一ナノジュールの一〇億倍）が必要だと考えたら、一ナノジュールなどほぼ無に等しい。

生成されたばかりのビームを精密な光学装置で分割し、二四本の細いビーム二セットにする。各セットのビームは光ファイバーを通り、建物の幅全体をほぼカバーする二つの増幅器ベイに入る。ここでビームは別のレーザーから一〇〇億倍のエネルギーブーストを受ける。これはまだ始まりにすぎない。ビームが再び分割されて今度は全部で一九二本のビームとなり、互いに平行に進んでいく。レンズを使って各ビームを成人の胸部ほどの幅に広げる。これより細いと、光が強烈すぎて通過時にガラスを破損してしまい、修復できなくなる。

電気エネルギーで満ちた一基一一トンのコンデンサーが、七〇〇〇個以上のキセノンフラッシュランプを点灯すると、一テラワット（アメリカ国内の送配電網全体を上回る）の最大出力に達する。このランプは写真撮影で使うのと似ているが、何かにつけて極端なのが当たり前なこの場所では、ランプも二メートルの高さまで設置され、窒素で冷却されている。レーザービームが到達してランプが点灯すると、明るい白色光の筋がネオジム添加リン酸塩ガラス（色がピンクがかっている点を除き、見た目はふつうのガラスと変わらない）の巨大な板に入っていく。ガラスがエネルギーを吸収すると、ガラス内のネオジム原子が不安定な励起状態になる。赤外レーザービームがガラス全体に照射されると、励起した原子が弛緩し、自らの赤外光を放つ。この効果により、押し寄せるレーザービームが何倍にも増幅される[2]。

小さなモーターでわずかに変形するミラーによって、入射したビームが完璧に均等に反射され、フラッシュランプを通って往復することによりさらに増幅する。スタートからゴールまでのあいだに、当初のビームのエネルギーは四〇〇〇兆倍に増幅される。コンデンサー内の四〇〇メガジュールのうち、レーザービームになるのは一パーセントにも満たない。それでもこれらの一九二本の赤外ビームは、これまでに生成されたなかで群を抜いて最も高エネルギーのレーザーパルスなのだ。

ビームは建物の中で上ったりカーブしたり直進したりしながら鏡張りの通路を進み、ブルーノと私のいる制御室を回り込む。そしてターゲットチャンバーへ向かい、全長一・五キロメートルの道のりが終わりに近づく。各ビームは二枚の巨大な結晶の板を通過する。一枚目は入射するレーザー光の色を変え、赤外光の多くを鮮やかな緑色に変える。この二つの色が次の結晶の板を通過すると、絵の具のように混ざり合って別の色の光となる。この新たなビームには、可視範囲外の高エネルギーの紫外光子が詰まっている。

ビームがターゲットチャンバーに入る。ターゲットチャンバーは、角の丸い厚さ一〇センチメートルのアルミパネルと厚さ三〇センチメートルのコンクリートでできた、半径一〇メートルの球体だ。内部はほぼ空っぽの空間で、強い陰圧に保たれている。ここに入ったビームの一本一本が、髪の毛の直径ほどの丸い点に集束される。

機密でない恒星を生成する実験のために、金製の円筒がチャンバーの中央に置かれている。一九二本のレーザービームのうち九六本がその一方の端、残りの九六本が反対の端に向けて、誤差が一メートルの一〇〇万分の五〇という精度で狙いを定める。これはダーツで一キロメートル離れたところから的の中心円を射抜くのに匹敵する精度だ。金の円筒は長さが九ミリメートルで、絶対零度より一九度だけ上（摂氏マイナス二五四度）というとてつもない低温まで冷却されている。これは海王星の表面より冷たい。円筒の端から入ったビームは、金の内壁にぶつかる。タイマーがスタートし、信じがたい話だが、この瞬間からの二〇ナノ秒間に起きることは、ひょっとすると世界を一変させる可能性がある。

最初の八ナノ秒間に、ビームが円筒の壁の内部に大量のエネルギーを詰め込むことにより、金原子がばらばらになる。イオン化した金が、さらに別の種類の光であるX線としてすぐさまエネルギーを壁から送り出す。ぴったり歩調を合わせて進むレーザー光とは違い、X線はさまざまな方向へ飛び去る。

降り注ぐX線が円筒を満たし、スタートから一四ナノ秒が経過すると、X線は円筒の中心にあるカプセルに到達する。カプセルは人の瞳孔くらいの大きさで、地球の大きさまで拡大したとしても最大の歪みはエベレストの高さの一〇パーセントにすぎないほどの完璧な球形だ。これほど小さくて完璧な球体を作るには、未来的なツールを使った何時間にもわたる精密な作業を要する。カプセルの外層は、なんとダイヤモンドでできている。中間層は低温の固体水素からなり、内層は水素ガスでできている。X線が外層を蒸発させ、そこから高温の物質を押しのける。ロケットが進行方向とは逆方向に高温の物質を噴射して進むのと同じように、ある方向へ外層を急激に蒸発させると、カプセルが収縮する。その速度は目をみはるほどで、秒速三五〇キロメートルを上回る速度でカプセルは崩壊していく。

固体水素の層と内部の水素ガスが加速しながら内側へ収縮する。やがて半径が当初のカプセルの三〇分の一となる。地球が縮んで直径四二〇キロメートルの球体になるのに相当し、たとえるならばサッカーボールをエンドウ豆のサイズに縮めるようなものだ。固体水素の層は高密度に圧縮され、ティーカップ一杯で二〇〇キログラム以上の質量となる。

カプセルの中心のガスは、爆縮によって温度が徐々に上がっていく。原子の種類は違うかもしれないが、温度、圧力、密度は太陽内部に近い。つまり、小さな恒星が誕生したのだ。圧力だけでも、われわれが地球上で経験する圧力の三〇〇〇億倍だ。カプセル内の温度では、ばらばらになった水素原子が互いに激しくぶつかり合うので、原子核が反応し始める。といっても、学校の理科の授業で見たような化学反応ではない。核反応、厳密に言えば核融合反応なのだ。

核融合反応というのは、きわめて特殊な反応だ。そして、宇宙で最も重要な反応かもしれない。宇宙を光で満たしているのが、この反応なのだ。

恒星と同じように、ここで起きる核融合反応でも原子核どうしが圧縮されて融合し、新たな原子を生み出す。このときに、原子核から莫大なエネルギーも放出される。ここＮＩＦのショットでは、水素原子核が融合してヘリウム原子核となる。核融合で放出されるエネルギーは、ヘリウム原子核が秒速一三〇〇万メートルで飛び出すという猛烈な速度として現れる。飛び出した原子核が周囲の水素原子核にぶつかると、水素原子核の温度が上がる。それによってさらに多くの水素原子核の反応する確率が上がり、高速で運動するヘリウム原子核がさらに生じる……といった具合にプロセスが進行する。

レーザーが円筒に入ってからほぼ二〇ナノ秒後までに、一京回を超える反応が起きる。反応のたびに、われわれを形づくっているのと同じ物質が直接エネルギーに変わる。[3]

やがて高温の核融合燃料の球がその形状を保てなくなる。幅一〇メートルの真空室の中心で、直径が〇・一ミリメートルで太陽コアと同じくらい高温かつ高圧の物体が融解するというのは、自然な状況ではない。燃料が震え、揺らぐ。それ自体の慣性で、つかの間そこにとどまっているだけだ。粒子と比べれば明らかに緩慢な音波が、燃料を通過して崩壊させる。反応が終わり、恒星は死を迎える——少なくとも、レーザーから次のショットが次のターゲットに向けて発射されるまでは。

「あまり大した見ものではありませんね」と、ショットが終わったところでブルーノが言う。その言葉が本心だとは、一ナノ秒たりとも思えない。

スターパワー

小さな恒星を地上で作るというアイデアは、一九四〇年代以来、科学者や各国政府、大富豪、起業家、セレブ、ポルノ界の大物、さらには何人かの独裁者の心をも奪ってきた。国立点火施設の科学者たちだけではない。長年にわたり、世界中のグループが創意を限界まで押し広げて、恒星と同じ働きをする精巧な装置〝スターマシン〟を考案している。今ではそうしたスターマシンが実際に建造され運用されている。さまざまな思いつきを寄せ集めてわずかな資金で作製したものから、フランスの片田舎にそびえたつ七階建てのドーナッツ型の装置まで、多様なマシンがある。そこで使われている恒星をとらえる仕組みは、力場（フォースフィールド）、レーザー、空気ピストンなど、まさにSFから抜け出してきたかのようだ。製作チームは物理学者、エンジニア、数学者、コンピューターサイエンティストなどからなり、彼らは核融合反応という核の鍛冶場を押さえ込んで制御することにキャリアのすべてを捧げている。彼らは恒星を作る〝スタービルダー〟だ。

われわれの惑星で小さな恒星を作るというのは、とうてい得策とは言えそうにない。最悪の場合、ジェームズ・ボンドかスター・ウォーズの映画に登場する悪党の考える、邪悪な計画のようにさえ感じられる。本書では、ともすると荒唐無稽に聞こえるかもしれないスタービルダーたちのアイデアが、じつは地球を救う可能性があると言える理由を示すとともに、恒星のエネルギー〝スターパワー〟を制御し利用することを目指すレースの先駆けたちを紹介する。

スタービルダーの真の目標は、恒星そのものを正確に再現することではなく、恒星のエ、ネ、ル、ギ、ー、源、である核融合を地上で再現して制御することだ。核融合は、今日の原子力発電所で起きている核分裂とは違う。核分裂反応では、大きな原子核（原子のコア）が分裂して小さな原子核になる。一方、核融合では、二個の小さな原子核から大きな原子核が生じる。どちらの反応の名前も、原子核に起きることに由来する。しかしそれらの反応のリスク、放出されるエネルギーの量、反応に関与する原子、そして反応を生じさせるのに必要な技術は、大きく異なる。

制御核融合は、核技術のカルテットのなかでまだ征服できていない最後の一つだ。他の三つは、今日の原子炉で使われている制御核分裂、原子爆弾で使われる非制御核分裂、そして熱核爆弾（水素爆弾）で用いられる非制御核融合である。これらの三つは一九四〇年代から五〇年代に実証された。しかし最後の一つについては、まだやり方がわからない。それでもスタービルダーたちは努力を続けていて、彼ら自身によれば目標に近づいているそうだ。

　核融合を制御するとか達成するというのはどういう意味なのか。スタービルダーにとって、それはいくつかの原子を融合させて大きな原子を作るというだけの話ではない。じつは核物理学の観点から言うと、それは十分に簡単で、すでにやった人がかなりいる。何千人ものスタッフを擁する研究所でやった人もいれば、学校の教室でやった人もいる。eベイで集めたパーツを使って核融合装置を作った少年もいる。しかしこれらの装置で作られるエネルギーの量は、装置自体を稼働させるのに使うエネルギーと比べたら微々たるものにすぎない。[4]

　スタービルダーは、核融合では使うエネルギーを上回る量のエネルギーを生み出せるということ、そしてこれが実用的なエネルギー源になるということを示そうとしている。反応を起こすのに必要なエネルギーよりも多くのエネルギーを生み出すことが、第一歩となる。「ブレークイーブン」や「正味のエネルギー利得」、あるいは無限に続く「点火」――スタービルダーはさまざまな専門用語を使うが、いずれも「入力エネルギーより出力エネルギーのほうが多い」という意味だ。世界中のスタービルダーのチームは、それを最初に実現しようと競争を繰り広げている。

　正味のエネルギー利得とは、薪にマッチで火をつけたときに起きる状況だ。マッチを灯すのに大したエネルギーは要らないが、そのマッチで点火した薪から燃え上がる炎は、その何倍ものエネルギーを熱や光として放つ。スタービルダーはパーセンテージを使ってこれを論じることが多い。一〇〇パーセントならブレークイーブンで、一〇〇パーセントを超えれば正味のエネルギー利得となる。

　しかし入力エネルギーと出力エネルギーが等しい一〇〇パーセントを達成するのは、科学的にも技術的にも困難を極める。まだ成功した人はいない。しかしこれこそ、核融合をエネルギー源として利用するための鍵なのだ。核融合で入力エネルギーと同じ量のエネルギーが出力できるということをスタービルダーたちが示せれば、あとはさらに多くのエネルギーが出力できるように最適化するだけだ。ここに至ってようやく、核融合で世界を変えることができる。これは、ライト兄弟の飛行機がまったく飛べなかったときと二五〇メートル飛べたときとの違いに等しい。二五〇メートルから数キロメートルへの飛躍は、地上にへばりついている飛行機を飛ばす方法を突き止めるのと比べれば簡単だ。心理的に、成功の第一段階にたどり着くことがすべてなのだ。

スタービルダーは正味のエネルギー利得の目標として、最終的に三〇〇〇パーセント（入力エネルギーの三〇倍の出力）か、さらには一万パーセント（一〇〇倍の出力）の達成を狙っている。彼らにとって、核融合を真に実現するとは、太陽を輝かせ続ける核反応を利用して本物のエネルギー源を生み出すことを意味する。

だが、これはとてつもなく難しい。核融合を制御してエネルギーを生産することは、人類がこれまでに挑んだ最大の技術的な難題だと言われたら、おおげさだと思うだろう。しかし実際にそうなのだ。ＮＩＦでの核融合では、まず数億度の高温が必要だ。さらに、太陽コアにある物質と同程度の密度まで材料を圧縮しなくてはならない。装置の複雑さは、かつて設計されたいかなるものをも上回る。スターマシンは数千万個のパーツで構成される。ちなみにＮＡＳＡのスペースシャトルのパーツは、たったの二五〇万個だ。本書ではこの先も宇宙関係の事柄をたびたび引き合いに出すが、それは正直なところ、この挑戦のスケールに匹敵するものが他にほとんどないからだ。そして、スターマシン内の極端な環境にいくらかでも近い環境もほとんどないからだ。[5]

核融合が起きる魔法の条件を実現する現実的な方法は二つある。一つは「磁場閉じ込め核融合」、もう一つは「慣性閉じ込め核融合」と呼ばれる。もちろん重力でも核融合を起こせるが、核融合に必要な大きさの重力を地上で発生させることはできない。まさに文字どおり、恒星が必要なのだ。磁場を利用する方法では、炉内で高温の物質を磁場による不可視の網目で拘束する。慣性を用いる方法では、物質を爆縮させて加熱するとともに圧縮し、作り出した恒星が再びばらばらになる前に核融合を完了させることを目指す。ＮＩＦではこれにレーザーを使用する。

恒星で起きる核融合をなぜわざわざ再現しようとするのかと疑問を抱く人もいるかもしれない。ただの傲慢ではないか。こんなふうに自然を支配しようとする試みは、人間の愚行のように思われるかもしれない。スタービルダーが挑戦自体に惹かれている部分もあることは否めない。理論物理学者やコンピューターサイエンティストは、自分たちのモデルやシミュレーションが現実に近づけるかどうかを知りたがる。実験家はまだ明らかになっていない極限を知り、測定したいと願う。エンジニアはそのような極限に耐え得る装置を製作したいと望む。しかしもう一つ、全人類にとってははるかに大事な動機がある。恒星を作って核融合による発電を完成させることができれば、人類に数百万年、あるいは数億年、数十億年にわたってクリーンなエネルギーを供給できるのだ。スティーヴン・ホーキング教授は、世界を変えるアイデアとして人類に実現してほしいのは何かとＢＢＣから質問されて、「核融合発電を開発して、無限のクリーンエネルギーを供給してほしい」と答えた。恒星のエネルギーが「エネルギー生産における聖杯」と言われるのも、もっともな話だ。[6]

聖杯と同じように、核融合はなかなか手の届かない存在だった。そのため愉快なジョークがいろいろと生まれた。たいていのスタービルダーにはそれぞれお気に入りのジョークがあるが、おそらく最も的を射ているのは、「核融合は未来のエネルギーだ……そしていつまでも未来のエネルギーなのだ」だろう。「核融合は三〇年先の未来にある……そしていつまでも三〇年先の未来だ」というバリエーションもよく知られている。イギリスのボリス・ジョンソン首相は二〇一九年に、欧州委員会が運営する核融合実験施設について、「商用可能なミニチュアの核融合炉が完成して世界中で販売できるまであと少しだ。この段階に達してからずいぶん経った。この〝あと少し〟はかなり大きなものなのだ」[7]と述べた。

もちろん、こんな状況が最初から予想されていたわけではない。「この国で制御核融合の研究に積極的に携わる物理学者の多くは、制御核融合に関する科学的および技術的な問題はすべて、おそらく数年以内に解決できると固く信じています」と、ローレンス・リヴァモア国立研究所の前身機関の科学者で初期のスタービルダーだったリチャード・ポストは言った。一九五六年の話だ。[8]

長いあいだ、科学者が核融合にかかわる期間は数年単位ではなく数十年単位で考えられていた。世界中のスタービルダーという種族は、言語を超え、政治志向を超え、文化の違いも超えた。その好例が、冷戦のピーク時に当時は驚異的な進展を見せていたソヴィエトの設計による磁場閉じ込め核融合装置について情報を得て検証する目的で、イギリスのチームがロシアへ赴いたことだ。現在、中国、ロシア、アメリカ、EU、インド、韓国、日本が協力して、このソ連製装置の直接の後継となる装置の建造に取り組んでいるのもまたよい例だ。並外れた協働の精神、政府による支援、そしてきわめて有能な人材をもってしても、相当な粘り強さが必要とされる。一九八五年には、生涯をこの仕事に捧げたスタービルダーのマーシャル・ローゼンブルースがこう言った。「われわれの孫たちが生きているあいだに、核融合発電が見られますように」[9]

核融合を困難にしている問題の一つは、おそらくその名称だ。技術に「核」が関係すると言えば、冷たくあしらわれやすい。いくつかの分野で核の評判が悪い理由は、ご存じのとおりだ。最も大きいのは、核分裂発電からの連想である。核分裂発電をめぐっては意見が対立しているし、核分裂からは何千年もの保管を要する放射性廃棄物が生じる。最悪なのは、核が核兵器による死や破壊と結びつけられていることだ。スタービルダーとしては、核がそれ自体で自動的に害悪をもたらすわけではないと、その理由についていろいろと物申したいことがある。核は他のあらゆる技術と同じく、一つのツールだ。われわれはこれまでにその最悪の面を見てきた、とスタービルダーたちは言う。今度は最良の面を見るべきだ、と。

核融合は地球を救うという彼らの主張は、一般市民の関心をかき立てている。プリンストン大学でスターマシンを運用しているサー・スティーヴ・カウリー教授が核融合について語った講演は五〇万回以上、一四歳のときに生涯初の核融合炉を作ったテイラー・ウィルソンのTEDトークは何百万回も視聴されている[10]。核融合関連のスタートアップのなかには、クラウドファンディングのウェブサイトを通じて直接、市民の関心を利用している企業もある[11]。ハリウッドまでもが核融合をめぐる熱気をとらえている。バットマンやスパイダーマンは、邪悪なスターマシンと闘っているのだ。

核融合をめぐるさまざまな議論が核融合研究を促進しているのか、あるいは逆に研究のブレークスルーが議論をかき立てているのかはさておき、核融合の実現を目指すレースが白熱しているのは間違いない。新規または全面的に手直しされたスターマシンが続々と稼働している。競争に参加するチームもかつてない数にのぼっている。民間の核融合スタートアップ企業が急増し、スタービルディングにおいて一九六〇年代以来最大の改革を起こしている。極限状態で物質を扱うことに伴うリスクをものともせず、投資家は政府にはできなかったことを民間企業がなし遂げることに賭けている。二〇一九年までに、新規の核融合スタートアップが集めた資金は一〇億ドルを超えた[12]。

「エネルギーの奇跡が起きようとしています。そして世界を変えようとしています」とビル・ゲイツは言う。彼は自身の資産を核融合スタートアップ一社に出資している。ペイパルの創業者で大富豪、そしてトランプ元大統領〔原書刊行当時〕の取り巻きの一人であるピーター・ティールも、二〇一四年に一五〇万ドルを核融合スタートアップに出資した。[13] シリコンヴァレーの起業家では、アマゾン会長のジェフ・ベゾスや、二〇一八年に死去したマイクロソフト共同創業者のポール・アレンなども核融合にかかわっている。[14] ゴールドマン・サックスはあるプロジェクトに出資し、ロッキード・マーティンは独自の計画を実行中で、シェブロンをはじめとする化石燃料会社までもが核融合に投資してリスクを分散させている。いかにも今時らしく、ある核融合プロジェクトはブラッド・ピットから支援を受けている。イギリスのリアリティー番組『メイド・イン・チェルシー』に出演したスター、リチャード・ディナンが支援するプロジェクトもある。ディナンは核融合炉容器の中で撮ったらしい写真(「自分の核融合炉でくつろいでいるところ」)をソーシャルメディアに投稿したことがある。[15]

この活況を受けて、最近になって核融合業界の圧力団体が発足し、アメリカ連邦議会下院は核融合関連の官民パートナーシップのために何億ドルもの予算を認める法案を可決した。[16] 核融合に資金を提供しているのは、シリコンヴァレーのエキセントリックな起業家たちばかりではない。ヨーロッパ第二位の大手機関投資家リーガル・アンド・ジェネラル・グループの早期投資部門であるリーガル・アンド・ジェネラル・キャピタルは、核融合に「ほどほど」の投資をしている。リーガル・アンド・ジェネラルの上級投資アナリスト、ニコラ・デイリーによれば「核融合は、ゲームチェンジャーを必要としている世界でゲームチェンジャーになる可能性があります」。[17] だが、それだけではない。カナダ、マレーシア、ロシアの政府は、従来の科学プログラムに加えて、挑戦的な核融合企業にも出資している。

イギリス首相は核融合が予想より時間を要していることをジョークにした一方で、演説で二億ポンドの追加資金提供も発表した。オバマ政権の科学アドバイザーは、核融合にはまだまだたくさんの投資が必要だと訴えた。二〇一六年、ドイツ首相で量子化学の博士号保持者でもあるアンゲラ・メルケルは、新たな実験用核融合炉の運用を開始した際に「核融合発電所への長い道のりを進む一歩一歩がすべて成功しています」と述べた。[18]

　現在進められている国際的な実験に加えて、各国の政府も核融合炉の自国内建設を目指し始めている。国際共同実験では、施設の建設地（そしてそれに伴う出資の受益者）や部品の製造者をめぐる議論がまとまらず、なかなか進展しない場合がある。それに対し、各国が独自にプロジェクトを進めるのは費用がかさむが、自国内建設を達成できれば、一つの国が一気に勝ち上がることも可能になる。「現在のところ、メガジュール規模のレーザーの建設がフランスとロシアで進められています。中国は世界で二番目に高出力のレーザーを完成させてすでに運用しており、ＮＩＦの半分から三倍にあたる規模のレーザーの設計を示す論文を発表しています」と、二〇一八年にＮＩＦ所長のマーク・ハーマン博士がアメリカ連邦議会下院で証言した。[19]

　中国は二〇二〇年代のうちに合肥市で正味のエネルギー利得が可能な磁場閉じ込め核融合装置の建設に着手する予定だ。これより小型だが類似したＥＡＳＴと呼ばれる装置で磨き上げてきた知見を利用したものだという。中国には、神光Ⅲ号レーザー施設という慣性核融合施設もある。二〇一九年、ロシアの通信社はロシア政府がアメリカの国立点火施設に匹敵する施設を建設予定であることを裏づける動画を公開したが、詳細は明らかになっていない。二〇二〇年の時点で稼働中の核融合炉は世界全体で八八基あり、さらに九基が建設中だった。官民、大小のスターマシンが軌道に乗りつつある。[20]

　誰もがこの新たなイノベーションの波を話題にしている。[21] 国際原子力機関（ＩＡＥＡ）の推定によれば、エネルギー生産用の核融合に関する査読を受けた研究論文の年間発表件数は、一九九〇年代半ばから三倍以上に増えた。かつて正味のエネルギー利得が実現するのは何十年も先と考えられていて、実際なかなか実現しなかった。ところが今ではスタートアップも国の研究機関も、正味のエネルギー利得は「実現できるか」ではなく「いつ実現できるか」の問題だと言っている。そしてその時期は数十年後ではなく数年後だ。また、「どうやって」ではなく「誰が」――「誰が」最初に達成するのかという問題でもある。本書では、宇宙にとって核融合がなぜそんなに重要なのか、どうやって地球に変革を起こし得るのか、そしてその莫大なエネルギーを制御できる段階に最も近づいているのは誰かを明らかにする旅路をたどっていく。最初に正味のエネルギー利得を達成するのが誰であれ、その成果によって、核融合に対する見方が根本から変わるだろう。飛行機が経た歴史と同じように、「エネルギー生産用の核融合」の技術が明確に実証されたら、イノベーションが爆発的に広がるに違いない。そしてそこから、地球にエネルギーを供給する道が開けるかもしれない。

第1章　スタービルダー

「実際に、恒星でその巨大な炉を維持するのに原子内部のエネルギーがふんだんに使われているならば、人類の幸福のために、あるいは人類の自滅のために、その隠れた力を制御するというわれわれの夢の実現にいくらか近づくことができそうである」

――アーサー・エディントン「恒星の内部構造」（一九二〇年）[1]

プロメテウスのように天から火の秘密を盗み出そうとする核融合のパイオニアとは、いったいどんな者か。大胆にも――「狂気の沙汰」と言う人もいるかもしれない――恒星の力を地上へ持ち込もうとしているのは何者なのか。本書において、われわれはそのような人物たちと出会い、彼らが核融合という夢に人生を捧げてきた理由を知るだろう。

核融合のレースで先頭に立つのは誰なのか。それを知ろうとする私が最初に会うスタービルダーは、柔らかな物腰のマーク・ハーマン博士だ。ローレンス・リヴァモア国立研究所にある国立点火施設（ＮＩＦ）の所長を務めている。

ＮＩＦで会う誰もがそうだが、マークも対談の際には真っ先に、アメリカの核兵器の備蓄管理がＮＩＦとローレンス・リヴァモア国立研究所の最大のミッションだと強調する。ここの科学者たちは、アメリカの核抑止力を維持し、古くなってきた核兵器が経時的にどう劣化するかを明らかにする任務を負っている。そのため施設全体が武装した警備員に警護され、ものものしい二重フェンスで囲まれている。ＮＩＦのビジターセンターでマークと会うためにリヴァモアの曲がりくねった道路を歩いていくと、保全許可がなければ絶対に立ち入ることのできない建物をいくつも通り過ぎた。それらの内部には、世界最大の核保有国の兵器に関する機密が保持されている。高度なセキュリティーと鮮やかな色彩のビジターセンターというのは不釣り合いな取り合わせのように感じられるかもしれないが、私が話を聞いた人はみなフレンドリーで、自らの責務を穏やかに受け入れているようだ。特にマークはそう見える。

　リヴァモアでは兵器研究や核融合のほかにも、スーパーコンピューティング、気候変動、新元素の創出および発見（この研究所から名前をとったリバモリウムという元素もある）など、幅広い研究を行なっている。間違いなく、ここは巨大な研究所だ。ＮＩＦだけで六五〇人のスタッフを抱えていて、彼らの頂点に立つのがマークだ。私はまず、この研究所が正味のエネルギー利得の実証までどのくらい迫っているかと彼に質問する。

「二〇二〇年代の終わりには点火が実現できるか、あるいは点火施設の建設に着手できているでしょう」と、マークは分厚い眼鏡の縁の上で眉を上下させながら言う。「点火」とは、反応が実際に始まって、燃え盛る炎のような自動継続状態に入った核融合から、高い正味のエネルギー利得が得られることを意味する。二〇年以上にわたってマークは原子からエネルギーを取り出す研究に携わり、二〇一四年からＮＩＦを率いている。髪には白いものが交じり、顎髭（あごひげ）もごま塩だが、エネルギッシュでＮＩＦのミッションへの熱意に満ちあふれている。

　ここで働き始める前、マークはサンディア国立研究所のＺパルスパワー施設の所長を務めていた。そこでも、機密研究と公開研究の両方が行なわれている。なぜＮＩＦに移ったのかと尋ねると、マークは自分が核融合研究に関心をもったのはそれが科学としておもしろいということに加えて、人類に長期的な恩恵をもたらすからだと答える。この分野で彼が刻んだ第一歩は、一九九八年にプリンストン大学で博士課程を修了し、慣性閉じ込め方式のライバルにあたる磁場閉じ込め方式に関する論文で賞をもらったことだ。それからすぐに、リヴァモアで慣性閉じ込め核融合の研究に取り組み始めた。

リヴァモアは核兵器備蓄計画に力を入れていたが、慣性核融合エネルギーの追求を長期目標の一つとしており、それは一九五二年の創設時から変わっていない。マークはＮＩＦが核融合の解明に向けた世界最大の希望であることをはっきりと理解し、今後一〇年で正味のエネルギー利得の達成が見込める唯一の施設だと語る。もっとも、よその核融合関連の研究所やスタートアップがわれこそ先陣を切っていると主張する現状を踏まえれば、彼の発言には議論の余地がある。この日、私はマークに会う前に、ＮＩＦの運用責任者を務めるブルーノ・ヴァン・ウォンターヘムから、リヴァモアが明確に核融合を探究する度合いは「変動」を経てきたと聞いていた。私が話を聞いた相手は誰もが開口一番、最大の目的はアメリカの核兵器備蓄を維持することだと言っていたが、ブルーノはおそらく政治情勢がその理由かもしれないと示唆していたのだろう。

私はマークに、核兵器の管理と核融合エネルギーの追求とのあいだの緊張状態について質問する。

「大きな目で見れば、すべてが核兵器備蓄にかかわっています」という彼の答えが意味するのは、核融合反応の物理学は、反応が熱核兵器内で起きるか核融合炉内で起きるか、あるいは宇宙で起きるかにかかわらず、いずれも同じようなものだということだ。

二〇一三年からＮＩＦが果たした前進をとりわけ象徴し、リヴァモアのポートフォリオの特徴である大量破壊と地球を救うエネルギー供給というパラドックスの象徴でもある人物がいる。ＮＩＦのチーフサイエンティスト、オマー・ハリケーン博士だ。こんな名前だから、アクション映画のスターだと誤解されても仕方ないだろう。実際、彼は慣性閉じ込め核融合の世界ではスター的な存在だ。彼の博士論文指導教授は、イギリスでかつてスタービルダーのトップに君臨していたサー・スティーヴ・カウリー教授だった。しかしオマーは一九九四年にUCLA〔カリフォルニア大学ロサンゼルス校〕で博士課程を修了すると、磁場閉じ込め核融合を離れ、ローレンス・リヴァモアで慣性閉じ込め核融合の仕事に就くことを選んだ。

「ところが、兵器プログラムに配属されたのです」と、オマーは席に着くなり語りだす。希望が通らなかったのは不満だったが、想定外のキャリアを最大限に利用した。一九九二年に核実験が終わると、さまざまな核兵器備蓄が必要となった。「核兵器備蓄の認証について、どうしたら確信をもてるでしょう、もう実験をしていないというのに」とオマーが言う。「それで、核兵器備蓄性能維持計画が始まりました、私の世代で」。彼は大陸間弾道ミサイルで使用される熱核爆弾W87の寿命延長に取り組んだ。

オマーは自画自賛をためらわない。「私はいろいろな物事の数理モデルを作るのがけっこう得意なんです。自分の分野でなくても」と言い、NIFでの核融合実験が予想に反してうまくいかなかったときのことを説明する。「うまくいっていないのに気づいた所長が、兵器プログラムの私や他の何人かに『こっちを手伝ってくれないか?』と頼んできたんです。それで私は同僚と一緒にそっちへ飛び込みました。実験がかなりうまくいくようになって、二〇一三年の終わりから二〇一四年の初めには心の躍るような結果が出始めました。そしてチーフサイエンティストになる気はないかと、急に言われたんです」

オマーの指揮のもと、二〇一八年にNIFで行なわれたレーザー核融合実験では、二〇一一年の実験と同じ装置を使って六〇倍のエネルギーの放出に成功した。だが、数十年に及ぶ核融合の経験をもって競争の先頭に立つのは、NIFだけでない。

ここから八〇〇〇キロメートル以上離れたカラム核融合エネルギーセンター（CCFE）というイギリス政府の研究所には、数十年前から続く核融合装置の流れの最新版がある。現時点で稼働している磁場閉じ込め核融合施設として、世界最先端だ。アメリカのリヴァモアやサンディアとは違い、カラムでは機密の兵器研究は行なっていない。施設を警護する武装警備員もいないが、私が入構したときには怖い顔つきのカモを何羽か見かけた。ここではスターパワーだけをミッションとしている。

イアン・チャップマン教授はこの研究所に加えて、スタービルディングの任務を負う独立した公的機関であるイギリス原子力公社の責任者も務めている。チャップマンはまさに、科学者と公務員を掛け合わせたらこうなるだろうという見本のような人物だ。スーツとネクタイを着用している（科学者にはめずらしいことだ）が、これは気取っているわけではなく、自身の高い地位に対する敬意の表れだ。髪を短く刈り、喜色満面の笑みを浮かべる。思慮深く話し好きで折り目正しいが、婉曲な物言いはしない。一五〇〇人が働く研究所を指揮する場合、これは助けとなる。彼のスタッフはほとんどが科学者で、各自がそれぞれの関心領域をもっている。カラムの運営においては、職員をまとめる仕事がかなり必要だろう。チャップマンは（本書の執筆時点で）世界最大の磁場閉じ込め核融合実験の指揮にあたる自身の役割を義務と受け止めているが、細かい仕事に携わっていたころを明らかに懐かしがっている〔本訳書の刊行時点では、世界最大の磁場閉じ込め核融合実験装置は茨城県那珂市にあるJT‐60SA〕。

「私はチーフエグゼクティブで、ここでの務めは資金調達、利害関係者との調整、政府やブレグジット〔イギリスのEU離脱〕への対応です」と言ってチャップマンは愉快そうに笑い、最大の核融合実験の資金を欧州委員会から直接提供されているカラムにとって、この難題がいかに大きいかを認める。

「どれもすごく楽しくはないですね」

私たちはチャップマンの部屋で話している。彼は大きな責任を負っているというのに、この部屋はまるで建設現場の仮設事務所のようだ。仮設事務所と違うのは、ホワイトボードに方程式が書かれていることくらいだ。イアンも数々の受賞歴をもつ科学者で、二〇一七年には磁場閉じ込め核融合実験の安定性に関する研究で、新たなトロフィーを膨大なコレクションに加えた。私がその賞のことを尋ねると、彼は例によって自虐する。

「以前は科学者でしたから――そのころやっていた研究に対して賞をもらっただけですよ。一三年間はちゃんとした研究をやりましたが、ブレグジットの進行中はまともな研究はあきらめています。ブレグジットでしばらく忙しくなりますから」

その賞というのは若手のころの卓越した研究に対するものだった、ということは言っておくべきだろう。イアンは異例の速さで出世した。二〇〇八年に博士課程を修了してから科学に画期的な貢献をし、世界最大の成功を収めた核融合実験を実施するまでに一〇年もかからなかった。[2] 一方で彼の経験が不十分だと考えて、彼の任命はリスキーだと言う者もいた。

「何千人ものスタッフを抱える大きな組織を管理した何十年もの経験などありませんでしたから、その点がリスクだったわけです。でも逆に、組織のまとめ方は知っていても核融合に関する熱意や知識がない人を選んだら、別のリスクがあったでしょう。私が核融合に対して熱意をもっていることは明らかです。それに、年齢的にはこの仕事にちょうどいいと言えるでしょう」と、三八歳のイアンは笑いながら言う。

カラム核融合エネルギーセンターで最大の装置は、現時点で核融合エネルギーの世界記録を保持している。そしてチャップマンは記録をさらに伸ばそうとしている。「自分たちの記録を破りたいと思っています」と彼は言ったことがある。[3]

マーク・ハーマンやイアン・チャップマンのような定評のあるスタービルダーたちは、よそからの激しい競争に直面する。カンブリア大爆発のように続々と誕生する、民間の核融合企業だ。二〇世紀初頭の産業資本家のように、この挑戦者たちは科学よりも機械を働かせることに関心がある。核融合物理学では定説となっている「大きいほうがいい」というパラダイムを彼らは受け入れない。代わりに、もっと小さく、そして彼らによればもっと実用的な装置の開発を進めている。投資家はだんだんと、この単純化してスケールダウンしたアプローチに資金を投じるようになってきた。もちろん、どんな核融合装置もきわめて複雑であることに変わりはないが。

そうした効率重視のやり方をしている企業の一つが、トカマク・エナジーだ。トカマク・エナジーの科学者やエンジニアは恒星の物質を閉じ込めるのに磁場を使う点ではカラムに倣っているが、自分たちの装置のほうがスマートだと信じている。核融合の起きる条件に到達できることを近いうちに実証しようとしているのに加えて、二〇三〇年までに送配電網への電力供給を目指している。これほど野心的な計画を遂行するには、物理学のみならず工学や経済学についても新たに複雑な事柄をいろいろとマスターする必要があるだろう。二〇二〇年、トカマク・エナジーはこの計画を実現させるためにイギリス政府から一三〇〇万ドルを受け取り、さらにアメリカエネルギー省からも五〇万ドルを受け取った。[4]

トカマク・エナジーのような核融合スタートアップは、この分野の物理学と物理学者による支配を終わらせようとしている。トカマク・エナジーCEOのジョナサン・カーリングは、核融合を科学プロジェクトから真の電力源に変えようと決意している、筋金入りのエンジニアだ。私が彼を訪ねて行った日、私たちはトカマク・エナジーの工業用倉庫のような本社の一角にある部屋で紅茶を飲み、ビスケットをつまんだ。ジョナサンはスタービルディング業界で働く他の人たちと違い、以前に核融合分野で仕事をした経験がない。それでも彼は、大きくて複雑な工学設計を商用生産まで進めたのだ。

「私がここまで来られたのは、工学とオペレーションのバックグラウンドがあったからです。事業は商用化の実現に注力する段階に入っています。一・〇をわずかに上回るだけの正味のエネルギー利得を実証するのではなく、商用可能な装置を実際に開発する方法に焦点は移っています」

彼の来歴を見れば、彼がどんな人物かがわかる。彼は最初に勤務したジャガー社で自動車エンジンの開発を学んだが、それよりずっと前から技術を実用化することに情熱を抱いていた。

「私がエンジニアになったのは、六歳のころです」と彼は語る。「お絵描きの時間に車の絵を描いたら、担任の先生に『そのボンネットから突き出ているものは何？』と訊かれて、『スーパーチャージャーです』と答えたりしていました。六歳ですでに機械に夢中で、いつも何かを分解しては、それについて知ろうとしていました。そんなわけで、機械工学の学位を取ったんです」

ジャガーを退職すると、また別の高級車メーカーのアストンマーティンに移り、そこでＣＯＯとなった。しかし人間関係は言うまでもなく自動車の複雑さにも満足できず、今度はロールス・ロイスの航空部門に移った。飛行機に乗ったことのある人は、カーリングがかかわったエンジンで旅をした可能性がかなり高い。私が頼むと、彼は機種を挙げる。エアバス３８０、３５０、３３０、ボーイング７４７、７７７、７６７だという。

「ジェットエンジンは常に高温で作動し、吸気温度は二〇〇〇ケルヴィンほどになることもあります。これはエネルギーを抽出するタービンの融解温度を三〇〇度ほど上回ります」と彼は言い、さらに巧妙な工学技術を用いてその離れ業を可能にする方法を説明する。すごい話だと思われるかもしれないが、稼働する核融合炉で必要とされることと比べたらなんでもない。では、彼はなぜ二〇〇〇ケルヴィンから一億五〇〇〇万ケルヴィンに転じたのか。

「世界にとって、新たな高級スポーツカーよりも核融合エネルギーのほうが必要ですから」

慣性閉じ込め方式を追求するスタートアップもある。この方式ではトリガー（多くの場合、レーザービーム）を使って物質を高温で高密度の小塊にし、核融合反応を起こすのに適した条件を整える。このタイプの企業の一つが、オックスフォードの反対側でトカマク・エナジーからわずか三〇キロほど離れたところにある、かなりしゃれた自社の建物に入っている。この会社はファースト・ライト・フュージョンという。この社名は、物質が核融合をするのに十分な高温に達すると放つ光を意味する。

ファースト・ライト・フュージョンのＣＥＯ兼ＣＴＯのニック・ホーカー博士も、核融合の実現を目指すエンジニアだ。まだ若いが、オックスフォードで博士課程を修了してすぐにファースト・ライトを創業した。マーク・ハーマンやイアン・チャップマンといった年長の官僚主義的な核融合研究者とは、スタイルがまるで違う。チノパンにスニーカーを履き、無地のＴシャツにブレザーを羽織っている。頭の回転が速くてやや威圧的で、起業家的なエネルギーを控えめに持ち合わせている。組織内で重要な役割を一つではなく二つ担うと決めた人は、慢心してしまうこともある。しかしめずらしいことに、ホーカーの会社は四年計画に十分な資金をなんとか調達できた。スタッフはほとんどが彼より年長で経験豊富だが、彼を尊敬していて、畏敬の念らしきものさえ示す。私はファースト・ライトの本社で長い一日を過ごしたあとでようやく彼と話せるときが来て、期待に胸を膨らませていた。私の質問に対してホーカーは簡潔に答え、最初から最後までほとんど笑顔を見せない。ひたすらビジネスに徹している。

彼は、ＣＥＯとしての自分の仕事は潜在的な業界パートナーや学界とのつながりを作ることだと語る。しかし会社のあらゆる部分に関与しているらしく、自ら手を出すのを好んでいる。彼のツイッター〔現Ｘ〕のフィードはファースト・ライトのスターマシンで得られた成果であふれ、実験装置の爆発するようすを記録した動画がふんだんに見られる。ある投稿には孔（あな）のあいた分厚い金属板の写真があり、別の投稿では七メガアンペア（昔ながらの白熱電球の二五〇〇万倍の電流）の放電が起きるようすを記録した動画を見せている。

二つの役割を担うことについて質問すると、彼はチームの全員が同じ方向を向くようにメンバーの性格をうまく扱うことに尽きると答える。「私も一緒に闘っています」と、自らのＣＴＯとしての立場を通じて科学に直接関与することを巧みに言い表す。

そして実際に、彼は科学と深くかかわることになるかもしれない。ニックはオックスフォードの工学部で流体の極限状態をシミュレートする仕事を引き受け、それを核融合への新たなアプローチの中核としている。これはリスキーだが、彼によれば、とかく安全策をとりがちな大手研究所が見過ごしてきたかもしれない、正味のエネルギー利得への新たな可能性もあるという。

主流の磁場閉じ込め核融合および慣性閉じ込め核融合の時代が数十年続き、これらが予想外の問題で科学者たちを驚かせ続けてきたのは確かだ。しかし技術は進歩を続け、今では核融合研究者が一〇年前には考えられなかったような形でシミュレーションと理論を結びつけられるようになった。「真の目標は、シミュレーションの実証です」と、ニックはジョナサン・カーリングが私に言ったのとよく似たことを力強く語る。核融合プログラムを完遂するのに必要な資金を確保するために、スタートアップは自らが信用に値することを示す必要があり、そのためには自分たちのモデルが現実に合致することを示さなくてはならない。

ニックにとって大事なモチベーションは、彼以前にも無数の起業家たちを駆り立ててきたのと同じく、成功とカネらしい。彼は民間の核融合ベンチャーのほうがこれらに早くたどり着けると信じている。

「われわれが民間企業の形をとったのは非常によかったと思います。われわれのなし遂げた成果を考えれば」と彼は言う。ニックはこのパラダイムを実践しているだけでなく、起業を後押しする記事をメディアに寄稿し、起業する人に助言もしている。技術の進歩について、彼は自分のやり方がベストだと心から信じている。

ニック・ホーカーは、二〇二四年までに正味のエネルギー利得実験に到達できると考えている。彼によれば、ファースト・ライト・フュージョンはこの野望の実現に至る第一歩として、核融合反応が検出可能になる温度に到達する間際まで来ている。[5]

ファースト・ライト・フュージョンは、慣性閉じ込め核融合派に属する。磁場派と比べてこの方式を用いるスタートアップは少ないが、そのなかで最も有力なのは、ニュージャージー州のＬＰＰフュージョンとカナダに本社を置くゼネラル・フュージョンだ。一方、磁場方式を用いているスタートアップとしては、ロッキード・マーティン、ＴＡＥテクノロジーズ、コモンウェルス・フュージョン・システムズ、ルネサンス・フュージョンなどがある。いずれもビッグプレイヤーのＮＩＦやカラムに対して、もっと高い機動力と焦点を絞った目標をもって闘いを挑もうとしている。

どのスタービルダーに話を聞いても大差はない。誰もが自分のやり方こそ最初にエネルギーを送配電網に供給できると固く信じている。だが、全員が正しいことはあり得ない。過大な約束をしている者もいるし、核融合エネルギーへ向かう道すじには、果たせなかった約束の残骸が散らばっている。それにもかかわらず、誰もが自信に満ちた言葉ばかり口にするのは、ある意味で驚きだ。

イアン・チャップマンは、われこそは核融合エネルギーに関する記録を超えようという野心を抱いているものの、新たな競争は不可欠で不可避だと考えている。「私は彼らの取り組みのすべてに対して協力を惜しまないつもりだし、実際われわれはたくさんの民間企業と協力しています」と彼は言う。しかしスタートアップが問題を起こすこともあり、また自任しているほど先へ進んでいないこともある、とチャップマンは認める。

政府の研究所も、まだいくつかの隠し玉をもっているかもしれない。イノベーションができないわけではなく、イノベーションを実行するのに適したスキルをもつ人材にも事欠かない。カラムの磁場閉じ込め核融合も、ロスアラモス国立研究所の慣性閉じ込め核融合も、もっと小規模だが高度に実験的な核融合計画をもっている。

おそらく最もめざましい政府の「スタートアップ」装置は、ドイツのグライフスヴァルトにアンゲラ・メルケルが最近開設した、ヴェンデルシュタイン7-Xだろう。これはマックス・プランク・プラズマ物理学研究所の一部として運用されている。この研究所は所員一一〇〇人を擁し、トカマク一基も運用している。W7-X（事情通はこう呼ぶ）は、核融合時代の最初からあったステラレーター（ねじれた磁場を使って核融合燃料を閉じ込める管がエッシャーの作品のように絡み合った装置）のアイデアを再検討しつつ最新の技術を組み合わせることで、急速な進展を遂げている。ここで科学ディレクターを務めるシビル・ギュンター教授は、一九九〇年代から核融合に関連するテーマの研究をしてきた、経験豊富な学術界のスタービルダーだ。彼女をこの世界に招き寄せたのは、北東ドイツの彼女の出身地と核融合とのつながりだった。W7-Xが故郷ロストックの近くに建設されると知り、彼女はもっと学ぼうと決めた。

シビルは着実に昇進し、理論部門の主任となり（きわめて高度な数学の素養が必要とされる立場だ）、それからディレクターとなり、ついに二〇一一年には科学ディレクターに就任した。「すぐれたマネジメントがどれほど大切か、そして十分な予算を確保するのがどれほど大変か、私は知りました」と、新型コロナウイルス感染症によるロックダウンのためオンラインで取材する私に彼女は語った。「ディレクターになると、大規模プロジェクトに影響を及ぼす機会がたくさん与えられます。以前なら不平をこぼすしかなかったことを、今では変えられるようになりました」

シビルは自分のことを非常に気の短い人間だと言うが、実際には控えめな人だ。議論の両側をきちんと示して問題点があれば隠さず明らかにする、プロ意識の高い完璧な科学者なのだ。核融合の達成についてどう感じているかと問うと、「相当のプレッシャーですね」と答えるが、それでも慎重な作業と適切な研究手順を怠らないように努めていると言う。長期的にはW7‐Xのステラレーターの設計が、カラムのイアン・チャップマンの使っているようなトカマクよりも実用性の高いエネルギー生産核融合炉を生み出す可能性があると考えている。

「どのように」や「誰が」についてはスタービルダーたちの意見は一致しないが、これほど長く約束されてきた核融合の未来が（ほぼ）到来していると考える点では一致している。特に正味のエネルギー利得については、みな同じ考えだ。「大事なメッセージは、われわれについてではありません」とジョナサン・カーリングが私に言った。「大事なのは、核融合がたいていの人の予想よりもはるかに早く実現しそうだということです」

「これはSFではありません。今から一〇年のうちに答えが出るはずです」とニック・ホーカーは言った。「『答えが出る』というのは、機能するという意味です。発電所を作るにはもっと時間がかかりますが、核融合が『三〇年先』だというのはただのジョークで、実際にはもう目の前まで来ているのです。三〇年はもう終わっていて、これから一〇年で答えが出ます」

イギリス原子力公社を率いるイアン・チャップマンは、こう言った。「核融合は実現するはずです。ちゃんと起きるはずなのです」

ここで紹介しておきたいスタービルダーがもう一人いる。私だ。正確には「元」スタービルダーだが。インペリアル・カレッジで核融合研究に取り組んでいたが、二〇一五年に退職し、公共セクターの経済学研究者に転身した。それ以来、スタービルダーたちを外から見ている。そのあいだに、さまざまな科学者やエンジニアや起業家たちが目指していることを世界に伝えるべきだと、私はかつてなく強く思うようになった。そして本書をその一助にしたいと思っている。

スタービルダーたちとの対話から明らかなように、彼らが核融合装置を作っているのは、宇宙の最も根源的な反応の一つを自分たちが支配できるということを見せつけるためだけではない。核融合は科学の面で重要かもしれないが、ブレークスルーとしても同じくらい重要だ。彼らが核融合に取り組んでいるのは、それを手なずければ地球を救えるかもしれないからだ。

第2章　恒星を作り、地球を救え

「今世紀が終わるまでに、科学者にどんな問題を解決してほしいですか？」
「核融合です。環境汚染や地球温暖化を引き起こさずに、無限のエネルギー供給を実現するはずですから」

——スティーヴン・ホーキング（二〇一〇年）[1]

ＮＩＦのマーク・ハーマン博士、イギリス原子力公社のイアン・チャップマン教授、トカマク・エナジーのジョナサン・カーリング、ファースト・ライト・フュージョンのニック・ホーカー博士、マックス・プランク・プラズマ物理学研究所のシビル・ギュンター教授——これまでに登場したスタービルダーたちにはさまざまな動機があるが、そのなかで何度も現れるものがいくつかある。一つは人間の創意によって達成できることの限界を押し広げるという、純然たる喜びだ。一方、スタートアップにとっては成功と金銭が動機となる。政府系研究所の科学者は、宇宙で最強の力を解明することに惹かれる。

しかしすべてのスタービルダーを結びつける大きな動機、すなわち彼らを朝、ベッドから起き出させる動機は、地球を救うことだ。

われわれの暮らすこの星は、大気からなる薄い保護層で包まれた青いビー玉のようなものだ。われわれは今この瞬間、地球に生命をもたらした太陽のまわりを回りながら、銀河系を突き進んでいる。地球はこれまでに（宇宙へ飛び立った、数少ない幸運な人を除く）全人類が知ったあらゆる喜びを目撃してきた――どんな光景も、どんな経験も、どんな瞬間も。

地球を守り、将来世代の植物や動物のために快適な生息環境を保つべきだということには誰もが同意するものの、スタービルダーは人類が地球に修復不可能な害をもたらす道を進んでいることをはっきりと認識している。「われわれは自分たちのもつ唯一の生態系で実験をしています。ひどいことが起きる可能性も大いにあります」とマーク・ハーマンは私に言った。そして実際にひどいことが起きている。

単純に言えば、マークをはじめとするスタービルダーたちは、地球を新たに危険な段階へ陥らせる人為起源の気候変動を止めようとしている。気候変動はわれわれの暮らしを脅かす。特に脆弱な人ほど脅威にさらされやすい。これが問題の一面だ。それと表裏一体の問題として、環境汚染や生息地破壊という脅威も存在する。

変化を求める叫びが上がっている。しかし今までのところ、明確な進展はあまりない。気候変動対策を訴える若き活動家のグレタ・トゥーンベリは、世界各地を巡って政治家や役人にもっと手を打つよう求めている。イギリスでは、エクスティンクション・リベリオン（絶滅への反逆）運動が道路を封鎖し、参加者が政府の建物に自らの手を接着剤で接着するという形で抗議活動を行なっている。彼らは二〇二五年までに炭素排出量を正味ゼロにすることを求めている。アメリカでは民主党員が、二〇三〇年までに炭素排出量を正味ゼロにする公約を含めたグリーン・ニューディール政策の実現を目指して活動している。二〇一九年までに一五カ国が、二〇五〇年までに炭素排出量の正味ゼロを達成すると約束した。しかし炭素排出量の正味ゼロを約束するのと、それを達成するのは、まったく別の話だ。[2]

スタービルダーは、地球で展開しつつある気候変動による大惨事を防ぐべく、一風変わった計画を抱いている。恒星を作ることで地球を救おうというのだ。彼らによれば、恒星のパワーが代替エネルギー源をもたらすことによって、地球の気候変動危機が至り得る最悪の事態を回避するのを助けられるらしい。そしてこの未曾有の危機を招いたのは、とどまるところを知らないわれわれのエネルギー依存なのだ。

こんなふうにエネルギーを使う動物は、人間をおいて他にない。進化の歴史のはるか昔、人類は食料を調理することで栄養価を高めるためにエネルギーを利用した。[3] ホモ・サピエンスが初めて火をつけるために燃料を使って以来、エネルギーに対する人類の渇望は、どんどん強まっていった。

われわれはテクノロジーを働かせるためにエネルギーを使い始め、窯で古代のれんがを焼き、海を渡る蒸気船を動かすようになった。過去二〇〇年のあいだに、エネルギーのおかげで実現した生活水準の向上には目をみはらされる。エネルギーを使いこなせるようになり、医療、通信、輸送の質、そして余暇の質と量が向上した――といっても、これらはごく一部の例にすぎない。今や平均的な家庭にも、三〇〇年前には考えられなかったような省力化装置があふれている。[4]

テクノロジーの革命が起きるたびに、エネルギーの消費量が増えていった。産業革命が最初に起きたイギリスでは、一七〇〇年から二〇一九年にかけてエネルギーの年間消費量が八〇倍に増加した。世界全体では、一八一〇年と比べて三〇倍に増えている。[5]

この先、さらに多くのエネルギーが必要になるのはほぼ確実だ。これまでと同じく、生活を改善するテクノロジーが新たに生まれては、それ以前よりも多くのエネルギーを消費するだろう。究極的に繁栄を支える将来の生産性向上も、ロボット工学のようにエネルギーをふんだんに必要とするテクノロジーから生み出される可能性が高い。

エネルギー消費においてすでに起きている格差を是正するだけでも、今すぐにさらに多くのエネルギーが必要だ。世界人口のうち、先進国並みのエネルギー大量消費とそれに伴う恩恵を享受するには程遠い人はかなりの割合にのぼる。貧困国がなるべく早く先進国に追いついて、同等の恩恵を享受することが期待されている。しかし実際に追いついたら、必要なエネルギーは大幅に増加する。たとえば現時点でバングラデシュの人口一人あたりのエネルギー消費量はイギリスのおよそ一一分の一だが、人口はおよそ二倍だ。

地球の人口も増えていて、とりわけ途上国では増加が顕著だ。人口増加は望ましくないことと見なされがちだが、人口が増えれば、アートやサイエンスの領域でさらに多くの頭脳がさらに多くのすばらしい成果を生み出すというのも事実だ。[6] アフリカ諸国で人口が最大のナイジェリアは、二〇〇五年から二〇一九年にかけて四五パーセントという驚異的な人口増加率を経験した。ちなみに、同期間のアメリカでは一一パーセント増だった。[7] 今後数十年間、世界全体の人口増加は徐々に鈍化するだけで、最終的に一〇〇億人前後で安定すると予想されている。[8] この新たに生まれる人たちのためにも、エネルギーが必要となる。

重大なエネルギー問題が存在しているという結論は避けがたい。「率直に言って、どの予測を見ても、エネルギーの必要量が増えると言われます」とイアン・チャップマンは私に言った。「今われわれが使っているエネルギーに加えて、さらにその半分が必要になります。つまり五〇パーセントの増加です。この増加は大きいですね。この国では、需要が一五パーセント増えたら立ち行かなくなります」

エネルギーの量はジュールという単位で表す。一ジュールは、だいたいリンゴ一個を一メートル持ち上げるのに必要なエネルギーだということを思い出してほしい。一年間で、平均的なアメリカ国民は三〇〇ギガジュールのエネルギーを使う。一ギガジュールは一〇億ジュールだ。アメリカでは三億三〇〇〇万人が暮らしているので、国全体、あるいは地球全体のエネルギー使用量を表すには、よりスケールの大きな測定単位としてエクサジュールを使う必要がある。一エクサジュールは一〇億ギガジュールに相当する。

現在、世界は年間六二〇エクサジュールのエネルギーを使っている。このうちアメリカが使うのは九五エクサジュールほどだ。アメリカエネルギー情報局の推定では、地球全体で二〇五〇年には現在の一・五倍のエネルギーが必要になる。これより若干低い数字を挙げる推定もある。現在地球で暮らすすべての人の一人あたりのエネルギー消費量をEUと同じ水準にするには三七〇エクサジュール、アメリカ並みにするなら一六五〇エクサジュールのエネルギーがさらに必要となる。かなりのエネルギーの上乗せが必要だ。そしてどこかからこれを調達しなくてはならない[9]。

エネルギー危機

スタービルダーをこれほど憂慮させるエネルギー危機が、活動団体による圧力や有権者の懸念の高まりのおかげで解決へ向かっていると思うなら、それはひどい見当違いだ。議論は盛んに行なわれ、大きな目標は掲げられているが、データを見れば別の筋書きが浮かび上がる。世界全体と人口一人あたりのエネルギー消費量がどちらも増えているのは、エネルギーをもっと使えばダイレクトに生活が改善されるという、しごくもっともな理由が一因だ。二〇一八年までの一〇年間、世界の一次エネルギー消費量は年間一・四パーセントの割合で増加した[10]。

世界のエネルギーのほとんど（八〇パーセント）が、今も石油、天然ガス、石炭といった化石燃料で生産されている。これは最近に始まったことではない。近代の歴史を通じて、われわれはエネルギーを得るのにたった一つの化学反応にほぼ全面的に依存してきた。炭化水素（炭素原子の鎖に水素原子が結合したもの）を酸素中で燃やして、水とエネルギーと二酸化炭素を作る、というのがそのレシピだ。[11]

化石燃料がこれほどの覇権を達成した背景には、相応の理由がある。化石燃料より扱いやすいエネルギー源は考えにくい。化石燃料なら、地中から掘り出して火をつけるだけでいい。レーザーも力場も要らないのだ。かつては価格も他のエネルギー源と比べて安かった。需要にすばやく応じることができ、場合によってはほんの数秒で利用できる。空が曇っているとか風が吹いていないなどの理由で使えなくなることもない。芝刈り機で芝を刈るにしても街に明かりを灯すにしても、どんな目的でも適量のエネルギーを生産できる。最大級の出力をもつ化石燃料発電所でも、設置に必要なスペースはごくわずかだ。たとえばおよそ三〇〇万世帯に電力を供給するのに、一平方キロメートル未満で足りる。[12] これと同じ電力を風力で生産するなら、ワシントンＤＣよりもはるかに広い土地が必要となる。

残念ながら、化石燃料にいつまでも依存し続けることはできず、いずれ化石燃料は枯渇する、というのが圧倒的なコンセンサスだ。デービッド・Ｊ・Ｃ・マッケイが『持続可能なエネルギー――「数値」で見るその可能性』で巧みにまとめているとおり、世界が産業革命に乗り出したとき、化石燃料として二〇億年分のエネルギーの備蓄があったのは幸運だった。しかし現在の生産量では、石油と天然ガスは五〇年分、石炭は一三二年分しか残っていない。必死に探したら化石燃料がもっと見つかる可能性はあるが、やがて枯渇するという基本的な事実は変わらないだろう。[13]

仮に化石燃料がもっと見つかったとしても、それに伴う安全保障や環境をめぐる深刻な問題ゆえに、いずれにしても化石燃料からは脱却せざるを得ない。化石燃料は限られた地域に集中しており、（おおむね偶然に）そうした地域を有する国に覇権をもたらしている。一九七三年、一部の国が巧妙に石油の生産と輸出を停止したことにより、価格が四倍に高騰した。エネルギー安全保障こそが、化石燃料への依存を脱却するべき正当な理由なのだ。

化石燃料の燃焼は、大気汚染の主たる発生源でもある。大気汚染はイギリスで年間二万九〇〇〇人近くを死に至らしめる要因と考えられており、世界保健機関（WHO）の推定によれば、世界全体で八八〇万人の死の一因にもなっている（喫煙よりも多い）。死には至らなくとも、化石燃料に由来する環境汚染は有害な影響をもたらす。たとえばアメリカの生徒を対象とした研究で、大気汚染の少ない地域の学校から大気汚染の激しい地域の学校に転校した生徒は試験の成績が著しく下がり、問題行動や欠席が増えることが判明している。インドや中国などの世界最悪の大気汚染が生じている都市では、こうした悪影響がさらに深刻である。[14]

世界規模では、最大の問題は化石燃料の燃焼で生じる二酸化炭素だ。人為起源の気候変動は、主に二酸化炭素の温室効果によって生じる。この二酸化炭素を発生させるのは、エネルギー生産だ。過去数百年で大気中の二酸化炭素濃度は著しく上昇し、産業革命の時代からおよそ五〇パーセント増えている。地球は少なくとも過去八〇万年間は、これほど高濃度の二酸化炭素を経験していない。[15]

トカマク・エナジー上級副社長のデイヴィッド・キンガム博士は、地球の大規模な脱炭素化は宇宙進出よりも重大な課題になると私に語った。こちらのほうが得られるものが大きいのは間違いない。

地球の気候系を乱した場合にどんな結果が生じるかはまだ十分にわかっていないが、わかっている限りでは大変な悪影響が生じる。地球は複雑な機械で、あらゆるパーツが互いに作用し合う。最良のモデルの予測では、人為起源の気候変動により気温が急激に変動し、それによって地上の生命（人間やそれ以外の生物）に甚大な悪影響をもたらすことが見込まれる。温暖化の平均が摂氏二度を突破したら、地球の三分の一は五年に一度の頻度で生命を脅かす熱波を経験するだろう。サンゴ礁はほぼすべてが消滅する。農作物の収穫量が減り、海岸や河川の周辺地域で大規模な洪水が起こり、気候変動に伴って生物多様性が大幅に損なわれ、極端な気象事象の発生が増える。こうした変化の多くは、少なくとも人間のタイムスケールでは不可逆だ。気候変動を正しく理解しなければ、大惨事につながるおそれがある。[16]

恐ろしいことに、大惨事はすでに起こり始めている。別個にとりまとめられた複数のデータソースによると、二〇一九年の世界の平均気温は、一八五〇年から一九〇〇年のレベルを摂氏一・一度から一・三度上回っていた。世界保健機関の推定では、気候変動がすでに世界全体で年間およそ一五万人の死の原因となっている。[17]

二〇一八年に気候変動に関する政府間パネル（ＩＰＣＣ）は、われわれが行動をとるのに残された時間がごくわずかであることを明らかにし、エネルギー危機が差し迫った問題であることを改めて示した。最悪の結果を回避するため、温度上昇は摂氏二度以下に抑えるべきとかつては考えられていた。しかしデータが蓄積され、スーパーコンピューターによるシミュレーションが重ねられた結果、今ではこれだけでは不十分だと認識されている。現在、ＩＰＣＣは温度上昇を摂氏一・五度以下に抑えることを推奨している。われわれはすでに摂氏一度を突破してしまったので、手を打つのに残された余地と時間はわずかだ。新聞はこれを「壊滅的な地球温暖化を抑えるのに残された時間はわずか一二年」と報じた。しかし、このように具体的な期限設定は、懐疑的な見方を招く。たとえばこの期限より一日遅れて二酸化炭素の排出が完全に止まったとしても、歓迎されるのは間違いない。それでも大事なのは、気候変動による最悪の結果を回避したければ、可能な限り早急に温室効果ガスの排出を大幅に削減する必要があるということだ。[18]

クリーンエネルギーについては、進歩していると思われるかもしれない。確かに進歩している部分はある。だが実際には、二〇〇九年から二〇一九年にかけて石油、石炭、天然ガスの消費量は増加し

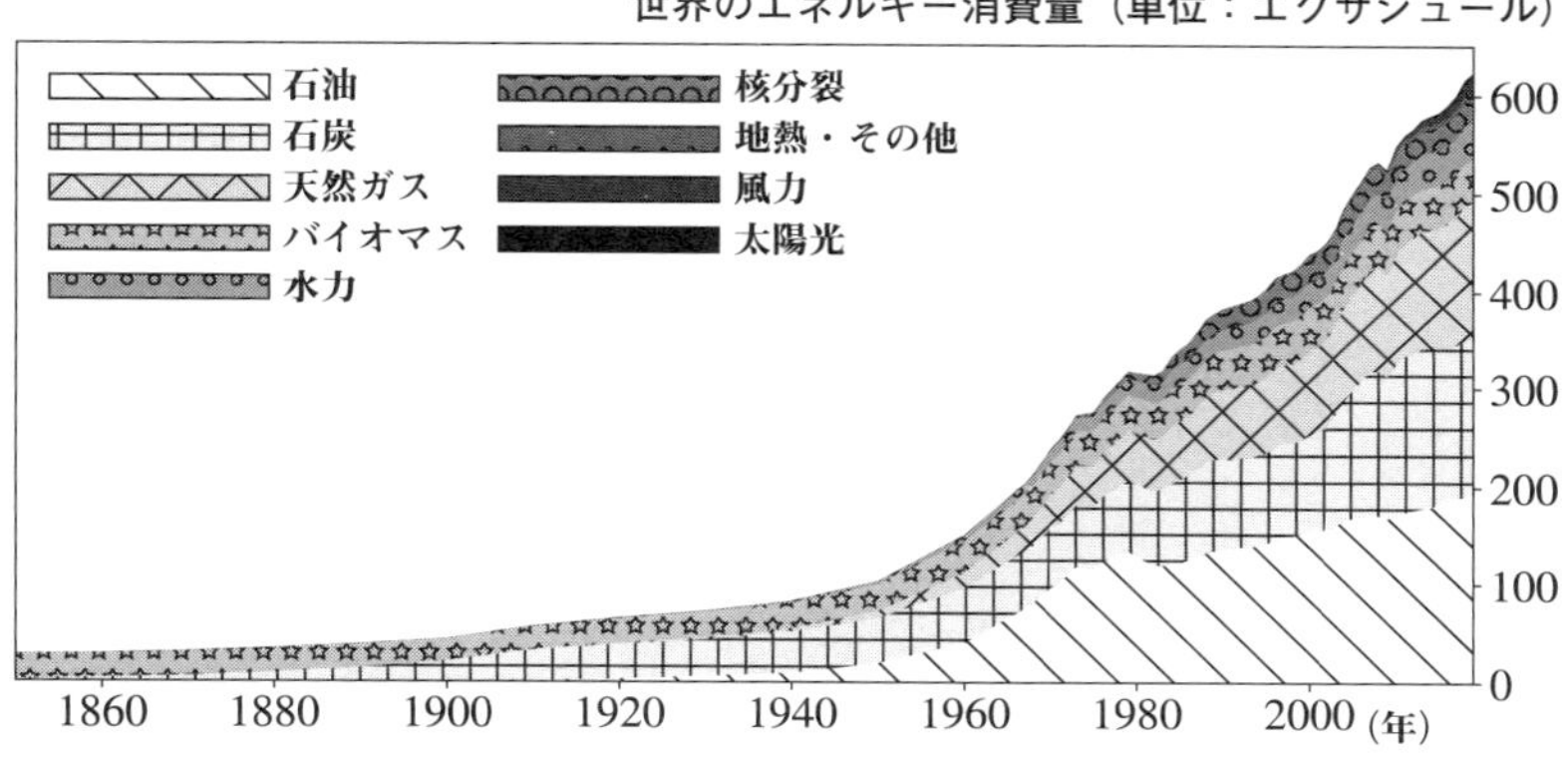

図 2.1：生産方式別の世界のエネルギー消費量から、化石燃料が支配的である一方で、風力や太陽光はほぼ識別できないほどわずかであることがわかる。バイオマスには木材燃焼およびバイオ燃料が含まれる。[20]

た（ただし石炭の使用量は、今では減少していて戻ることはないかもしれない）。クリーンな発電をするには化石燃料の使用をやめて再生可能エネルギーを使うほうが簡単であることから、発電が以前よりも環境にやさしくなっているという話を聞いたことがある人もいるかもしれない。しかし議論を電力だけに限っても、悪い知らせは避けられない。二〇一九年の発電における非化石燃料と石炭のシェアは、二〇年前のレベルからほとんど変わっていなかったのだ。二〇一九年の時点ではまだ、発電の最大のエネルギー源は石炭だった。[19]

図２・１は、化石燃料が世界のエネルギー生産を絶対的に支配していることを示す。核融合の親戚にあたる核分裂は、このうち四パーセントを供給している。バイオマスというのは、生物が生み出し、エネルギー生産のために燃やすことのできる物質、たとえば木材などを指す。太陽光、風力、その他の再生可能エネルギーは、水力発電が六パーセントを占めているのを除き、グラフにほぼ表せないほど少ない。太陽光と風力については盛んに議論されている

が、地球のエネルギー消費の規模においては、それらの貢献はあまりにも小さく、ほとんど識別できないほどだ。残念なことに、このようなエネルギー構成は、世界の二酸化炭素排出量が今もなお増加していることを意味する。過去一〇年間では、その増加率は年間平均一パーセントとなっている。[21]

エネルギー危機をどうしたら解決できるか

世界に必要なのは解決策だ。スタービルダーは解決策が一つあると思っている。だが、解決策があると思っているのは彼らだけではない。

エネルギーの利用効率を大幅に改善できると主張する人もいる。それはすばらしいアイデアだが、可能なところではすでにやっているはずだ。技術の進歩により、古くからの白熱電球（これはエネルギーのほとんどを光ではなく熱に変換してしまう）は、エネルギー効率がそれより五倍すぐれるLED電球に、すでに移行している。航空業界からの圧力を受けて、ジェット機の一キロメートルあたりの燃料効率は一九六八年から二〇一四年のあいだに二倍となった。[22]

省エネルギーの取り組みはすばらしいことだが、目下の問題からの脱却につながる可能性はきわめて低い。正しく認識されていない理由の一つは、製品の価格が下がったり質が向上したりすれば、その製品はもっと購入され使用されるようになりやすいという点だ。このリバウンド効果は、一製品あたりの消費エネルギーを引き下げる技術の進歩によって、エネルギーの使用量全体がじつは増える可能性があることを意味する。一四世紀のイギリスでは六〇〇時間の照明の価格が三万五〇〇〇ポンドだったのが、技術革新のおかげで、二〇〇六年には二・八九ポンドまで下がった。今では暗い夜間にも働けるようになったが、それに伴ってエネルギーの使用量が増えている。また、一九六八年と比べてはるかに多数のジェット機が飛んでいる。[23]

エネルギー効率の向上を追求し続ける方針を蝕んでいる最も致命的な問題点は、おそらく物理法則によるものだ。たいていの仕事は遂行するのに必要な最低限のエネルギーが決まっている、というのがそれだ。一杯の紅茶をきちんと淹れたければ、少なくともカップ一杯分の熱湯を沸かす必要がある。カップ一杯の水を摂氏一〇〇度まで熱するには一定のエネルギーを要し、いくら効率を高めてもこれを減らすことはできない。物理学には勝てないのだ。

世界が削減すべきタイプのエネルギーに対して、炭素税はその需要を抑えるのに有効だということを示すエビデンスがある。[24] 経済学者たちは通常いかなる点でも意見が一致することはないが、炭素排出量を削減して気候変動と闘う手立てとして炭素税を支持する点ではほとんどが一致している。[25] しかし真剣な解決策を考えるなら、エネルギーの供給にも目を向ける必要がある。たとえば化石燃料をエネルギー構成から排除した場合に生じるギャップを埋めるには、クリーンエネルギーのとてつもないスケールアップが必要だろう。ＩＰＣＣは、二〇五〇年までにわれわれのエネルギーのうち化石燃料に由来する割合を四〇パーセント未満に削減すべきと言っている。この目標を達成するには、これまでにないペースで、炭素を排出しないエネルギー源に切り替えていく必要がある。[26]

スタービルダーたちは、再生可能エネルギー（太陽光、風力、潮力、水力など）の大規模な採用が解決策の一つになると熱心に私に語っている。再生可能エネルギーにはすばらしい長所がいくつかある。なかでも顕著なのは、決して枯渇しない点だ。さらに核融合とは違い、再生可能エネルギーは正味のエネルギーをすでに生産し始めている。また近年では、一部の再生可能エネルギーの価格が急激に下がっている。特に太陽光発電は低価格化が進んでいる。[27]

しかし、スタービルダーたちが言うには、再生可能エネルギーだけではうまくいかないらしい。地球全体にエネルギーを供給するのに必要な規模、成長率、安定性が実現できないのだ。マックス・プランク研究所のシビル・ギュンターから聞いたところによると、必要な規模が大きいせいで、食料などエネルギー以外の人間の必要を満たすための空間や資源をめぐって競争が起きている。規模拡大の問題は、逃れられない別の物理学的な性質に一因がある。再生可能エネルギーによる発電施設で利用されるエネルギーは、特定の場所に集中しておらず、広く分散しているのだ。太陽光は地表に広く分布しているので、太陽光の豊かな「鉱脈」を採掘することはできない。対照的に石炭は、太陽光が貯蔵されて凝縮した塊だ。太陽光に伴う「分散」という問題は、波や風から取り出されるエネルギーにも同様にあてはまる。

　再生可能エネルギーについては、単位土地面積あたりの取得エネルギー量が少ないことに加えて、発電容量の一〇〇パーセントでの常時稼働はできないことから、巨大な発電施設が必要となる。国土面積がオレゴン州とほぼ等しいイギリスの場合、発電を風力だけに頼るなら国土の最大一七パーセントを陸上タービンで埋め尽くす必要があり、太陽光発電に頼るなら国土の二・七パーセントに発電装置を設置する必要がある。* 洋上風力発電や潮力発電でも非現実的な広い領域が必要で、水力発電や地熱発電は利用できる地域が十分に存在しない。[29] 大規模な再生可能エネルギー発電施設のとなりに住みたいという人も多くはないだろう。[30]

　最も大幅にスケールアップできて最も有望な再生可能エネルギーは、太陽光だ（北欧など一部の地域では、おそらく風力のほうが効率的だが）。アメリカですでに稼働している太陽光発電施設から得られた知見によれば、現時点の世界のエネルギー消費量に近いレベルの電力を供給するには、ロンドンと同じ広さの太陽光発電所が二〇〇〇カ所必要と考えられる。不可能ではないが、相当手ごわく、現実的でない。イギリス政府の気候変動委員会は、二〇五〇年までにイギリスの電力のうち再生可能エネルギーに由来するのはおよそ六〇パーセントにとどまると考えており、太陽光発電でも世界全体の電力の半分以上を供給できると思う人はほとんどいない[31]。さらに、電力は消費エネルギー全体の一部にすぎず、気候変動に打ち勝つためには再生可能エネルギーのシェアを大幅に増やす必要があるということも忘れてはならない。

皮肉なことに、気候変動自体は再生可能エネルギー源から得られるエネルギーの確実性を下げてしまう。世界全体の気象と気候のパターンが変動すると、再生可能エネルギーをめぐる勝者と敗者が生まれる。太陽光発電の潜在的可能性は、ヨーロッパや中国では高まるが、アメリカ西部、サウジアラビア、アフリカ大陸では低下するだろう。全体として、影響は望ましくないものになる可能性が高い。気温が一度上昇するごとに太陽電池の効率はおよそ〇・五パーセント低下し、気象パターンの変動によって、世界全体の直射日光が五パーセント減少するという推定も出されている[32]。こうしたパターンの変動が潜在的な再生可能エネルギーの減少ではなく分布の変化につながるとしても、その変化は政策立案者に問題を突きつける。

再生可能エネルギー（太陽光を含む）は不安定だという問題もある。風のない日には、風力タービンは電力をほとんど生産しない。見渡す限りにソーラーパネルを敷き詰めてもなお、天候の影響は避けられない。解決策としては、大陸間の送電装置を敷設するか、巨大な電池を使って電力供給のむらをならすことなどが考えられる。しかし残念ながら、そんなことのできる巨大な電池はまだ存在しない。トカマク・エナジーCEOのジョナサン・カーリングは、いずれ電池でそんなことができるようになるという考えには懐疑的だ。「昼の時間を少し延ばすくらいの電池なら可能ですが、冬を夏に変

＊　再生可能エネルギーの密度については、驚くほど大きな幅がある。ここに挙げた数字は、二〇一六年にアメリカで発電していた再生可能エネルギー施設をもとにしている[28]。

えようというのは無理です」と彼は言った。

　電力供給の間欠性に対処するにも費用がかかる。とりわけ、電力供給のうち再生可能エネルギーの担う割合が一〇〇パーセントに近づくと、費用がかさむ。電力が不足した場合、需要に応じて電池か近隣州から即時に電力を調達する必要がある。逆に電力があり余ると、発電量が過剰になって送配電網をあふれさせ、物理的なダメージをもたらすリスクがある。このリスクの見込みが差し迫った場合、国や州は近隣地域に料金を払って電力を受け入れてもらう必要が生じるかもしれない。[33]

　たいていの研究で、世界全体の総エネルギーに占める再生可能エネルギーの割合として、二〇五〇年までに二七パーセントというもっともらしい数字が挙げられる。再生可能エネルギーはエネルギー危機の解決策において重要な役割を担い、その役割は非常に大きいが、それがすべてではない。解決策において絶対に不可欠な要素ではあるが、それだけではおそらく不十分だ。[34]

　既存の技術の組み合わせで十分かどうかについて私が話を聞いたスタービルダーのなかで、それについて最も深く考えているのは、ファースト・ライト・フュージョンCEOのニック・ホーカーのようだ。彼は社外に研究の委託さえしている。

「われわれは二〇三〇年代から四〇年代にかけてのエネルギーの未来を調べました」と彼は言った。

「何が問題でないのかを問うのは有益です。コストは問題ではありません。太陽光や風力はすでに最も安価なエネルギー生産方式となっています。論ずるまでもありませんよね。エネルギー供給の間欠性も問題ではありません。間欠性の最後の一〇パーセントをどうするかについては議論の余地がありますが、率直に言って、それについてはかなりうまくいっています」

　では、何が問題であると彼は考えているのか。

「普及と、その最大速度です。問題は規模で、これは気候変動への対応に関しては非常に厄介です。

というのは、他のどの選択肢もぱっとせず、有効性が証明されていませんから――核分裂を除いて」

そう、核分裂は一つのアイデアだ。

核分裂はすでに利用されている。化石燃料と比べて二酸化炭素の排出量がゼロに近く、太陽電池よりも少ない。[35] 気象や気候に影響されず、広大な土地も要らない。核分裂で地球全体に電力を供給するには、（一二四〇メガワットの）核分裂発電所が一万五〇〇〇カ所あれば足りるだろう。これはかなりの数だが、太陽光発電と比べたら、必要な土地はほんのわずかで済む。

じつを言うと私は核分裂発電の支持者だが、その理由はこの技術に核物理学が関係していることだけではない。核分裂発電に大きく依存する国々は、化石燃料からの脱却を推し進めている。フランスとスウェーデンは他のほとんどの国よりも発電の脱炭素化を大幅に進めていて、核分裂によるエネルギー供給率がフランスでは七五パーセント、スウェーデンでは四〇パーセントに達している。フランスはこのすばらしいクリーンな電力を他国に輸出もしている。

しかし、私は少数派だ。福島第一原子力発電所で悲惨なメルトダウンが起きたあとで行なわれたイプソス社の調査で、核分裂は太陽光、風力、水力、天然ガス、石炭を含めたあらゆる電力源のなかで市民による支持率が世界的に最も低いことが明らかになった。核分裂発電を段階的に廃止し、最終的には全廃を目指している国もある。「核分裂には、受容されにくいという大きな問題があるのです」とシビル・ギュンターは言った。[36]

核分裂には確かにいろいろと問題がある。放射性廃棄物、原子炉のメルトダウンなどの危険な事故の可能性、燃料の供給に限りがあること、核兵器拡散の可能性などが危惧される。さまざまな形態および規模の核リスクについては、第８章で掘り下げる。核分裂は高価になる可能性もある。といっても絶対に高価だというわけではなく、状況によって価格は大幅に変動する。イギリスのヒンクリーポインドで建設が計画されている核分裂原子炉では一ギガジュールあたり三三〇ポンドの価格を保証しているが、これに対しイギリスで最新の洋上風力発電所では一ギガジュールあたり一四三ポンドとなっている。[37]

ニック・ホーカーは、核分裂自体に価格を高くする要素はないと考えている。フランスは、もっぱら原子力発電による電力を大量に輸出している。このことから、核分裂で安価に発電できることが示唆される。彼の考えでは、高価になるのは核分裂をめぐる規制がきわめて厳しいせいだ。彼はこう言う。「われわれは核分裂発電を経済的なものにはできないということを示してしまっていて、規制について考えると経済的な核分裂発電は無理だとなります。中国は核分裂発電所を建設できます。韓国もできます。しかし、われわれにはできないのです」

もちろん、そうした規制にはそれなりの理由があるのかもしれない。「何か間違いが起きたら、本当に大変なことになります」と、ジョナサン・カーリングは核分裂について言う。「住民の一部を避難させる必要が生じます。そのせいで、世界中のたくさんの地域が核分裂発電所の建設を避けたがっているのです」。彼は核拡散リスクも持ち出し、メルトダウンするおそれのある核分裂原子炉を自宅の裏庭に建ててほしいと思う人はなかなかいないと指摘した。

再生可能エネルギーと核分裂は、二者択一の選択肢と見なされることが多い。率直に言って、われわれの目の前にある難題の大きさを考えたら、どちらも必要となるだろう。しかし人々の懸念やリスクについても真剣に考えるべきだ。そこで、スタービルダーたちの出番だ。彼らは再生可能エネルギー源だけで供給できるエネルギーとわれわれが必要とするエネルギーとのギャップを埋めるのに、核分裂だけでは足りないと考えている。

ながるのか。理論上、核融合は他のエネルギー源の長所を多く兼ね備えている。

スターパワーによるレスキュー計画

スタービルダーたちの壮大な計画はどうなのか。スタービルディングは、地球を救うことにどうつながるのか。理論上、核融合は他のエネルギー源の長所を多く兼ね備えている。

イアン・チャップマンは明快だ。「核融合は世界を変えます」と言い、スターパワーを使って破滅的な気候変動を回避することを目指して、自分は毎朝ベッドから起き出すのだと説明した。「核融合がそのために重要だと思っていなかったら、私はさっさと別のことに人生を費やします」とのことだ。「気候変動と闘う必要性はどんどん強まっています。私は二〇〇〇年の時点でそれに気づいていました」。そのころと比べて、われわれの「燃やす石油と天然ガスは八〇パーセント増えています。炭素ゼロのクリーンで安価で安全なエネルギーを供給するためには根本的な変化が必要で、核融合はそのために大きな役割を果たすでしょう。私はそう確信しています」

彼の同僚で、カラムの実験の一つで物理学コーディネーターを務めるフェルナンダ・リミニ博士も同じ意見だ。気候変動による破局に見舞われても地球は存在し続けるだろうが、彼女は次の世代のため、そしてわれわれの生活様式を守るために、スターパワーを地上で実現しようとしているという。他の手立てではないのかと私が尋ねると、核分裂は許容できず、再生可能エネルギーだけでは不十分だと指摘する。彼女は再生可能エネルギーと核融合を併用する未来を思い描いている。「核融合は核分裂に代わることができます。でも、もっと環境にやさしいのです」と彼女は言う。

スタービルダーたちは、なぜこれほど核融合に肩入れしているのだろうか。簡単に言えば、他の電力源のもたらす問題の多くを一挙に解決できると信じているからだ。エネルギー生産に伴う最大の問題は気候変動だが、核融合は核分裂ほど二酸化炭素を排出しない。実際の排出量はどのくらいなのか。太陽光発電装置の寿命期間の二酸化炭素排出量は、核分裂や風力より五〇パーセント多い。バイオマスや水力など他のエネルギー源の二酸化炭素排出量は、いずれも核分裂や風力の二五倍以上にのぼる。[38]

　核融合は、土地使用や規模の点でも有望だ。スタービルダーたちによれば、核融合発電所は発電量が同等の再生可能エネルギー発電所と比べて、必要なスペースはほんのわずかだ。現在の核分裂発電所と同程度になるだろう。核融合は安定性の問題もうまくクリアできる。スタービルダーたちは、核融合が軌道に乗れば、何が起きてもエネルギーを安定的に供給できると言う。

　核融合については、放射性廃棄物の量が核分裂よりもはるかに少なく、放射能の減衰が速いという長所もある。核融合炉ではメルトダウンや暴走反応は起こり得ない。さらに通常の廃棄物も、化石燃料と比べてはるかに少ない、というのがスタービルダーたちの主張だ。

　最も破壊力の大きな核兵器は核分裂か核融合を利用していることから、核融合発電所と核分裂発電所では、どちらのほうが大きな核拡散リスクをもたらすのかという疑問が生じるのは当然だ。アメリカの核兵器備蓄が保持されている現場で働く人の見解を求めて、私はＮＩＦのジェフ・ウィソフから話を聞いた。彼は明快だった。「核融合による核兵器拡散リスクは核分裂よりも小さいです」とのことだ。本書では、これらの見解をのちほど再び取り上げる。

　石油、石炭、天然ガス、そして今日の原子炉で使われる核分裂材料については、燃料供給に対して課され得る制限のせいでエネルギー安全保障が問題となるが、核融合については地球上のほとんどの国が材料を直接調達できるので、その問題がない。材料はふつうの海水に含まれているのだ。

　核融合は、核分裂や化石燃料による発電と同じく燃料を使用する電力源なので、原理的にはいずれ枯渇する可能性がある。燃料は有限な資源だ。核融合技術が完成した場合でも、数年後には人類が核融合燃料を使い果たして新たなエネルギー危機に直面するのではないかと疑問を抱くのは当然だろう。しかしスタービルダーたちが指摘しているとおり、すぐに核融合燃料が枯渇することはないはずだ。

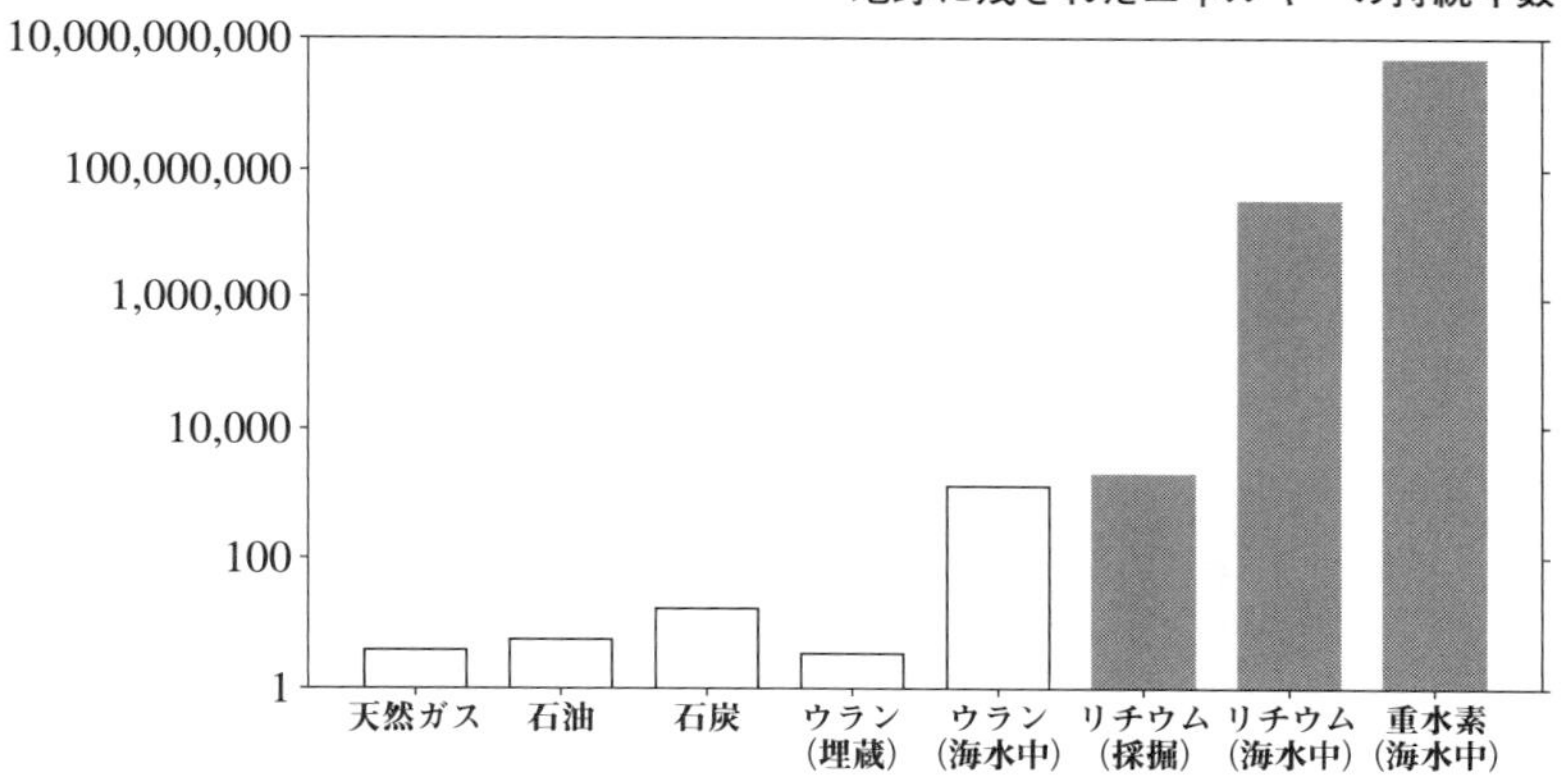

図2.2：1種類の燃料だけを使った場合のエネルギー持続年数。白い棒は非核融合燃料。グレーの棒は重水素と三重水素の核融合（地中または海水から採取したリチウムを使用）、重水素と重水素の核融合（海水のみが必要）を表す。[41]

最も単純な核融合（必要とされる温度が最も低い）で必要な二つの反応物質は、重水素と三重水素という特殊な水素原子である。重水素はきわめてありふれていて、バスタブ一杯の海水に五グラム含まれている。その抽出方法もわかっている。[39]

最も単純な核融合反応に必要なもう一つの材料である三重水素は、ごく弱い放射性をもつ。崩壊するので地球上に大量には存在しない。しかしきわめて大量に存在する別の元素、リチウムから作ることができる。リチウムは鉱石や海水に含まれている。海水中には、核分裂の原料となるウランのおよそ五〇倍の量が存在する。現時点では大規模な抽出は行なわれていないが、海水から経済的に抽出できる金属が存在するならば、それはリチウムだ。[40]

図２・２に、特定の燃料だけに依存して、平均的なアメリカ国民が使うのと同量のエネルギーを地球上のすべての人に供給した場合にその燃料が枯渇するまでの期間を示す。グラフでは、白い棒は非核融合燃料であり、グレーの棒は核融合燃料

の持続する期間を示す。白い棒を見ると、石油、天然ガス、石炭、または既存の埋蔵ウラン（新たな埋蔵ウランが発見されないと仮定する）のいずれかだけに依存した場合、一〇〇年未満で地球はその燃料によるエネルギー供給ができなくなることがわかる。海水から抽出したウランを使えば、核分裂はこれより大幅に長く持続できるだろう。

核融合を表すグレーの棒には、各タイプの核融合の持続期間を制限する要因を示している。重水素-三重水素の核融合は、鉱石または海水に由来するリチウムの量に制限される。これは三重水素の生産にリチウムが必要だからだ。重水素-重水素の核融合を制限するのは、海洋中の重水素の量だけである。採掘したリチウムを使う最も単純な核融合なら、二〇〇〇年持続するだろう。海水から抽出したリチウム[42]を使えば、核融合によるエネルギー供給は三〇〇〇万年まで延長できる。重水素だけを使う核融合なら、その期間は一〇〇億年を超える。

地球からの核融合燃料の供給は、実質的に無限だ。重水素-三重水素の核融合は、大陸が移動し種が誕生して絶滅するのに十分な長きにわたって持続するだろう。つまり地質年代レベルのタイムスケールだ。重水素だけを使う核融合によるエネルギーなら、天体物理学的なタイムスケールで持続すると考えられる。太陽が自らの水素燃料を使い尽くし、膨張して地球を飲み込むのに十分なほどの長きにわたる。核融合は、地球自体が居住不可能になるまで持続し得る電力源なのだ。

核融合によって、地球のために時間が稼げる。しかし別の意味で、時間切れが迫っている。カラム核融合エネルギーセンターのイアン・チャップマンを訪ねていったとき、博士課程に入学してスタービルディングのキャリアに踏み出したばかりの学生たちが自分の研究についてポスター発表をし、サンドウィッチとフライドポテトの簡素なブッフェランチを食べながら議論していた。上階にいる彼らのボスに会うまでいくらか時間があったので、核融合の研究に取り組む動機について学生たちに訊いてみた。彼らが核融合に惹かれるのは、先輩たちよりもおそらく長く地球に居住するであろう人間として、気候変動への対策に核融合が役立つ可能性を認めているからなのか、という点にとりわけ関心があった。そのとおりです、核融合は気候変動を止める助けになります、と答えた学生が一人か二人いた。だがほとんどの学生は、気候による破局を回避するためにＩＰＣＣが定めたきわめて短い期限に核融合エネルギーが間に合うとは考えていなかった。彼らは核融合が未来の地球のエネルギー供給においてきわめて重要なものとなり得るし、そうなるべきだと考えてはいたが、気候変動を抑えられるほどすぐに実現するとは考えていなかった。私は彼らの考えを聞いてびっくりした。彼らより立場が上のスタービルダーたちとはあまりにも違っていたからだ。しかしスターマシンの開発にこれまでのところ何十年もかかっていることを考えれば、学生たちの懐疑にも一理ある。そう思った私は、彼らのボスに直接それを伝えようと決めた。イアン・チャップマンのいる上階へ行き、核融合は大きな成果をもたらすには間に合わないのではないかと尋ねた。すると彼は断固として首を振った。

「そうは思いません。二〇五〇年を迎えたときに、崖っぷちに行き当たって世界が終わってしまうとか、あるいはわれわれがすでに世界を気候変動から救っているということはないかもしれません。しかし、われわれの進む道は間違っていません。ただ、排除すべき炭素技術はまだたくさんあるでしょうね」と彼は言った。

　彼はまた、ＩＰＣＣの定めた期限は核融合を追求しない理由にはならないと言った。

「われわれのエネルギーの八〇パーセントは石油と天然ガスだということを忘れてはいけません。二〇五〇年までに正味ゼロを達成すべきと言うだけではだめなのです。それをどう実現するかまで考えないと。八〇パーセントですよ。とてつもない挑戦です。率直に言って、現在の技術では無理でしょう」

チャップマンは再生可能エネルギーの強い支持者であり、再生可能エネルギーへの投資にも積極的だ。しかしそれだけで十分とは思っていない。「人々はすっかり関心を失っています」と彼は言う。懸念を抱き、憤りさえ覚えている。「われわれは今が危機的状況ではないかのようにふるまっていますが、いずれしっぺ返しを食らうでしょう」

他のスタービルダーたちも、核融合エネルギーの実現が早ければ早いほど、気候への影響が改善されるという点で同じ意見だ。

「多くの点で、時間がわれわれにとって最大の敵だと思います。気候変動との闘いにおいて核融合に大きな役割を担わせたいなら、タイムリミットは迫っています」と、マサチューセッツ工科大学（MIT）のプラズマ科学核融合センター所長で、核融合スタートアップのコモンウェルス・フュージョン・システムズの共同創業者でもあるデニス・ホワイトは語っている。[43] 別のスタービルダーも、具体的なタイムスケールがどうであれ、いずれ世界はスターパワーで動くようになると言った。

スタートアップで働くスタービルダーたちは、核融合によって気候変動に打ち勝つ可能性についてとりわけ楽観的だ。トカマク・エナジーとファースト・ライト・フュージョンの科学者たちは、二〇二〇年代か三〇年代に正味のエネルギー利得の生じる核融合炉を複数建設すると話した。

スタービルディングの長い歴史とこれまでの遅々とした進展を顧みると、これほど多くのスタービルダーたちが核融合エネルギーで気候変動を阻止するという展望にこれほど楽観的なのは意外に思われるかもしれない。次章以降で、彼らがタイムリミットに間に合うとこれほど強く確信している理由を説明していく。

ちなみに、実現までに長い時間がかかったエネルギー源は核融合だけではない。ユートピア主義者のジョン・アドルファス・エッツラーは、一八三三年の先見的な著書で太陽光発電について明るい展望を示し、発明家のチャールズ・フリッツは一八八三年に最初の太陽電池を作製した。一八九一年の新聞は歓喜に満ちた論調で、「地球上のあらゆるエンジン」を経済的な太陽光発電で動かす「その日はまもなく訪れるだろう」と請け合った。それから四〇年後の一九三一年には、「太陽エネルギーの利用は解決に近い」と断言した。概念が提案されてから二世紀近くが過ぎ、太陽光発電のコストは化石燃料と張り合えるようになったが、設置された施設の発電容量は比較的小さい。核融合にもまだ希望があるかもしれない。[44]

しかし……核融合は性質が異なる。チャールズ・フリッツの最初の太陽電池さえ正味のエネルギー利得を達成し、受け取った太陽光エネルギーから一パーセントの収穫を得た。最初に太陽電池を作るのに要したエネルギーコストを無視すれば、最初の太陽電池はエネルギーを生産したのだ。これまでのところ、人工的に起こした核融合反応で、正味のエネルギー利得を達成したことが広く知られているのは、水素爆弾で起きる反応だけだ。

核融合は、地球の生命が存在して繁栄するために常に不可欠だった。基本的に、われわれの使うすべてのエネルギーは直接的または間接的に、天空で燃え盛る巨大な核融合炉、すなわち太陽に由来する。つまるところ、最も有望な再生可能エネルギーである太陽光発電は、間接的な核融合エネルギーなのだ。スタービルダーは、この中間に存在するものをなくしてしまいたいと考えている。彼らは自分たちの探求がどれほど難しいか理解しており、成功の暁に得られるものは人類がこれまでに出会ったどんなものより大きいこともわかっている。しかし恒星を作って地球を救うという希望を抱くには、核融合の秘密を理解する必要がある。

第3章　原子からのエネルギー

「恒星は、われわれにとって未知の方法でなんらかの巨大な蓄えからエネルギーを引き出している。この蓄えは、あらゆる物質の中にたっぷり存在する（ということはわかっている）原子内部のエネルギーと同じものであることがほぼ確実だ。人類がいつかそのエネルギーを解き放ち自らの役に立てる方法を知るということをわれわれはときおり夢見る。この蓄えは、いくら利用してもほぼ無尽蔵である」

——アーサー・エディントン「恒星の内部構造」（一九二〇年）[1]

本書は原子の内部に潜むエネルギーを解き放とうとする科学者の試みを描くもので、ここに登場するスタービルダーたちは、それが可能であることを誰よりも広く世に知らしめた人物から大きな恩義を受けている。

その人物とは、物理学者のアーネスト・ラザフォードだ。彼は二〇世紀の最初の数十年間に原子の構造を発見し、最初の核反応を（それと知らずに）なし遂げ、彼の率いたチームは核融合反応と核分裂反応を発見した。しかしラザフォードが行なった最初の人工核融合実験も、正味のエネルギー利得を達成するのはとてつもなく難しいということを示していた。

アーネスト・ラザフォードは、才気煥発で革新的で勤勉な物理学者だった。その性格と創造力のおかげで、生涯を通じて数々の成功を収めた。初期のソナーの開発に力を貸し、遠隔で電波を検出する装置を作って世界記録を破り、そして放射能に関する初期のセンセーショナルな発見によって、一九〇八年にノーベル化学賞を受賞した。イギリスの王立協会は、科学史において非常に重要な人物である彼の遺した奇妙な持ち物をいくつか保有しており、そこにはポテトマッシャーが含まれている。彼は寛容な精神の持ち主で、虚飾を嫌った。仲間の物理学者ニールス・ボーアによれば、「ラザフォードはいつも自分の研究を進めることで頭がいっぱいだったが、それでもなんらかのアイデアをもっていると思われる若者がいれば、そのアイデアがどれほどささいなものであっても、忍耐強く話を聞いてやっていた」。ボーアはまた、ラザフォードが「権威には敬意をほとんど抱かず、『偉ぶった話しぶり』には我慢ならない性分だった」とも語っている。[2]

ラザフォードが原子の研究を始めたのは、一八九五年にニュージーランドからケンブリッジ大学のキャヴェンディッシュ研究所に移ったときである。キャヴェンディッシュでの指導教授は、原子を構成する最小の明確な粒子である電子を発見した偉大な物理学者、〝J・J〟ことジョゼフ・ジョン・トムソンだった。一九〇四年、トムソンは当時知られていた原子に関する事実を説明できる理論を提案した。それはクリスマスプディングに似たデザートの「プラムプディング」（といっても、実際にはプラムでなくレーズンが使われることが多い）から名を採った、「プラムプディングモデル」というものだった。このモデルでは、原子とは正の電荷をもつ「プディング」に負の電荷をもつ「レーズン」（電子）が埋め込まれたようなものととらえる。[3]

一九〇九年、ラザフォードはマンチェスター大学に移り、元指導教授の理論を検証する実験を考案した。そして、原子はプラムプディングとは違い、中心に正の電荷をもつ凝縮した物質の塊のある空っぽの空間であることを巧みに示した。この塊が今では「原子核」と呼ばれている。[4]

ラザフォードのモデルの基本的な構造は、今日の科学者が考える原子の姿に近い。中心にある重たい核が原子の空間のごく一部を占めていて、負の電荷をもつきわめて軽い電子の雲が原子全体に分散しているというものだ。原子核の内部には、質量がほぼ同じ二種類の粒子が存在する。電荷をもたない中性子と、正の電荷をもつ陽子だ。

宇宙に最も大量に存在する元素である水素の原子核には、陽子が一個だけある。原子核の陽子の数によって、原子の種類が決まる。一個なら水素、二個ならヘリウム、三個ならリチウムといった具合だ。原子核に陽子を一個加えると、別の元素になる。燃焼や、ワインが酢に変わる（酸化）といった反応を含めてほぼあらゆる化学反応は、同数の陽子と電子によって決定される。化学的性質に関係するのは電子で、化学反応の際にはこれが共有されたり、交換されたり、移動したりする。ビル・ブライソンの言葉を借りれば、「陽子が原子に同一性（アイデンティティー）を与え、電子が原子に個性（パーソナリティー）を与える」[5]（『人類が知っていることすべての短い歴史』楡井浩一訳、新潮文庫から引用）のだ。

電荷をもたない中性子は、化学反応にかかわらない。同じ個数の陽子をもつ原子が、原子核内の中性子の個数にかかわらず通常は同一の名前で呼ばれるのはそのためだ。たいていの場合、地球の大気に存在する二種類の窒素は区別されない。どちらも陽子は七個だが、一方は中性子も七個であるのに対してもう一方には中性子が八個ある。陽子の数は同じだが中性子の数が異なる原子は「同位体」と呼ばれる。窒素の二つの同位体は電子の数が同じなので、化学的性質はほぼ完全に同じだ。

しかし核物理学では、原子核の中にあるものが重要な意味をもつ。そのため同位体どうしの違いは重要で、生死を分けることもある。これについては後出の章で、ビキニ環礁と第五福竜丸を取り上げる際に説明する。核融合と核分裂は、原子核内の陽子と中性子の個数を変えるので核反応と言える。スタービルダーの好むタイプの核融合で燃料として使われる重水素と三重水素は、水素の同位体だ。いずれも陽子は一個だが、重水素と三重水素には中性子もあって、そのために通常の水素よりも質量が大きい。これらの名称は、原子核に陽子一個だけをもつ通常の水素原子との関係を知る手がかりとなる。重水素は通常の水素と比べて質量がおよそ二倍で、三重水素はおよそ三倍だ。重水素には中性子が一個と陽子が一個存在し、三重水素には中性子二個と陽子一個が存在する。

ラザフォードの発見したおおまかな原子の構造さえ、当時の科学者にとってはまったく思いがけないものだった。一九一〇年、マッハ数*の由来であるエルンスト・マッハは「原子の存在を信じることがそんなに重要なら、私は物理学的な考え方を放棄し、プロの物理学者を辞め、科学者としての名声を返上する」[6]と述べた。この新たな理論は大いなるパラダイムシフトであり、感情を強くかき立てた。ラザフォードは明らかに、ジャガイモをつぶすのと同じように、さまざまな理論を粉砕するのを楽しんでいた。

ラザフォードは原子の構造に光を当てるのに大きく貢献したことから、物理学者にとってはヒーローだ。とりわけスタービルダーは彼に特別な敬意を抱いている。というのは、生まれてまもない核物理学に深く分け入る実験をしたからだ。

ラザフォードの時代の物理学者が原子や原子核を研究するのに用いた一つの手法は、これらを高速に加速して高エネルギー状態にしてから別の原子に衝突させて何が起きるかを観察することだった。このように非常に高いエネルギー状態になると、原子の核が互いに反発して弾き飛ばされることなく、相互作用できる距離まで近づくことができる。素粒子物理学に関するたくさんの知見がこの方法で集められ、新たな知見を得るために粒子を衝突させるという方法は、今日でも欧州原子核研究機構（CERN）の大型ハドロン衝突型加速器での実験で続けられている。

＊　流体中における物体の速度と音速の比。航空機の超音速飛行との関連で最もよく知られている。

原子研究の揺籃期、装置は現在よりもはるかに小さかったが、現在に勝るとも劣らぬほど重大な発見がなし遂げられた。ラザフォード自身も、原子核を加速して非常に高いエネルギー状態にして別の原子核に衝突させる一連の実験を監督した。

一九一七年の実験で、ラザフォードは人工的な核反応を初めて実現させた。ヘリウム原子核をぶつけることで、窒素原子を別の原子に変えたのだ。ただし彼はそのとき、自分のしたことをよく理解していなかった。窒素原子を分裂させただけだと思っていたのだが、じつは窒素を酸素に変え、その過程で水素原子核が放出されていた。[7]

しかし、核エネルギーの探求を真にスタートさせたのは、これよりあとでラザフォードがかかわった二つの実験だった。

原子のエネルギー

一つ目の実験は、一九三二年に行なわれた。キャヴェンディッシュでラザフォードの指導を受けて研究していた二人の物理学者が核に関する大発見をしたというニュースが世界を駆け巡り、原子核内からエネルギーを解放できるという最初の証拠を示した。

この実験をしたのは、ジョン・コッククロフトとアーネスト・ウォルトンだった。二人は陽子を加速して高エネルギー状態にして、リチウムの塊に衝突させていた。ほとんどの陽子は何もおもしろいことをしなかった。しかしごくまれに、発射一〇億回につき一〇回ほど、陽子がリチウム原子核にぶつかって、これを真っ二つに分裂させることがあった。リチウム7（リチウムの同位体のなかで最も多く存在し、陽子三個と中性子四個をもつ）の原子核一個がヘリウム4原子核二個になった。ぶつかった陽子によってリチウム原子核は正電荷が過剰となり、原子核内の陽子どうしが反発した結果、原子核が長く伸び、崩壊したのだ。これは純然たる錬金術だった。なにしろ研究者らが陽子とリチウムを合わせたら、ヘリウムができたのだから。彼らは、核分裂性の原子が存在することを発見した。つまり、一部の原子は分裂可能であることを明らかにしたのだ。これは、ほぼ万物を構成している物質を使ってどんなことが可能かについての驚くべき洞察だった。[8]

コッククロフト、ウォルトン、ラザフォードは、リチウム原子を分裂させた。しかしこの実験で最も興味深い点は、関与するエネルギーを合計した結果だった。各陽子を加速するのに〇・六メガ電子ボルトのエネルギーを投入した。これは一ジュールの一〇兆分の一という、人間のスケールでは微小なエネルギーだ。読者がこの一文を読んでいるあいだに消費するエネルギーは、一〇〇ジュールに達するだろう。しかし原子のスケールでは、陽子に〇・六メガ電子ボルトのエネルギーを与えるのは、ハエを飛ばすのにロケットを取り付けるようなものだ。だから〇・六メガ電子ボルトというのは大きな数だが、それさえこの反応で生じたエネルギーと比べればかすんでしまう。ヘリウム原子核を二個生み出したとき、一七メガ電子ボルトのエネルギーが解放された。衝突した陽子は、与えられたエネルギーのほぼ三〇倍のエネルギーを放出したのだ！

コッククロフトとウォルトンはノーベル賞を受賞した。のちに、もっと重い同位体を分裂させる核分裂反応を連鎖させてエネルギーを生産できることが発見された。この知見がやがて原子爆弾や今日の核分裂原子炉へとつながった。コッククロフトはイギリスの原子力研究所の所長となり、そこでまさに最初のスターマシンを建設する手はずを整え、当時のスタービルダーが正味のエネルギー利得を達成する世界初の核融合装置となることを期待した施設の建設を支援した。この期待は打ち砕かれたが、それでもコッククロフトは初期のスタービルダーのなかで最重要人物の一人だった。

彼の二つ目の実験は、スタービルダーにとって最も重要なものであり、彼らの信念すべての根源となっている。一九三四年、ラザフォードとさらに二人の物理学者、マーク・オリファントとポール・ハーテックは、改良されたキャヴェンディッシュの粒子破壊器を使っていた。彼らは「重い水素」（核に中性子が一個ある水素の同位体で、現在では「重水素」と呼ばれている）を標的内の別の重水素原子に向けて発射していた。そして、ある反応がとても頻繁に起きることがわかった。一メガ電子ボルトのエネルギーをもつ重水素原子核一個が別の重水素原子核と結合すると、三重水素原子核一個、陽子一個、四メガ電子ボルトのエネルギーが生じるのだ。* 一単位のエネルギーと二個の重水素原子を反応炉に入れると、もっと大きな核（三重水素）一個と四倍のエネルギーが生じた。重水素を融合させて、三重水素という新たな同位体を作ったのである。こうして彼らは原子核の融合が可能だということを発見した。[9] 彼らは水素のようなありふれた単純な元素を融合させて、もっと大きくて稀少な元素を作れるということをはっきりと示した。この一つのアイデアによって、宇宙でじつに多様な原子が誕生した仕組みを説明することができた。それからまもなく、太陽が輝く仕組みもこれで説明できるようになった。これは思いがけない発見だった。さらに、世界を作り替える力が人間の手に渡されることをも意味していた。

　核融合は、錬金術師が夢見ていた反応だ。これによって、基本的な元素を金に変えることが実際にできる。† この反応は、宇宙全体をレゴブロックのセットにしてしまう。基本のブロックを正しく使えば、何でも作れるのだ。スタービルダーがこの反応にこれほど夢中になるのも不思議ではない。

　しかし核分裂や核融合を使ってできるのは、ラザフォードたちが発見したように原子のブロックを並べ替えることだけではない。太陽を輝かせる核融合や、リチウムの分裂、あるいはラザフォードが行なった重水素どうしの核融合のように、ブロックの並べ替えによってエネルギーが生じる場合もある。これは化学エネルギーではない。というのは、電子が関与していないからだ。ここで生じるのは核エネルギーであり、それが大量に生じる。科学者が発見したのは、原子の奥深くに隠れていた新たなエネルギー源だった。

ＮＩＦのマーク・ハーマンやカラム核融合エネルギーセンターのイアン・チャップマンといったスタービルダーは、重水素‐三重水素の核融合炉を使っていて、これはラザフォードの使った装置よりもさらに多くのエネルギーを生産できる。二つの水素同位体が融合して、ヘリウム原子核一個、中性子一個とエネルギーが生じる。うまくいくと、一回の反応でわずか〇・一メガ電子ボルトのエネルギー入力から一七メガ電子ボルトものエネルギー出力が得られる。入力に対して一七〇倍の出力が得られるというわけだ。原子のスケールでは、このエネルギー量は莫大だ。一七メガ電子ボルトというのは、化石燃料の場合と比べて反応一回あたりのエネルギー出力が二〇〇万倍に相当するのだ。

しかし物理学では、記録するだけでなく理解することを目指す。核融合が発見されたあとも、物理学者にはその反応が起きる理由や仕組みがわからなかった。原子のレゴブロックをどう組み合わせたらうまくかみ合うのかがわからず、エネルギーがどこから来るのかもわからなかった。核エネルギーの解放と利用に関心をもつスタービルダーなら、核融合がどのように起きるのかをもっと知る必要がある。

核融合の際に起きていることを知る初期の手がかりの一つは、Ｊ・Ｊ・トムソンの教え子の一人、フランシス・アストンという物理学者によってもたらされた。一九二〇年、アストンは原子の質量を

＊　さらに、ヘリウムの同位体一個、中性子一個、三・三メガ電子ボルトのエネルギーが生じる別の反応も発見された。

†　一九四一年に三人の科学者が水銀に中性子をぶつけることでこれを実行した。しかしできあがった金は放射能で汚染されていたうえに、実験のコストはできあがる金の価値をはるかに超えていた。よって、一攫千金の手立てにはならなかった。[10]

測定するもっと正確で精密な方法を考案した。驚いたことに、彼は原子の質量が他の原子の質量に対して厳密には整数の比になっていないことに気づいた。たとえばヘリウム原子核には水素原子核と比べて四倍の数の粒子が含まれるので原子量も四倍、とはなっていないのだ。陽子と中性子がレゴブロックのようなものと考えるなら、こうなっているはずだ。しかし実際には、原子の質量の比はほんのわずかだが違っていた。ヘリウム原子の質量は、水素原子四個の質量の九九パーセントだったのだ。こんなわずかな差は取るに足らないと思われるかもしれないが、じつはこれこそまさに核融合が作用する理由である。

科学の普及に大きく貢献した物理学者のアーサー・エディントンは、こんなふうに宇宙で計算が合わないように見えることに強い関心を抱いた。彼は核について先見の明があり、ラザフォードが核融合実験を行なうよりもかなり前に恒星のエネルギー源が原子の内部に由来することを示唆していた。エディントンは、水素原子四個はヘリウム原子一個とぴったり同じ質量をもつはずであり、九九パーセントというのはおかしいと推論した。ブロックが一個ずつばらばらの状態(水素原子)から四個まとまった状態(ヘリウム原子)へ移行する際に、質量の一部が消失するに違いないと説明するほかない。しかしこれは純然たる異説だった。質量が消失することなどないとされていたのだ。物質はたとえば固体から液体のように形態を変えることはあるかもしれないが、最終産物の質量は常に反応物の質量と同じはずだ。質量保存は物理学の中心教義の一つだった。

エディントンは、自分の大いに尊敬する聡明な物理学者の発表した理論が、この謎を解き明かしてくれるのではないかと考えた。その理論では、質量とエネルギーは同じコインの表と裏だとされていた。質量はエネルギーになることができ、エネルギーは質量になることができる。当時、これは荒唐無稽な考えだった。この物理学者は、一九〇五年に物理学の基本的な概念に疑義を申し立てる他の三つの理論とともに、この理論を発表するという偉業をなし遂げていた。彼の名は、アルベルト・アインシュタインだ。[11]

原子力の秘密

エディントンが原子の質量のわずかな差を説明するのに使えないかと考えたアインシュタインの理論では、運動していない物体の質量とエネルギーの関係が次式で表される。

$$E = mc^2$$

Eはエネルギー、cは光の速度（秒速三億メートルという途方もない速さだ）、mはアストンの発見した質量の差を表す。このシンプルな方程式により、核融合や核分裂の際に起きることがたやすく簡潔に説明できる。

原子核の中に存在する粒子の個数がわかる天秤があるとしよう。天秤の一方に炭素（陽子六個と中性子六個をもつ）を置いた場合、粒子の個数はぴったり一二個であることがわかる。ここで天秤の一方に核融合で投入する物質（重水素と三重水素）を置き、他方に核融合による生成物（中性子一個とヘリウム）を置く。

重水素と三重水素を置いた側では、二個の原子核に合計五個の粒子が存在する。中性子三個と陽子二個だ。ところが、天秤は五・〇三〇四個を指している。ほぼ五個だが、大事なのは正確にはそれよりわずかに多いという点だ。天秤の反対側では、反応によって生じた中性子とヘリウム原子核の質量が粒子五・〇一一三個分となっている。天秤は重水素と三重水素を置いた側にほんの少し傾く。反応の投入物と生成物との質量の差は粒子〇・〇二個分とごくわずかだ。しかしアインシュタインの方程式によれば、エネルギーという点ではこの差は決して小さくない。

ここでアインシュタインの方程式のmは、〇・〇二という一見小さな値をとるが、cの二乗という非常に大きな数で乗じられるので、わずかな質量でも莫大なエネルギーに変換されることになる。〇・〇二を$E = mc^2$に代入すると、実験の結果が示すとおり、一七・六メガ電子ボルトものエネルギーが放出されることがわかる。

核分裂でも、同じ現象が起きる。反応後に残る物質の質量は、反応に投入された物質より少し軽くなるのだ。核分裂でも核融合でも、アインシュタインの理論は特定の質量の変化において放出されるエネルギーの量を明らかにする。

アインシュタインの方程式を使い、スタービルダーは核融合によりエネルギーを生産する同位体の組み合わせを突き止めようとしている。こうした核理論にもとづくきわめて驚くべき洞察の一つは、スタービルダーの好む核融合燃料が、ほんのわずかでも大きな作用をもたらすということだ。高濃度の燃料は低濃度の燃料よりも使用単位あたりのエネルギー生産量が多い。言い換えれば、エネルギー密度が高い。同じ重量で比べれば、石炭を燃やすと木材のおよそ二倍のエネルギーが放出される。産業革命において石炭が重要な意味をもったのはそのためで、また現在でも地球上で最も広く用いられるエネルギー源となっている一因もそこにある。原油は石炭よりもエネルギーの生産量が若干多い。化学燃料でエネルギー密度が最も高いのは水素ガスで、木材と比べるとエネルギーの生産量は八倍に達する。石炭の燃焼は化学反応であり、電子がやり取りされるだけで、原子核には変化が起きない。大量のエネルギーを放出したければ、原子核に頼る必要がある。

ほとんどのスタービルダーが行なっている重水素‐三重水素の核融合では、石炭と比べて単位重量あたり一〇〇〇万倍のエネルギーが放出される。一、〇〇〇、〇〇〇万倍だ。自宅に核融合炉があったら、石炭倉庫に石炭を一〇〇〇万回取りに行く代わりに、重水素と三重水素の倉庫に一度だけ取りに行けばいい。カップ一杯の水にはアメリカで平均的な人が一年間で使う量の二九〇倍に相当するエネルギーが含まれており、オリンピックの競泳用プールには世界全体の一年間の使用量を上回るエネルギーが含まれていることになる。

今日の原子力発電所で電力源として使われている核分裂反応さえ、単位重量あたりのエネルギー密度は核融合に及ばない。核分裂では核融合の二五パーセントしかエネルギーを放出できないのだ。それどころか、単位重量あたりのエネルギー放出量が核融合よりも多い反応は宇宙に一つしかない。それは物質と反物質の対消滅による純粋なエネルギーの放出であり、この場合にはいかなる質量も残らない。この反応には反物質が必要だが、これは宇宙のどこを探しても（地球は言うまでもなく）大量には存在しない。つまり人類が利用できるなかでは、核融合が最もエネルギー密度の高い燃料なのだ。

核融合燃料が数百万年、数億年、あるいは数十億年も地球にエネルギーを供給できる理由は、今や明らかだ。豊富に存在することに加えて、そもそも大量に使う必要がないからだ。

だが、問題が一つある。アインシュタインの方程式にもとづいて、スタービルダーは反応が起きた場合に期待されるエネルギーの放出量を知ることができる。しかしどんな反応が起こり得るかについては、どうやって知るのか。知ることを許される人と許されない人がいるのだろうか。

幸い、スタービルダーは核反応の解明に注がれた数十年に及ぶ研究に頼ることができる。起こり得る事象や起こり得ない事象の根底には、自然界の基本的な力が存在する。この力については本書で何度も見ていくが、そうする主たる理由は、この力が宇宙の万物を支配するからだ。「万物」とはまさに文字どおりの意味だ。自動車エンジンの内部で起きる化学反応や、元素の創造、石の落下、視覚能力など、多様な現象の背後にこの力は存在する。物体どうしの相互作用を可能にするのもこの力だ。今あなたの座っている椅子がなんらかの力であなたの体を支えなければ、あなたは幽霊のように椅子を通り抜けてしまうだろう。

この自然界の基本的な力とは、重力、電磁力、弱い力、強い力という四つだ。これらの力により、電荷や質量といった、粒子がもつ抽象的な性質が理解できる。電荷は、光や電磁気を介した粒子どうしの相互作用の強さを決定する。質量は、粒子が受ける重力の強さを決定する。

われわれにとって最もなじみ深い力は、人が地面から浮かび上がって宇宙へ飛び出すのを防いでいる重力だ。電磁力は、電気と磁気の相互作用を支配する。スイッチを入れたヘアドライヤーか電気ケトルの電源コードのそばに方位磁針を置くと、この二つの力の関係を見て取ることができる。電源コードの内部で電子が運動することによって磁場が生じ、それによって方位磁針が揺れ動くのだ。弱い力は放射性崩壊を引き起こす。強い力は原子核の内部で原子の質量の大部分をつなぎとめる接着剤として働く。

これらの力は強さが異なる。最も強いのが強い力で、次が電磁力、それから弱い力が続き、最も弱いのが重力だ。四つの力のうちで最も弱いのが重力だというのは意外に思われるかもしれない。宇宙飛行士がロケットを使わなくては地球の重力から脱出できないということを考えたら、とりわけ意外に感じられるだろう。しかしちっぽけな棒磁石でも、地球全体の重力に打ち勝って、ペーパークリップを地面から持ち上げておくことができる。

これらの力が作用する範囲もさまざまだ。重力は、作用する距離に限界はないが、引きつける力しかもたない。「反重力」に打ち消されることはない。このように一風変わった性質のおかげで、重力は他の力と比べると弱いものであるにもかかわらず、宇宙の構造の進化を決定する。電磁力も作用する距離は無限だが、正と負の力があり、大きなスケールでは互いを打ち消し合いやすい。

対照的に、強い力は作用する距離がとても短く、そのせいで原子核の大きさが制限される。陽子どうしは同じ電磁荷を帯びているので反発しあう。それにもかかわらず核の内部でつなぎ留められているのは、この強い力の働きだ。原子核の内部で強い力が粒子間に作用しているとき、この力は「核力」という別の名で呼ばれる。

核力は、核融合でエネルギーを放出するには二個のやや不安定な原子（その不安定性に呼応して、接着剤として働く核力が弱い原子）を融合させて、もっと安定な原子核一個を生成する必要があることを示す。核分裂でエネルギーを放出するには、サイズと質量が大きく不安定な原子一個を分裂させて、もっと安定で小さな複数の原子にしなくてはならない。一般的な原子のなかで、核物理学のゴルディロックス〔童話『三匹の熊』に登場する少女の名前。彼女が三つのおかゆを味見し、熱すぎも冷たすぎもしない適温のものを選ぶことから、「ちょうどよいもの」を表す〕と呼ぶべき最も安定な原子は、核に五六個の粒子をもつ鉄の同位体、Ｆｅ‐56である。これより小さい原子（たとえば水素とその同位体）は、融合によってエネルギーを放出しやすい。融合することで、もっと大きくてＦｅ‐56に近い原子となるからだ。一方、Ｆｅ‐56より大きな原子は、分裂によってエネルギーを放出しやすい。

以上の力により、人類が利用できると期待される最も高エネルギーの反応を起こすのに必要な原子が決まる。すばらしい。では、核物理学の実験をやってみよう！

問題

ちょっと待て。落とし穴があるのだ。しかも大きい落とし穴だ。核反応で正味エネルギーを得るのが難しい理由がそこにある。

コッククロフトとウォルトンの行なった核反応実験で、入力エネルギーの二〇倍のエネルギーが生産されたのを覚えているだろうか。ただし成功したのは、加速した陽子一〇億個につき一〇回だけだ。実験全体で正味のエネルギー利得を達成するには、加速陽子三〇個につき一回以上の成功率が必要だった。じつは彼らの実験では、生産したエネルギーをはるかに上回るエネルギーを消費していた。ラザフォードが最初に実証した核融合反応も同様で、成功率は一〇〇万分の一と低く、装置が消費したエネルギーは生産したエネルギーをはるかに超えていた。[12]

粒子の加速により核物理学実験を行なうのは、目隠しをしてダーツの矢を投げるようなものだ。だいたいの方向はわかっているかもしれないが、的の中心円にはなかなか刺さらない。アインシュタイン自身は、「物質をエネルギーに変換できる確率は、鳥がほんの数羽しかいない国で闇夜に鳥を撃とうとするのに近い」と語っている。ラザフォードも同じ考えで、ある核実験についてこう述べている。「この過程で陽子が供給するよりもはるかに多くのエネルギーが得られることもあるかもしれないが、平均してそうなることは期待できない。これはエネルギーを生産するのにとても頼りなく効率の悪い方法だった。原子の変換でエネルギー源が生じることを期待した者はみな、ばかげた考えを抱いていたのだ[13]」

ダーツの矢をでたらめに投げたときと同じように、核融合反応が起きるのを期待して粒子を次々に発射するうちに、ターゲットに「命中」する可能性もある。ただし私が矢を投げるときと同様に、その確率は低い。

その理由は、二つの原子核に含まれる陽子のあいだで作用する電磁力による反発が、原子核を引き合わせる核力よりもずっと早く作用するからだ。加速された粒子の視点から見ると、反対側に深い谷（核力による引力）のある険しい山（電磁気的反発力）を登るようなものだ。うまくアプローチすれば、やって来た粒子は山頂を越えて反対側の深い谷に入るのに十分な勢いをもつ。つまり核融合を起こすことができる。しかしたいていの場合、粒子は山を越えられない。完璧な量のエネルギーをもっているときでも、二個の原子核が融合せず、すれ違ってしまう可能性のほうがはるかに高い。

スタービルダーのお気に入りの核融合反応は、重水素と三重水素によるものだ。これは他の核融合反応と比べれば、簡単に起こせる。同じ入力エネルギーで重水素どうしを反応させる場合と比べると、核融合に至る確率は一〇〇倍だ。重水素と三重水素の核融合では、成功した場合に放出されるエネルギーも大量になるので、NIF、カラム核融合エネルギーセンター、トカマク・エナジー、ファースト・ライト・フュージョンはいずれもこれを使って正味のエネルギー利得の達成を目指している。この反応を利用していないスタービルダーは、ほんのわずかだ。

しかし、重水素‐三重水素の核融合反応は核融合反応のなかでは成功確率が最も高いとはいえ、衝突が成功する確率は低い。やはり目隠ししてダーツの矢を投げるのと変わらないのだ。

粒子破壊による方法では、当たるより外れるほうが圧倒的に多く、反応が成功した場合に生じるエネルギーを消費エネルギーが必ず上回る。[14] スタービルダーにとって、それでは不十分だ、とマックス・プランク・プラズマ物理学研究所のシビル・ギュンター教授は言う。「ばらばらの原子核を互いにぶつけ合うだけで、粒子の加速に必要なエネルギーが核融合から得られるエネルギーを上回ることは容易に実証できます」。粒子破壊は核融合エネルギーへ至る道には決してならないはずだ。「大事なのは、核反応を実証することではなく、収益可能な形でエネルギーを生産することなのです」と彼女は説明した。

核分裂については、反応を連鎖させることでこの問題を完全に回避できる。物理学者たちはやがてこのことに気づいた。じつのところ、ラザフォードの「ばかげた考え」だという発言に別の科学者が発奮して、そのやり方を解明したのだ。適切な原子核を使えば、一つの中性子が核分裂反応を引き起こして複数の中性子を放出させることができ、この放出された中性子がさらに原子を分裂させて中性子を放出させることができ……といった具合に、核エネルギーを放出する局面が連鎖的に進んでいく。二個以上の中性子が放出されたら反応の連鎖も延長し、各段階で放出されるエネルギーも増える。中性子は環境中にさまよっているので、粒子加速器を使う必要さえない。十分な量（臨界質量）の核分裂性物質を一カ所に置けば、連鎖反応が自然に始まる。多数の原子の分裂で生じる残骸が放射性廃棄物を生み出す。

核融合では原子が分裂せず融合するので、核分裂と同じ仕組みは使えない。核融合反応が正味のエネルギー利得の達成に近づくには、とてつもなく多数の核が何度もぶつかる必要がある。これは宝くじの券を一枚ではなく何百万枚も買うようなものだ。しかしありがたいことに、自然は核融合反応にぴったりなるつぼを用意してくれている。

すべてのスターマシンに必要なもの

スタービルダーは、一度ならず何度も粒子どうしを衝突させなくてはならない。そのために、奇妙な状態の物質を利用している。地上ではめったに生じないが、宇宙では一般的な状態の物質、すなわちプラズマだ。恒星はこれでできている。だから核融合を起こすのにぴったりなのだ。

物質の状態として、プラズマは固体、液体、気体に次ぐ第四の状態だ。固体、液体、気体については聞いたことがあるだろうが、プラズマは初耳だという人もいるかもしれない。プラズマは他の三態とは大きく違い、不思議で謎めき、スタービルダーにとってはしばしばいらだちのもととなる。われわれにとって、プラズマは物質の四つの状態のなかで最も遭遇しにくい。しかし望遠鏡を宇宙に向ければ、プラズマは最もありふれている。宇宙の物質の九九パーセントはプラズマなのだ。地上でもプラズマを見ることはできる。たとえば稲光や、地球の両極で見られるオーロラ（北極光、南極光とも呼ばれる）、蛍光灯がそうだ。今、本書を照らしている光も、プラズマから生じたものかもしれない。

他の三態は原子で構成されるが、プラズマでは原子が原子核と電子に分かれた状態となっている。プラズマはばらばらに引き裂かれた原子からなる雲状の物質であり、他の三態の物質とはふるまいがまったく異なる。

どんな元素でも、置かれた条件（主に温度と圧力）によって物質の状態が変化する。地表では、窒素（大気の七八パーセントを占める）は気体で、水はほとんどが液体で、銀は固体だ。しかし窒素を摂氏マイナス二一〇度まで冷却すると、固体になる。水は摂氏一〇〇度で気体になる。銀を液体にしたければ、摂氏九六二度まで温める必要がある。温度と圧力の変化により、同じ原子が別の姿を見せる。

温度は原子スケールにおける平均速度の尺度となる。つまり、温度が高ければそれに伴って運動や振動が増える。液体の水に含まれる分子は、比較的弱い力で互いに結びついている。そこに熱を少し加えると、水分子の振動が大きくなる。熱を十分に加えると、振動エネルギーが結合エネルギーを上回り、分子が結合を失って気体に変わる。ばらばらになった分子は、別の分子か壁面にぶつかるまで空中を飛び回る。

気体にさらにエネルギーを与えると温度がさらに上がり、やがて原子の内部の結合も切れる。この状態がプラズマだ。水素原子は原子核一個と電子一個に分かれる。電磁力は遠くからでも作用するので、プラズマ中に存在する電子と原子核からなる雲は同期した複雑な動きを示す。果てしなく狂おしいダンスを踊るのだ。

プラズマが十分に高温のときのみ、原子核が自らの正電荷による電磁気的反発力に打ち勝つのに十分なエネルギーをもって互いに衝突し、核融合が起きる。核融合反応が成功するには、粒子がおよそ秒速三〇〇万メートルで何度もぶつかる必要がある。衝突がうまくいけば、核融合反応が起きて原子核は融合する。スタービルダーは、核融合を起こすのに十分なエネルギーをもって衝突が十分に起きる確率を最大限に高めるため、何百万度もの温度を確保して大量のエネルギーをプラズマに注入しなくてはならない。イヌイットがイグルーを作るのに氷が大事なのと同様に、プラズマは核融合炉にとって重要なのだ。

多数の核融合反応を起こすにはプラズマが最も有望だが、だからといってそれが特に容易なわけではない。プラズマについて理解して制御するのは、スタービルダーたちが直面している最大の難題の一つだ。問題は、プラズマは信じがたいほど複雑だという点にある。荷電粒子が狂おしく踊るということは、プラズマのあらゆる部分が互いに押したり引いたりしていることを意味する。ＣＥＲＮ（欧州原子核研究機構）で働いているような素粒子物理学者は、二つの粒子が衝突したときにどんなことが起きるかを解明しようとする。プラズマ中には、長距離にわたって作用する電磁力が存在する。このためスタービルダーは、一〇〇個から一〇の一五乗（一の後ろにゼロが一五個並ぶ数）個の粒子が同時にぶつかり合ったらどうなるかを明らかにしようとしている。プラズマはゼリーのように結びついている。一カ所を押せば、全体が動く。プラズマが自らと相互作用することによって、予想外の奇妙なふるまいが生じる。たとえば、プラズマはしばしばスペースシャトルの大気圏再突入時に通信の断絶を引き起こしている。また、地球の大気に存在する「電離層」と呼ばれるプラズマの層のおかげで、アマチュア無線愛好家は数千キロメートル離れた場所にいる相手と会話をすることができる。

プラズマの理解に、そしてもちろん制御に近づくため、物理学者は古典力学、量子力学、レーザー科学、核物理学、極限工学、統計力学、熱力学、実験物理学、コンピューターサイエンス、電磁気学などをはじめとする多様な学問を結びつける必要に迫られてきた。ここに加わった最も新しい学問が、量子電気力学だ。これは物理学の一分野で、荷電粒子と光の相互作用について明らかにする。プラズマを理解するのが難しいことから、シビル・ギュンターの研究所全体がその研究に充てられている。二〇一〇年に数学界の賞として最も権威のあるフィールズ賞が、プラズマのよりよい理解を目指して苦難とともに進められた研究に与えられたのも、同じ理由だ。「理論の美しさを『理解』せず、理論に従うのを完全に拒むのは、プラズマそのものだけだ」と、ハンネス・アルヴェーンは一九七〇年のノーベル賞講演で語っている。[15] プラズマ物理学は、じつに複雑なのだ。

そして、そのことが大きな意味をもつ。スタービルダーがプラズマについて十分に理解できていないということは、正味のエネルギー利得に早く到達しようとする際の足かせとなる。これはまさに当初から問題だった。「プラズマの不安定性については、何もわかっていない（そして知るべきことはたくさんある）のです」と、核融合でレーザーの使用を最初に思いついたジョン・ナックルズは述懐している。[16] この問題は今もまだ解消していない。NIF所長のマーク・ハーマンは、自分の装置に関係するプラズマ物理学を完全に理解している者は一人もいないだろうと明かした。「問題について、比較的よくわかっている部分もありますが、あまり理解できていない部分もあります」。マークによれば、NIFでやっているようにきわめて大量のエネルギーをプラズマに注入すると、巨大な岩を池に投げ込んだときのように、プラズマ中で波が起きる。「そのプラズマの波は、さまざまな形で他の要素に作用します。光を反射して外に送り返すこともあります」。これは彼らの核融合装置がうまく稼働するためには望ましくない。

世界をリードするイアン・チャップマンの装置で用いられる核融合も、プラズマ物理学に大きく依存している。カラム核融合エネルギーセンターで生成されるプラズマは、スムーズに流れていたかと思えばカオス的にふるまい、まるで小川の流れが不意に滝に変わるかのようだ。センターの学術顧問を務めるヨーク大学のハワード・ウィルソン教授は、こう語っている。「プラズマの乱流というものがなかったなら、今ごろはすでに核融合炉が稼働しているはずだと私は断言します。何十年も前に稼働を開始できたでしょう」

トカマク・エナジーに赴いた私が、科学的な面で最大の困難について質問すると、「プラズマ！」という答えが返ってきた。ライバルのファースト・ライト・フュージョンは、核融合プラズマで起きることを完全に予想できるようになることは「夢」ではあるが「ちょっと無理」だと言った。シビル・ギュンターはマックス・プランク・プラズマ物理学研究所の科学ディレクターだが、彼女や同僚たちは研究所の核融合装置におけるプラズマ物理学を完全に理解しているのかと私が尋ねると、「まさか」と答えた。マーク・ハーマンに、プラズマ物理学が完全に理解できたら正味のエネルギー利得が達成できるのかと訊いたら、「前進するスピードは確実に大きく上がるでしょうね」と熱のこもった答えが返ってきた。プラズマは、スタービルディングの鍵なのだ。

スタービルダーは、プラズマを高温にすることだけを考えていればいいわけではない。高温を維持することも必要だ。プラズマのエネルギーが逃げ出すのを防ぐために、プラズマを容器に収めておかなくてはならない。しかしこの温度は熱すぎて手に負えない。この仕事ができる物質は見つかっていない。金属で融点が最も高いのはタングステンで、その融点は三〇〇〇度を超える。しかし核融合プラズマは一億度を上回る。核融合プラズマが物質に触れれば、その物質は蒸発してしまう。そしてプラズマがエネルギーを失って冷却するという、核融合において破局的な事態に至る。

また、核融合反応で入力エネルギーを上回るエネルギーを得られるかどうかは、プラズマ中で起きる原子核どうしの衝突にかかっている。プラズマ中の粒子間の距離は、温度と同じく重要だ。がらがらの列車では、走行する列車が揺れても乗客どうしがぶつかる可能性は低い。一方、ラッシュ時はどうだろう。乗客のあいだに隙間はほとんどない。周囲の乗客との距離が近いため、衝突自体は小さいかもしれないが、絶えずぶつかることになる。パンデミックが発生しているとき、蔓延を抑えるためにソーシャルディスタンスを用いるのはこのためだ。これと同じ理由により、同じ大きさの空間にもっと多くの原子核を詰め込んでプラズマの密度を上げれば、衝突の回数が増え、核融合が起きる可能性が上がる。

　核融合を起こすには、プラズマを高温に保ち、また可能な限り高密度にし、そのうえでしっかりと閉じ込めておく必要がある。

　ラザフォードは一九三七年に亡くなった。核分裂を連鎖的に起こすことによって、放出されるエネルギーを無限に大きくできることを物理学者たちが証明したのは、その一年後だった。この発見のおかげで、数十年前から核分裂発電所や核分裂を利用した核兵器が実現している。スタービルダーは、電力源としての核融合が妄言でないことを証明するのに何が必要かを十分に理解している。ただ、それがまだ実行できていないのだ。

　温度、密度、閉じ込めという三要素は、いかなるスターマシンにおいてもプラズマの最も重要な特性となる。これらを適切な状態にできれば、核融合が起きる確率の天秤は、正味のエネルギー利得の側へと傾く可能性がある。さまざまなスターマシンが、この任務にさまざまな方法で取り組んでいる。ある装置は他より高い温度を用い、またある装置は他よりも高い圧力を用いる。プラズマを閉じ込める方法もいろいろだ。しかし、核融合反応を起こすために高温高圧のプラズマを閉じ込めるなら、現実的な方法は三つしかない。重力、磁場、慣性のいずれかを使うのだ。いや、厳密にはもう一つある。

宇宙をゼロから作り出すことだ。

第４章　宇宙は恒星をどうやって作るのか

「恒星はその変化を起こすのに十分な極限状態になく、恒星は十分に熱くないと考える批評家がたくさんいることは知っている。そうした批評家たちは、当然の反撃に身をさらしている。われわれは彼らにこう言ってやるのだ。だったら、もっと熱い場所を見つけてみろと」

――アーサー・エディントン（一九二七年）[1]

自然は核融合が得意だ。非常に得意だ。そしてスタービルダーはそれに悩まされる。地球上では、スタービルダーは恒星を構成する物質であるプラズマを捕まえて、その中で核融合反応を起こさせることを目指して、これまでに考案されたなかで最も高度な装置を作ろうとしている。スタービルダーたちが自分のしていることを説明するとなると、彼らの話はほぼ実現不可能なSFさながら、荒唐無稽に聞こえるかもしれない。しかし宇宙では、核融合は四六時中起きていて、その規模たるや地球で起きる核融合など嵐の中のささやきのように感じさせるほどだ。

スタービルダーは、宇宙が核融合で生み出す豊かなエネルギーからインスピレーションを受けている。宇宙は、地上でどうしたら核融合が実現できるかを教えてくれる。そしてさらに大事な点として、宇宙で起きていることを知れば、核融合が可能であるだけでなく、おそらくいたるところで起きているということもわかる。夜空に目をやれば、核融合が宇宙において最も目立ち、最も広く使われているエネルギー源だということがわかる。

では自然はどうやって、そしてどこで、核融合をいともたやすく起こすのか。そしてスタービルダーがそこから学べるのはどんなことか。その答えを知るには、時間と空間を超えて、宇宙の誕生の瞬間へ向かう必要がある。

今までに起きたすべてのこと、存在したすべての人、すべての原子、すべての光子を過去まで十分にたどっていけば、今からおよそ一四〇億年前に起きたビッグバンに必ず行き着く。現在、宇宙は膨張している。点をちりばめて描いた風船を膨らませたときのように、あらゆるものどうしの距離が広がっていく。

ビッグバンの直後までさかのぼると、宇宙は非常に高温で、密度も非常に高かった。最初の一〇〇万分の数秒間、宇宙は熱すぎて素粒子さえ形成されず、あたりにはエネルギーがあふれかえっていた。宇宙が膨張するにつれて温度が下がり、バランスが変化して、陽子と中性子が形成できるようになった。宇宙に大量に存在する、陽子一個をもつ水素の同位体が生まれ、最もありふれた元素の座を今日まで守っている。

驚くべき精度で、ビッグバンのちょうど一〇〇秒後に核融合反応が初めて本格的に始まったと言える。高温高密度の環境が、核融合にうってつけのゴルディロックス領域となった。陽子と中性子が融合して重水素となった。さらに重水素と中性子が融合して三重水素となった。三重水素と陽子が融合して、宇宙のヘリウムの大部分となった。核融合によるエネルギーは、核融合炉容器ではなく宇宙そのものに閉じ込められた。さまざまな核融合反応が連鎖的に進行し、それに伴ってさらに重い核が生じた。

それからまもなく、およそ九〇〇秒後までに宇宙は膨張して冷却し、核融合が止んだ。粒子どうしが衝突する際のエネルギーが減少した。密度が下がったので、そもそも粒子どうしがぶつかる確率も下がった。冷凍ピザがオーブンで焼けるのを待つくらいの時間のうちに、宇宙で最初の核融合施設はベリリウムまでの四種類の元素を生み出すとともに、それより重い核もほんの少し生み出した。

問題は、地上で核融合を実現しようとする者が、宇宙で最初の核融合のシンフォニーから何かを学べるのかということだ。ビッグバン元素合成（このタイプの核融合はこう呼ばれる）は、生まれたての宇宙が手もとにない限り実現するのが難しく、スタービルダーはそんな宇宙など持ち合わせていない。だから地上で核融合を実現する方法について、ビッグバン元素合成から学べることはあまりない。言えるのはただ、ビッグバン元素合成は適切な条件が整えば起きる、自然のプロセスの一つだということだけだ。しかしビッグバン以外にも、宇宙のあちこちに存在し、多くのスタービルダーにとってアイデアのもととなった核融合炉がある。恒星だ。

最初期の核融合炉

夜空を仰いで光の点を見ているとき、実際に見えているのは、核融合を制御し利用しようという地上最大の夢をはるかに上回る出力をもつ、多数の巨大な核融合炉が放つエネルギーだ。

初期の恒星がどのようにして生まれたかを知るために、私はそれらの恒星が形成された時代を研究している人物に会いにきた。インペリアル・カレッジ・ロンドンに所属する王立協会ドロシー・ホジキン・フェロー、エマ・チャップマン博士だ。私たちは物理学科の最上階にある彼女の研究室で話している。このフロアにはインペリアル・カレッジ・ロンドンの天体物理学者全員の研究室がある。研究対象である空に少しでも近づくためだろうか。室内は「アカデミック・クラシック」とでも呼べそうなスタイルで装飾され、本が部屋の構造の一部となっている。エマは人を引きつける魅力があり、博識をひけらかすことなく謙虚で、興奮のあまり話が脱線してしまうことも少なくない。彼女はおそらく世間的には、物理学の世界における女性の地位向上をめざす闘いで最もよく知られている。残念ながら、彼女自身がこの問題をめぐる最悪の経験をしている。ユニヴァーシティー・カレッジ・ロンドンで、格上の同僚からセクシャルハラスメントを受けたのだ。彼女は自身のつらい経験を活かし、自分と同様にひどい扱いを受けている他の科学者たちの地位を向上させ、不当な扱いを防ごうと、各大学がこの問題を認識して被害者をもっと公正に扱うことを求めて活発に運動を展開した。ただし今日私がここに来たのは、彼女の研究について取材するためだ。

恒星は夜空に固定された不変の存在のように見えるが、じつは常にそこにあったわけではない。恒星が生まれる前には闇があった。ビッグバンから四〇万年後、宇宙が冷却し、そのころ可視物質のほとんどを占めていた水素とヘリウムのプラズマが結合して、中性の原子や分子を生じ始めた。プラズマは絶えず光と作用し合い、光を放出するが、中性原子はこうした作用をさほど示さないので、あらゆるものが真っ暗になった。言うまでもないが、そもそも見る者がいなかった。科学者はこの時期を暗黒に見える光はなかった。まるで宇宙全体のスイッチを誰かが切ってしまったかのようだった。目時代と呼ぶ。宇宙は一億年から四億年ほど暗闇に包まれていた。これがどのくらい続いたのか、正確には誰にもわからない。

「私が研究しているのは、ビッグバンの数分後から一〇億年後あたりの時代です」とエマが言う。これは控えめに言っても、科学者の推理力が試される時代だ。惑星やわれわれの銀河について、さらにはビッグバンの直後の瞬間については、かなり明らかになっている、と彼女は説明する。しかし初期宇宙に関するわれわれの知識には、ぽっかりと穴があいている。

「ビッグバンの四〇万年後あたりにデータ点が一つありますが、それ以降は一〇億年ほど何もありません。人の一生にたとえるなら、受胎の直後から小学校入学までのすべてが欠けているようなものです」

　この時期に、宇宙を永遠に変えることになる驚くべき出来事が起きた。最初の恒星たちが形成されて輝きだしたのだ。

　初期宇宙で手に入った材料から、自然はどうやって恒星を作り出したのだろうか。重力は、無秩序に広がるガス雲を恒星に変える追加の材料として働く。初期宇宙で起きたのはこれであり、今日でもワシ星雲など恒星の生まれ育つ宇宙の領域で同じことが起きている。重力の働きで小さなガス雲がさらにガスを引きつけることを繰り返し、凝集していく。ガス雲が重力のもとで崩壊しない理由はただ一つ、自らのガスの圧力で支えられているからだ。これは自転車のタイヤに空気を入れるときに感じる抵抗のようなものだ。ガス雲が十分に大きくなると、ガスの圧力が重力に負けて、ガス雲は崩壊する。

　エマが研究している初期の恒星には、さらに特別な点がある。高温のガスを圧縮するのは、低温のガスを圧縮するより難しい。スチームなどの高温のガスはタービンを動かせるほどの強い力をもつと聞いたことがある人もいるだろう。そんなわけで、高温のガスを圧縮するほうが多くの仕事を要するのだ。初期宇宙は、ほとんどが水素とヘリウムでできていた。これらは他の元素と比べて、エネルギーを光として放射するのが苦手だ。そのため、重力崩壊に耐える力の強い高温のガス雲を形成しやすかった。ガス雲が巨大になったときのみ、重力がガスの圧力に打ち勝って崩壊を引き起こした。

「ここで生じるのは――」とエマが言う。「巨大なガス雲で、これが凝縮して恒星になり、私たちの太陽の一〇〇倍ほどの質量をもつ恒星が生じます。一部のシミュレーションでは、太陽の一〇〇〇倍の質量をもつ恒星も生じています。これはとてつもない大きさです」。そうした巨大な恒星はすでに消え去ったが、恒星の形成は今でもなおドラマチックなプロセスだ。星間媒質の中で起きる崩壊は、オーストラリア大陸と同じくらいの幅の物体をボールベアリングのボールほどの大きさまで圧縮するようなものだ。[2]

われわれの太陽が星間塵の雲から形成されたのは、今からおよそ四六億年前のことだ。そのときに、太陽系の質量の九九・九パーセントが太陽に吸い込まれた。この塵の重力崩壊によって生じたエネルギーが、物質を熱して高密度の球体に圧縮するのに使われた。太陽のコアの温度が二〇〇〇度を超えると、原子が引き裂かれてプラズマに変わった。数千万年にわたってプラズマの温度と密度が上がり、やがて核融合反応を起こすのに十分な速度で粒子が互いに衝突し始めた。光、エネルギー、熱――太陽系が活気を帯びるのに伴って、すべてが解き放たれた。

同様に、幼い宇宙が核融合に由来する光であふれたとき、宇宙の暗黒時代は終わった。光は分子状水素の雲を貫き、水素原子核から電子を剝ぎ取り、星間空間で水素プラズマを作り出した。水素はプラズマになる前に、宇宙の秘密を明かすシグナルを放った。そのシグナルは今もかすかだが検出可能で、宇宙を跳ね回っている。このシグナルに含まれるギャップは、初期の恒星が形成された時期を示す。エマ・チャップマンと共同研究者たちは、それを検出しようとしている。[3]

驚いたことに、エマはこの検出作業をするにあたってラジオを聴いている。といってもふつうのラジオではなく、電波(ラジオ)望遠鏡だ。これを使うと、深宇宙からの電波が聴取できる。この技術は、想像されるほど高度なものではない。「電波望遠鏡は、昔の自動車についていたアンテナみたいなもので、これを野外に設置します」とエマが説明する。巨大な単独の望遠鏡を建設できれば理想的だが、現実には十分に大きなものを作ることができない。そのためエマは、西オーストラリアの僻地に金属製のクリスマスツリーのように見えるアンテナを一三万個設置するコンソーシアムの一員として活動している。このアンテナをすべて接続すると、一つの巨大な望遠鏡として機能させることができる。「西ヨーロッパの面積に等しい大きさの望遠鏡を設置したことになります」と彼女は言う。この望遠鏡は巨大だが、これを使ってできるのは、宇宙のはるか彼方にある天体を見ることだけでない。

「天文学では、遠くを見れば見るほど、時間を過去へさかのぼることになるのです」とエマは言う。われわれの見ている太陽は、じつは八分前の太陽の姿だ。光がわれわれのもとへ届くまでに、それだけの時間がかかる。遠くの天体ほど、その光がこちらへ届くのに時間がかかる。そしてじつのところ、われわれは遠い過去を見ることになる。天の川銀河と衝突するコース上にある近傍銀河のアンドロメダを見ているとき、その姿は二五〇〇万年前のものなのだ。

これはつまり、望遠鏡でとらえた天体が遠くにあればあるほど、遠い過去のものだということだ。十分に遠くを眺めれば、宇宙の始まりまでさかのぼって見ることができる。天文学者が電波望遠鏡で「見る」という場合、その言葉の使い方はルーズだ。過去に起きたことを文字どおり「見る」ことができるという意味でこの言葉を使うわけではない。数十億年前から届くかすかな電波信号をとらえて測定できるということを意味するだけなのだ。

エマたちが使っている新しい巨大な電波望遠鏡は「スクエア・キロメートル・アレイ（一平方キロメートル電波干渉計）」と呼ばれる。手ごわいのは、物理的な規模だけではない。毎秒一五七テラバイトという恐るべき量の生データが届くのだ。「爆発することなくこれだけの量のデータを十分な速さで保存できるハードディスクはありません！」とエマが言う。彼女たちの探している信号は、そのデータのほんのわずかな一部にすぎない。この望遠鏡が受信する他の多くの電波と比べて、強度は一万分の一しかない。それらの電波のなかには、人間の活動から生じるものもあるし、われわれの銀河系が発する雑音もある。宇宙の歴史を聴きたければ、耳をよく澄ませる必要がある。

エマたちは林立する無線アンテナを使い、暗黒時代が終わって中性の水素ガスの雲から恒星や惑星が形成された時代に放たれた、秘密を解き明かしてくれる信号をもっとうまく選り分けることを目指している。「惑星と恒星は同じ雲から、同じ材料から生まれます。両者の違いは、核融合をするかしないかです」と彼女は言う。

エマはスタービルダーではなく初期宇宙を研究する天文学者なので、核融合について彼女がどう思うのかに私は関心を抱き、質問する。彼女はすぐさま、それは自分の専門分野ではないとしながらも、こう言う。「私が何かに賭けるとしたら、それは核融合ですね」

太陽を輝かせよ

地球から最も近くにある恒星、太陽は特別でありながら平凡きわまりない。平凡だというのは、類似した恒星がわれわれの銀河系内だけでも地上の人間よりもたくさん存在するからだ。反対に特別だというのは、人類の歴史において重大な役割を果たしてきたからだ。太陽はプラズマからなる球体で、半径は地球の一〇九倍、質量は地球の三三万倍ある。計り知れないパワーとスケールゆえに、多くの文明で太陽は神としてあがめられてきた。地上の生命のほとんどは、なんらかの形で太陽のエネルギーに依存している。このことを考えると、太陽を神としてあがめる文明はひどく的外れというわけではなさそうだ。

われわれの太陽系で正味のエネルギー利得をもたらしている唯一の核融合炉に文字どおり最も接近したスタービルダーは、ＮＩＦのプリンシパルアソシエート、ジェフ・ウィソフ博士だ。彼は宇宙に四回行っている。宇宙遊泳を三回遂行し、のちにハッブル宇宙望遠鏡の修理に使われることになる工具をテストした。しかし驚いたことに、これほどの実績がありながら、彼はローレンス・リヴァモア国立研究所で最も経験の豊富な宇宙飛行士ではない。最近まで兵器プログラムの副責任者代理を務めていたタミー・ジャーニガン博士のほうが、宇宙へ行った経験が彼より一回多いそうだ（タミーは彼の妻でもある）。

二〇〇〇年に往復およそ八〇〇万キロメートルの宇宙旅行に行った際、ジェフは宇宙遊泳を行ない、ジェットパックをテストした。常時スペースシャトルにつながったままで、彼のジェットパックは一方向へ窒素ガスを噴出した。その穏やかな推進作用によって、ジェフの体は宇宙の真空の中で逆方向に一五メートル進んだ。地球のはるか上空の軌道では、一日は地上よりもはるかに短く、地球で一日が過ぎるあいだに宇宙飛行士は日の出を一六回見ることもある。九〇分ごとに早送りの一日を過ごす宇宙旅行中、つかの間ではあるがジェフ・ウィソフは生きているどの人間よりも太陽に近づいた。

「宇宙飛行士になることで得られるものの見方の一つは――」とジェフが言う。「宇宙全体が核融合エネルギーで動いているということです。核融合はエネルギー源の真髄です。星々を見渡すと、人は『おお』と感じます……人類が実験室で核融合を制御できるようになったら、飛行機の発明や月面着陸や鋼の発明に匹敵する一大事です。人類の歴史に刻まれる重大な出来事の一つになるでしょう」

あらゆるスタービルダーと同じく、ジェフ・ウィソフも正味のエネルギー利得を達成するのに最善の方法は、恒星が核融合を巧みにやってのけるのを可能にする条件のいくつかを再現することだと考えている。ＮＩＦは恒星のコアに類似した条件を実現しようとしている。機械でそれをするのは難しく、ジェフでさえＮＩＦは「宇宙ステーションより複雑」だと言う。ただし自分の以前の仕事と比べて職場へ行くのはずっと簡単だが、と付け加える。

さまざまな困難はあるが、ジェフ・ウィソフをはじめとして本書でこれまでに登場した人たちが恒星に着目しているのは、恒星が核融合反応でやすやすと正味のエネルギー利得をもたらしていると思われるからだ。しかし恒星が主に使うのは、ウィソフらが用いている重水素と三重水素の核融合ではない。

　太陽は、別のさまざまな核融合反応をジグソーパズルのように組み合わせてエネルギーを得ている。原材料は最もありふれた水素同位体の原子核で、これは陽子とも呼ばれる。反応は三つの段階からなる。第一の段階では、恒星のプラズマに含まれる陽子が融合して重水素一個を作る。* 次にこの重水素原子核が別の陽子と融合し、もっと稀少なヘリウム3原子核（陽子二個と中性子一個）を形成する。このヘリウム3原子核二個が融合して、通常のヘリウム原子核一個と陽子二個を作る。サイクル全体を通して、陽子が融合してヘリウムが形成され、その過程でエネルギーが放出される。

　恒星では、これらの核融合反応は非常に大規模で、個々の原子をはるかに超えた規模で起きるので、その反応を想像するのは不可能に近い。水素六〇〇〇億キログラムの反応から、太陽は四〇〇億キログラム相当の純粋なエネルギーを生み出す。この規模の反応が毎秒起きている。

　太陽より大きな恒星にエネルギーを供給する、別の反応の連鎖もある。これは炭素‐窒素‐酸素（CNO）サイクルと呼ばれる。この反応では炭素原子核一個と陽子四個を使い、これらを別の炭素原子核一個とヘリウム原子核一個に変える。この核融合反応の連鎖により新しい原子核が生じるので、このプロセスは恒星内元素合成と呼ばれる。[4]

　太陽で起きている核融合反応は、地上の科学者が用いているものとは違うが、その点は重要でない。太陽の半径の最大二五パーセントを占める内部コアを効率的な核融合炉にしている要素について調べれば、わかることがあるはずだ。太陽のこの部分にあるのは、高温、高密度、そして粒子とエネルギーの強力な閉じ込めだ。では、どのようにしてそれが達成されるのか。太陽などの恒星には、これらの三つの特性すべてに関して同時に助けとなる二つの仕掛けがある。重力と巨大さだ。

　重力は恒星を形成させるだけでなく、恒星の質量を圧縮して高密度に保つ働きもする。この作用により、太陽コアにあるプラズマは、ティーカップ一杯分で二〇キログラムの質量をもつ。核融合によりエネルギーが放出されると、プラスのフィードバックのループが始動する。温度が上がれば核融合が増え、核融合が増えれば温度が上がるのだ。これが実際に意味するのは、恒星で起きるすべての核融合反応はきわめて高い感度で温度に依存するということだ。たとえば大きな恒星では、CNOサイクルで核融合反応が起きる速度はプラズマの温度の二〇乗に比例する。つまり温度が二倍になるごとに、反応速度がなんと一〇〇万倍になるのだ。なぜエネルギーは逃げ出さないのか？　質量をもつ粒子にとって、重力は閉じ込めの助けにもなる。太陽の引力は地球の二八倍で、これが高温のプラズマをすべて一定の場所に閉じ込めておくのを助ける。核融合によるエネルギーはまた、最終的に光となる。実際、本書を執筆している私が庭にあるすべてのものを見られるのは、太陽で起きた核融合反応に由来する光のおかげだ。光はやがて太陽から脱出することになるが、簡単にはいかない。それは太陽が巨大だからだ。物理学者はしばしば光を「光子」と呼ばれる光エネルギーの塊としてとらえる。太陽はきわめて密度が高いので、光子さえプラズマ中をわずか数ミリメートルか数センチメートル進めば荷電粒子とぶつかってしまう。太陽がプラズマの小さな球体だったなら、光子はすぐさま太陽を脱出するだろう。しかし実際には、太陽は半径が七〇万キロメートルもある。光子はどれも同じで個々を識別できないので、個別に追跡することができない。しかし個別に追跡できたら、平均的な光子が太陽の表面にたどり着くまでに何十万年もかかることがわかるだろう。

これほど巨大であることには、さらに別の利点もある。地上の核融合炉では、奔放にふるまうプラ

＊　太陽で起きる陽子どうしの融合には別のパターンもあるが、ここで紹介した反応が優勢である。

ズマがちょっとした刺激で不安定になって、閉じ込めを破綻させてしまう。一方、恒星には安定性維持装置が備わっていて、その働きで恒星はおおむね一定の大きさを保つことができる。恒星の質量が増えると、重力の作用でサイズが少し収縮する。それによって密度が上がり、核融合反応がもっと高速で起きるように促進される。恒星にはすぐれたプラズマ閉じ込め機構が備わっているので、エネルギーが増えれば温度が上がる。その結果、恒星は重力の作用にもっと強く逆らって膨張し、密度が再び下がる。反対に、恒星が質量を少し失うと、恒星を圧縮する重力の作用が弱まり、恒星は膨張して密度が下がり、核融合の起きる速度が下がる。しかしこうなると温度が下がり、重力に抗う恒星の力が弱まるので、恒星は再び収縮する。これは安定した自己修正システムであり、振り子と同じように、かき乱されてもいずれ出発点に戻る。

もちろん、恒星は完全に安定なわけではない。なにしろ相手はプラズマだ。最大級の惑星ほどのスケールでプラズマが巨大な腕状となった紅炎（プロミネンス）が、しばしば太陽の表面から宇宙へ噴き出す。最もドラマチックな例は、コロナガスの噴出だ（コロナとは太陽を包むプラズマからなる外層である）。地球と同じく太陽にも磁場があり、スパゲッティのような無数の磁力線を両極から発している。太陽は二五日周期で自転し、極と赤道のあいだの中緯度域と比べて赤道では回転速度がおよそ一一パーセント速い。[5] この速度差によりプラズマがかき混ぜられ、磁場にとらわれる。ときおり磁力線が乱れて太陽の表面を突き抜けてちぎれ、それとともに弧形のプラズマが宇宙空間に飛び出ていくことがある。

このコロナ質量放出により、プラズマが最高秒速三〇〇〇キロメートルで地球に向かって飛んでくることもある。地球の磁場にぶつかると、極へ誘導されてオーロラを発生させる。しかし巨大なコロナ質量放出が起きると、地球の磁場が激しく歪（ゆが）み、プラズマがもっと赤道に近い領域に降り注ぐ。ときにはキューバまで到達する。送配電網に甚大な損害をもたらすこともある。[6]

皮肉なことに、太陽は巨大であるがゆえに、ある意味で劣悪な核融合炉になっている。太陽プラズマの塊の中で起きる核融合反応の回数は、スタービルダーの地上の装置で必要な回数、あるいは実用的な回数の三〇〇万分の一にすぎない。太陽の物質一立方メートルからは、電気ケトルが一秒間に使うエネルギーの〇・〇三パーセントしか得られない。太陽よりもはるかに小さな地上の核融合炉では、太陽よりもはるかに高い効率が必要だ。

恒星がスタービルダーの装置に必要な三つの主要素、すなわち温度、密度、閉じ込めを備えているのは、重力と巨大なサイズのおかげだ。スタービルダーは恒星とまったく同じ仕組みを使って、大きな正味のエネルギー利得をもたらす核融合を起こせるのだろうか。

答えはノーだ。というのは、必要なサイズがあまりにも大きいからである。恒星が核融合をやってのけるのとまったく同じやり方で、そのミニチュア版を地上で再現するのは不可能なのだ。あらゆるものを圧縮する重力がなければ、このうえもなく短い一瞬以上、太陽と同じ密度を再現するのは困難だ。直径が数ミリメートルや数メートル程度のプラズマからは光子が容易に脱出してしまうので、きわめて不安定になりやすい。

太陽による核融合を模倣する唯一の方法は、すでに存在している恒星を使うことだろう。これは二〇二〇年に亡くなった物理学者、フリーマン・ダイソンのアイデアだ。彼は一九六〇年に「赤外線放射の人工恒星源の探索」と題した論文において、文明（必ずしもわれわれ自身の文明とは限らない）によるエネルギーの使用について論じた。[7] 文明は発達段階を経るごとにエネルギーの使用量を増やしていくはずだという考えから、彼は議論を始めた。ダイソンは知的な地球外生命体を想像した。この生命体は、自分たちの暮らす惑星に核融合炉を建設するのではなく、エネルギーを一ジュールたりとも余すことなく吸収する球殻で自分たちの属する恒星系の恒星を取り囲むことによって、エネルギーの需要を満たす。これは究極のフルスケールの核融合炉と言える。ダイソン自身の言葉を借りるなら、「産業発展の段階に入って数千年以内に、いかなる知的生命体も親星を完全に包み込む人工生物圏を占拠しているのが見られるはず」なのだ。この建造物が今では「ダイソン球」と呼ばれている。じつはダイソンの論文の趣旨は、宇宙のどこか別の場所で知的生命体を発見する方法を提案することだった。たとえば人工的な球殻に囲まれた恒星があれば、それは赤外光というわかりやすい合図を発するはずで、望遠鏡でそれを探せばよい、というのが彼の考えだった。

ダイソン球の建造は現実的ではなく、どれほど夢見がちなスタービルダーもそれについては真剣に考えていない。少なくとも当面は、人類が核融合炉として恒星を直接使える可能性はない（ただし地上にソーラーパネルを設置して、間接的に太陽の核融合から恩恵を受けることはできる）。したがって、核融合で地球を救おうとする科学者は、恒星内部の条件を実現する別の方法を考える必要がある。

死の星

宇宙で核融合を起こす方法がもう一つある。ただしそれが可能だとしても、地上でやりたいと思うスタービルダーはいないだろう。天然の核融合炉もいずれ燃料が尽きてしまうので、永久に働き続けることはできない。それからどうなるかは、恒星によって異なる。

超巨星と呼ばれる最大級の恒星は、半径が太陽の一〇〇〇倍もある。最も高温のものは、表面温度が太陽の三〇倍に達する。地球上で太陽から受ける光と同じ量の光を受けるには、太陽から冥王星までの距離の五倍離れた軌道を周回しなくてはならないほど明るい恒星もある。[8]

太陽のような恒星では、コアで水素をヘリウムに変換するサイクルが繰り返されるうちに、水素が減ってヘリウムが優勢になる。しかしヘリウムを出力ではなく入力として使う核融合反応では、はるかに高い温度が必要となる。だからヘリウムプラズマは大した仕事をしない。低質量の恒星でヘリウムが恒星全体に広がってしまうと、核融合反応がそれ以上起きなくなる。こうなった恒星は、他の恒星より小さく明るく徐々に冷却していく「白色矮星（はくしょくわいせい）」として潔く引退する。白色矮星には驚くべき特徴がある。アーサー・エディントンの言葉を借りれば、これらの星は非常に密度が高く、そのプラズマ一トンがマッチ箱一つに収まってしまうのだ。[9]

中間サイズの恒星は、われわれの太陽と同じくらいの質量をもち、違うルートを経て同じ結末に至る。コアで起きる水素核融合反応が減速して温度が下がると、恒星は安定性を失う。恒星のコアが爆縮して粒子どうしが最大限に密集すると、コアは熱くなり始める。やがてコアの内部が非常に高温になるとヘリウムが核融合し、炭素をはじめとするもっと質量の大きな元素が生じる。ヘリウムの核融合に必要な温度は、水素の核融合に必要な温度の二五倍だ。コアの周縁では、それまで低温だった水素も核融合するのに十分な高温に達し、さらにエネルギーを生み出す。温度の上昇によって、恒星の外層が著しく膨張する。太陽もいずれこのプロセスを経て赤色巨星として生まれ変わり、地球を飲み込むはずだ。そうなるまでに、太陽にはまだおよそ五〇億年分の水素燃料があるので、今のところひどく心配するには及ばない。赤色巨星としてヘリウムを燃やす段階を終えたら、太陽も白色矮星として引退することになるが、それまでにはまだ八〇億年から一〇〇億年ほどの時間がある。[10]

太陽の六倍以上の質量をもつもっと大きな恒星では、さらに多様な核融合が起きる。一億ケルヴィンでヘリウムが核融合して炭素になり、六億ケルヴィンで炭素が核融合してネオンになり、一二億ケルヴィンでネオンが核融合して酸素になり、一五億ケルヴィンで酸素が核融合してケイ素になり、最終的に二七億ケルヴィンという超高温でケイ素が核融合して鉄になる。* 反応が不安定になってそれまでの核融合をやめるたびに、恒星は収縮して熱くなり、それから別のタイプの核融合を始める。これは次々に重い元素を生み出していくのにじつによくできた仕組みで、巨大な恒星が宇宙の万物を構成するブロックを生産する工場であるかのように感じられる。この反応の連鎖は、ケイ素が核融合して鉄になるまで続く。ここで終わりになるのは、核融合によってエネルギーを生み出す反応はこれが最後で、最も安定な同位体であるＦｅ‐56がこの反応で生じるからだ。月のない夜空の星明かりは、次々に重い元素を作り出す巨大な恒星という工場で作られている。錬金術師はこのことに思い至っただろうか。事実は彼らの想像を超えていた。

この段階に達した恒星は巨大な赤タマネギのようなもので、各層がそれぞれ別の核融合反応を引き起こしてきた。中心には、もはや核融合エネルギーを生み出さない不活性な鉄のコアがある。このコアが生じると、状況はじつにおもしろくなる。四つの基本的な力がさまざまな形で関与する。コアが太陽の一・四四倍の質量に達すると、崩壊に抗う残存粒子の圧力が重力に負けて、数分のうちにコアが爆縮し始める。これは猛烈な速度で進み、数千キロメートルだった半径がほんの数秒で一〇キロメートルまで縮む。

崩壊したコアが占める空間は、もとのコアと比べてほんのわずかなので、恒星の中心には大きな穴があく。前よりもさらに密度の高い新たなコアは、中性子星になる可能性がある。中性子星は非常に密度が高いので、すべての陽子と電子が結合して中性子になる。恒星の初期質量が十分な場合には、ブラックホールになる可能性もある。ブラックホールは、光さえ脱出できないほど高密度の天体だ。一方、恒星の残りの部分、すなわち中間層は支えを失って、やはり内側へ崩壊し始める。コアはこれ以上密度を上げられないので、内側へ向かってきた物質は跳ね返り、光の数分の一の速度で再び外へ飛び出す。跳ね返ってわずか〇・〇二秒後に広がる衝撃波が、恒星のまだ崩壊していない最外層にぶつかる。高エネルギー粒子としてコアから放出されるエネルギーが、光のおよそ一〇パーセントの速度で外側へ向かう衝撃波にエネルギーを与え、その結果として爆発的な核融合反応を引き起こす。エネルギーを使う核融合反応も起こる可能性があり、鉄より大きな元素は主にこの反応で生じる。

恒星物質からなる外層は拡張し、ほんの少し前には巨大な恒星だったものから遠く離れた宇宙空間に達する。その輝度は太陽の一〇〇億倍で、恒星一つが爆発すると銀河全体より明るく輝くこともある。これはとてつもなく大規模な核融合で、それにふさわしい「超新星」という華々しい名前がついている。[†]

このような事象が地球の付近で起きるのは五億年に一回くらいにすぎないので、目撃できる可能性は低い。しかし二〇二〇年、ベテルギウス（地球からわずか七〇〇光年の場所にあり、かつては夜空で一一番目に明るい恒星だった）が通常とは違うパターンで陰り始めたのに気づいた科学者たちは色めき立った。超新星爆発が起きる前触れかもしれないからだ。実際、その事象は近々起きると予想されている。しかし「近々」というのは天文学的な時間尺度においてであり、今から一〇万年後までのいつかという意味だ。[11]

いくつもの恒星の死のおかげで、われわれの存在が可能になった。おおまかに言って、人間は水素、炭素、酸素、窒素、カルシウム、リン、ナトリウム、カリウム、硫黄を巧妙に配合した塊だ。水素を除き、これらの元素のほとんどは、恒星が生涯を終えるドラマチックな最期の瞬間に形成される。わ

＊　ケルヴィン温度は摂氏温度プラス二七三・一五度。この差は、ケルヴィン温度が絶対零度から始まるために生じる。しかしここで挙げているような高温では、この差に意味はない。

†　別のタイプの超新星もある。近傍の恒星から質量を飲み込む白色矮星が関与するものや、核融合反応で別の元素を合成するものがある。

れわれはみな死んだ恒星と水素でできている。核融合反応がなければ、さまざまな原子からなる複雑な生命は存在しない。古代の太陽崇拝文化で考えられていたよりも深く、われわれは恒星や核融合と結びついている。

第５章　磁場を使って恒星を作る

「太陽を箱に入れる。すばらしいアイデアだ。問題は、箱の作り方がわからないことだ」

——セバスチャン・バリバール（CNRS〔フランス国立科学研究センター〕）とピエール＝ジル・ドゥジェンヌ（ノーベル物理学賞受賞者）の言葉とされる[1]

核融合反応が発見されるとすぐに、特殊な水素同位体である重水素と三重水素を衝突させるのは、核融合反応を達成するには最も容易な方法だが、エネルギーを得るルートとしては実用的でないことに、科学者たちは気づいた。また、恒星は見事なまでに核融合エネルギーを巧みに生産することもわかっていた。彼らは難問にぶつかった。核融合を起こせるほど恒星によく似た装置を作るにはどうしたらよいのか。

答えは、核融合燃料を高温にすることだ。極度の高温が必要だ。そこで私は太陽系で最も高温の場所に足を運んだ。オックスフォードシャーにある村だ。

そこへ至る道のりは現実離れしている。カラム駅はロンドンとオックスフォードを結ぶ都市連絡線の駅だが、快速列車は停まらない。だから私は途中で鈍行に乗り換えた。まるで家や待避線があるたびにいちいち停車するように感じられる。ようやくカラムで下車すると、そこはとても小さくて平凡なオックスフォードシャーの村だ。世界のエネルギー生産の未来において大きな注目を集める場所とは思えない。来る場所を間違ったのではないかと、しばし不安を覚える。とはいえ、イギリスのへんぴな村にしては思いがけず大勢の乗客が下車するのは、いくらか心強い。不思議なことに、全員が駅の裏手の草木が生い茂った田舎道へ向かっていく。カラム科学センターへ向かう科学者とエンジニアの流れを見ているのだと、私はすぐに思い至る。私も彼らを追って、草木の中を歩いていく。

目的地であるカラム科学センターに着くと、使われなくなった第二次世界大戦時代の軍の飛行場に官民の研究施設が無数に立ち並んでいる。私が見に来た磁場閉じ込め核融合実験を行なっている核融合エネルギーセンターは、敷地のかなりの部分を占めている。いくつかの建物は年代を感じさせる。多くの建物は、つやのない正方形のガラスと濃緑色のパネルが交互にはめ込まれている。先進的な建築のなかに、未来の気配がうかがわれる。カラムのスターマシンを格納する建屋へ向かう途中で、何台かの自動運転車とすれ違う。レーダーを搭載し、施設内の静かな道路を見回っている。リアクション・エンジンズ（扱っているのは再使用型宇宙打ち上げロケット）やジーンファースト（分子診断薬）、ニューロバイオ（アルツハイマー病治療薬）などの企業名を記した看板が目に入る。

カラム核融合エネルギーセンターのロビーに入ると、ここでも時の矛盾が見られる。一九七〇年代に改装したままの古びた喫煙室のようでありながら、「核融合の未来」を描く鮮やかなポスターが一つの壁いっぱいに貼られている。

私がここを訪れたのは、史上最大の成功を収めている核融合反応炉の欧州トーラス共同研究施設（JET）を見学するためだ。これはほぼ想像を絶する恒星の高温を再現し、さらにそれを超えて、核融合を実現しようとする、核融合へのアプローチの最高峰だ。ヨーロッパ諸国が建造および資金拠出を担い、イギリス原子力公社（UKAEA）が運用している。イギリス政府の研究機関が実行するEUのプロジェクトだが、スタッフ、サポート、ミッションは国際色が非常に強い。将来の核融合装置の開発に役立てるため、発見されたことはすべて世界で共有する。

私はまずローン・ホートンと話をする。彼はＪＥＴ利活用マネジャーという妙な響きの肩書で通っている。間近で、あるいは稼働中に安全に近づける限り最も近くで、装置を見せてくれることになっている。ローンはフレンドリーで率直なカナダ人エンジニアで、ヨーロッパ各国がＪＥＴでの実施を希望する実験プログラムを施設の通常の運用とうまくかみ合わせる任務にあたっている。この施設で見かける多くの科学者とは違って、スーツを着ている。こちらを振り返り、後退している金髪の下から小さな青い眼で私を見る。

ローンのようなスタービルダーを動かすものは何なのか、私は知りたい。科学者やエンジニアはもう何十年も核融合に取り組んでいる。石油・天然ガス業界でもっと稼げる職に就くこともできたはずだし、科学研究の分野でもっと手っ取り早く報いを得ることだってできたかもしれない。それを思うと、核融合というプロメテウスを彷彿させる挑戦に彼らが来る日も来る日も取り組み続けるのは何ゆえかと考えずにはいられない。ローンはあまり動じない人物のように見えるが、私が彼の動機に関心があると知って、驚きを隠さない。

「私はずっと問題としてのエネルギーに関心がありました」とローンは語る。本人曰く、彼はカナダの田舎町で育ち、そこで父親はカナダ独自の核分裂技術であるＣＡＮＤＵ炉で働いていた。ホートン家にとって、核エネルギーは家業なのだ。問題としてのエネルギーとはどういう意味かと、私は彼にたたみかける。世界経済、地球で暮らすすべての人の幸福——何もかもがエネルギーに行き着くのだと彼は答える。学校に通っていたころ、第一次石油危機が北米に打撃を与え、かつてない物価高騰が起きたのをはっきり覚えているという。核融合は最良の解決策であり、エネルギーから地政学を排除するすばらしい方法でもあると彼は考えている。

私が取材した多くのスタービルダーたちと同様、ローンも地上で恒星並みの火を手なずけるという巨大な難題に惹かれずにいられない。しかし彼は、大規模な国際科学プログラムに携わることの別の側面についても思いを語る。ＪＥＴはたくさんの国から支援を受けているので、世界的なコミュニティーがそれに取り組んでいる。ローンは自分がその一員であることがうれしくてたまらない。もっとも、ＪＥＴにかかわっていない世界各国の同僚とのあいだに健全な競争がないというわけではない、と彼は言う。

続いて彼は、スターパワーの機関室、彼が計測ホールと呼ぶ場所へ私を案内する。巨大な倉庫のような部屋だ。ウィーン、ガタガタ、ブーンと機械音が絶え間なく聞こえる。音の発生源は、エアポンプ、冷却装置、加熱装置、実験用および安全確保用の診断装置、そしてこのスターエンジンに材料を供給する動脈とも言える数百本の管だ。

ホールの広いスペースは、薄い壁とプラスチックの窓でいくつかの部屋に分割されている。部屋は複雑な通路とともにホールの空間を満たしている。ローンは通路をどんどん歩いていく。ホールの中心には、ＪＥＴの核融合炉チャンバーが格納された、分厚い壁の箱が設置されている。一辺が三〇メートルの立方体で、壁は厚さ二メートルのコンクリート製だ。内壁には、核融合で生じて散らばった中性子を吸収するために、ホウ素を多く含む岩屑が使われている。これがないと、中性子が通常の材料にぶつかって放射化するおそれがある。核融合炉を格納する立方体全体は、空気中に脱出してほしくない同位体をさらに隔離するために減圧されている。ここには気密通路からしか入れない。核融合炉チャンバーに重大な変更を加える場合、コンクリート製の立方体に取り付けられて扉として働く、重さ九〇〇トンの巨大なコンクリート板をいくつか動かす必要がある。

ここにあるものについてローンが説明してくれている最中に、拡声装置からカウントダウンが流れてきて、私たちは足を止める。ここで行なわれているのは極限の科学だが、ローンのようなスタービルダーにとってはごく日常的なことなので、カウントダウンが続くあいだ、彼はただじっと待つ。「一〇」という声が聞こえる。九、八、……。不意に私は、ほんの数秒だけだが、太陽系全体で最も高温の場所からほんの数百メートル離れたところにいた。

一億五〇〇〇万度

ＪＥＴの内部で、温度が一億度に達した。太陽コアの一五〇〇万度をはるかに上回っている。ＪＥＴで核融合を実現するにはこのような高温が必要なのだとローンが説明する。同じ物体が低温であっても高温であっても、表面的に大きな違いはない。材料は変わらず、見た目もたいてい変わらない。物体が高温になると、何が変わるのだろう。

温度は平均エネルギーの尺度であり、物質の内部で粒子の動き回る速度を表す。校庭に子どもがたくさんいて、それぞれが粒子のようにふるまっているとしよう。温度の尺度には最小値があり、絶対零度と呼ばれる。これは子どもたちが彫像のようにじっと動かない状況に相当する（実際には、そんな状況が起こることはあり得そうにないが）。ここで子どもたちが走りだすとしよう。互いにぶつかったら、進行方向を変える。これはエネルギーが追加されて温度が上昇したときの粒子のふるまいだ。エネルギーが大きければそれだけ子どもの走る平均速度が上がり、温度も上がる。速度とエネルギーが大きければ、二つの粒子（または二人の子ども）のぶつかる確率が高くなる。二つの粒子が十分なエネルギーをもってぶつかると（子どもにはこれが起きないことを願う）、核融合が生じる可能性がある。衝突エネルギーの閾値（しきいち）以下では、その可能性はほぼゼロだ。ＪＥＴの温度は、重水素の平均速度が秒速一〇〇万メートル以上であるのに相当する。核融合の起きる可能性を上げるには十分だが、確実というわけではない。

大量の核融合燃料を一気に高温にすれば、核融合の起きるチャンスがたくさん生まれる。高エネルギーの衝突が一度うまくいかなくても、どうということはない。次やさらにその次のチャンスがある。核融合反応が十分に起きていれば、核融合炉を稼働させ続けるのに十分なエネルギーが放出される可能性がある。反応が自続するようになったら、スタービルダーはこの段階を「点火」と呼ぶ。

点火に達するまで、漏れ出たエネルギーを補うために、エネルギーを注入し続ける必要がある。これは、水の漏れるバスタブに絶えず水を足さなくてはならない状況と似ている。ローンは、このエネルギーの注入は核融合燃料にトーチランプで火を吹きつけるようなものだと説明する。磁場閉じ込め核融合では、一秒あたりの出力エネルギーと入力エネルギーとの比(エネルギー増倍率)を「Q値」と呼び、これが核融合炉の成功を測る主たる指標となる。磁場閉じ込め方式のスタービルダーにとって直近の目標は、正味のエネルギー利得を達成すること、すなわちQ値を一より大きくすることだ。というのは、これは核融合で一秒あたりに出力されるエネルギーが入力されるエネルギーを上回ることを意味するからだ。しかし長期的には、スタービルダーたちはそれよりはるかに大きな成果を望んでいる。外部加熱をまったく要さず、完全に自続的な核融合を起こすことは可能なのだ。この場合、Q値は無限大になる。これが点火だ。

Q値にはさまざまなタイプがある。スタービルダーがQ値について話す場合、たいていは「プラズマ」における一秒あたりのエネルギー出力とエネルギー入力の比を指している。しかし実用的な発電では、「ウォールプラグ」のQ値も重要だ。これは装置全体の一秒あたりのエネルギー出力とエネルギー入力の比を指す。今のところ、JETはQ値が〇・三から〇・五となるプラズマを五秒間維持することを目指している。実現できれば、核融合エネルギー全体の新記録になる〔その後、二〇二一年一二月にQ値約〇・三三のプラズマを約五秒間維持したことが報告された〕。

私たちは計測ホールを出て、ＪＥＴの制御室へ向かう。すぐに、実験で得られた実データが送られてくるのを見る。先ほど拡声装置でカウントダウンが流れていたのと同じような実験だ。一〇人あまりの科学者が、コンピューターのまわりであわただしく動き回っている。一般的なイメージとは違い、彼らは白衣を着ていない。ほとんどはカジュアルなシャツかブラウスを着ていて、Ｔシャツにジーンズという人も何人かいる。彼らにとって大事なのは科学であり、宇宙の規則がどのように作用しているかを理解することだ。数人の技師が雑談し、数人は分析にあたり、観察装置を点検する人もいる。ほとんどは正面にずらりと並んだモニターを見つめている。核融合炉内の状況をとらえた映像がそのまま映っているモニターが最も目を引き、率直に言って最もわかりやすい。画像の大部分は暗いが、容器内の底と側面に赤紫色のかすかな霧が張りついているのが見える。一億度の水素が、エネルギーを光として放射しているのだ。ＪＥＴは一億五〇〇〇万度に到達するのが理想である。高いQ値を最も達成しやすいのがこの温度なのだ。

そんな高温はまったく現実離れしているように感じられるが、測ることはできる。イギリス上院議員の伯爵がかつて、溶けずに一億度を測れる温度計とはどんなものかと問うた。これに対し、ある子爵が「かなり長いものでしょうね！」と切り返した。[2] 正解は、核融合炉チャンバー内にレーザーを発射して、ビームに含まれる光の粒子すなわち光子がプラズマ中で電子とぶつかったあとでどのくらい変化するかを調べることによって計算する、というものだ。電子は温度が高いほど平均運動速度が速くなる。そして、電子にぶつかって跳ね返される光が多くなる。対向二車線の道路に陸橋からテニスボールを落とすようなものだ。車の流れが速ければ、停止している場合よりも、跳ね返されるテニスボールの速度は広い範囲にまたがる。[*] このような光と電子の相互作用は、アーネスト・ラザフォードにとってイギリスで最初の上司となったＪ・Ｊ・トムソンにちなんで「トムソン散乱」と呼ばれる。[3]

国立点火施設とは違い、ＪＥＴでは実験中の状況を診断するためだけにレーザーを使い、核融合の起きる条件を実現させるためには使わない。

通常の水素同位体を、ＪＥＴで必要とされる尋常でないプラズマ温度にするのは容易でない。一般的な加熱法は役に立たない。チャンバー内に酸素が存在してはならないから火も使えないし、そもそも火では十分な高温にとうてい近づけない。もっと巧妙な加熱方法が必要だ。

スタービルダーは第一の手段として、莫大な電流を水素に流す。スマートフォンの充電器を長時間使っていたら熱くなったということはないだろうか。ワイヤを通る電流が熱を発生させるのだ。水素ガスでも同じ効果が生じる。電流を十分な強さで水素ガスに流すと、温度が上がる。第二の手段では、いささか意外だが電波を使う。といってもラジオを聴くときの電波とは違い、水素ガス中の原子を振動させる周波数にぴったりと合わせた電波だ。原子は振動すると、互いにぶつかって熱くなる。そして磁場閉じ込め方式のスタービルダーが一億度を達成するのに使う最後の手段では、原子のビームを超高速で（そして莫大なエネルギーを込めて）水素ガス中に発射する。温度上昇中のガスに原子が突入し、エネルギーを与えながら進み、もとからチャンバー内にあったガスをさらに加熱する。

猛烈な高温にするガスの量は、ほんの少しだ。粒子をすべてすくい取って計ったら、重さは〇・一ミリグラムほどしかない。このため、チャンバー内のガスの密度は大気のわずか一〇〇万分の一となる。太陽はこれよりもはるかに密度が高い（したがって衝突がもっと頻繁に起きる）。ＪＥＴで温度を太陽よりさらに高くする目的の一つは、太陽よりも粒子の密度がはるかに低いのを補うためだ。[4]

エネルギー生産実験において、この〇・一ミリグラムほどの燃料には、核融合させやすい二種類の特殊な水素同位体、重水素と三重水素が同数ずつ含まれることになるだろう。ＪＥＴは実験炉として、核融合の物理学を探究するために建設された。送配電網に供給する電力を生産するために作られたのではない。そのため、ＪＥＴはたいていの場合、重水素だけを使う。こちらのほうが扱いやすく、貴重な三重水素よりもはるかにたくさん存在するからだ。物理学者には、重水素だけを使った実験から明らかになることがまだたくさんある。正味のエネルギー利得を追求する最前線で核融合炉にまつわる問題のほとんどは、要するに核融合反応自体ではなくプラズマにまつわるものだからだ。重水素が重水素どうしで核融合するので、物理学者は核反応を記録して、なんらかのエネルギーが放出されるのを観察することができる。重水素どうしの反応は、重水素と三重水素との反応よりもはるかに起こりにくいというだけだ。

熱い水素を閉じ込める

すでに見たとおり、正味のエネルギー利得を達成するための三つの鍵は、温度、密度、そして最後に閉じ込めだ。スタービルダーがＪＥＴを高温の水素プラズマで満たしたら、その状態を保つ必要がある。これがトカマクの直面する大きな問題だ。たいていの装置はプラズマが制御不可能になるまでに、一度にほんの数秒間しか稼働できないのだ。

では、一億度以上の何かを閉じ込める仕掛けを作るにはどうしたらよいのだろう。たいていの人が真っ先に思いつくのは、高温の重水素（そして場合によっては三重水素）を核融合炉チャンバー自体の金属壁で閉じ込めるという方法だ。しかし、小さな恒星を作りたいのなら、これではだめだ。熱いフライパンを水に入れたことがある人なら、理由はわかるだろう。ジュッと音を立てて、熱エネルギ

＊　実際に試してみないこと！

ーがフライパンから水に流れ出る。スタービルダーとしては、このようなエネルギー消失が核融合プラズマに起きるのは絶対に避けたい。高エネルギーの粒子がすべて壁の中に流れ込んでしまったら、それとともにエネルギーも流れ去り、残った水素が冷却して核融合反応を止めてしまう。これは壁にとってもよくない。一般的な実験の際に壁が摂氏三〇〇度に達することはあるが、一億度の高温には耐えられないだろう。[5]

スタービルダーは、これよりはるかにすごい離れ業をやってのけなくてはならない。プラズマがいかなるものにもいっさい触れないようにするのだ。そんなことは不可能に思われる。それをするには、熱を通さず宙に浮かぶ不可視の容器が必要だ。スタービルダーの出した解決策もまた、不可能に思われる。不可視の力場を使うというのだ。しかしこれはSFではない。どうしてもSFのように聞こえてしまうが。

ここでは磁場をトリックとして使う。スタービルダーは磁場でクモの巣のような複雑な網目を作る。すべてが例の物理学の四つの基本的な力で制御される。強い力、弱い力、電磁力、重力の四つだ。電磁力は、電荷、磁場、光をもたらす。核融合が作用するのに必要な温度が、プラズマを生じさせる。プラズマは荷電粒子で構成されている。そのおかげで、プラズマを閉じ込めて制御するのに、磁場はトリッキーかもしれないがすぐれた手段となる。

磁場を使ってプラズマを閉じ込めるというアイデアは、核融合の実現を目指す取り組みのかなり初期にスタービルダーが思いついたものだ。荷電粒子は磁力線にぶつかると捕捉され、線のまわりでループを描きながら進む。荷電粒子が描くループのサイズは、物理学者のジョゼフ・ラーモアにちなんでラーモア半径と呼ばれる。磁場が強ければ強いほど、ラーモア半径は小さくなり、粒子が磁力線にきつく縛りつけられる。粒子はいずれにしても旋回しつつ移動もしているので、粒子は遊園地のヘルータースケルター（イギリスの遊園地にある乗り物で、タワーのまわりを巡るらせん型の滑り台が設けられている）を滑っているかのようにらせんを描く。強力な磁場のほうがプラズマをうまく閉じ込められる。その一つの理由は、プラズマ中の荷電粒子が磁力線の近くに留まるからである。

磁力線で粒子をどれだけしっかりと閉じ込められるかにかかわらず、この方法を用いた初期の装置には数々の問題があり、JETはそれらを克服するか、少なくとも克服する努力をする必要があった。

最初の本格的な磁場閉じ込め核融合の設計は、マックス・シュテーンベックによるものと言っていいだろう。第二次世界大戦前、シュテーンベックはジーメンス・シュッケルトの工場で実験室の責任者を務め、ドイツの侵攻中に最後の防衛線として創設されたナチスの国民軍である国民突撃隊のメンバーでもあった。彼の閉じ込め装置の設計図が帝国大学にたどり着き、そこでJ・J・トムソンの息子G・P・トムソンがこれを改良し、一九四六年にトロイダルと呼ばれるドーナッツ型のスターマシンの特許を申請した。これは、伝導体を通る大量の電流が磁力によって伝導体を内側へ押しつぶす「ピンチ」効果からアイデアを得たものだった。落雷を受けた避雷針が変形するのも、この効果のせいである。[6]

最も単純なトロイダルピンチ装置は、金属でコーティングされたパイレックスガラス製の気密性のドーナッツ型容器だ。この装置に電流を流すと、内部のガスに電場が生じる。この電場が、内部のガスの原子を引き裂いて輝くプラズマにし、荷電粒子をレーシングカーのようにドーナッツ型のチューブに沿って巡らせるのに十分なエネルギーを与える。電場と磁場は緊密に関係していて、互いを発生させる。ドーナッツ型のリングを流れる電流は、リングの内部を取り囲んで電流に直交する向きに広がる磁場を発生させる。電流の流れている電線のそばでは方位磁針が正常に動作しなくなるのと同じ効果だ。

しかしトロイダルピンチの真に巧妙な点は、磁場と電流の相互作用でプラズマを閉じ込める仕組みだ。ある方向へ流れる電流があり、別の方向に作用する磁場があれば、電磁力の働きにより、荷電粒子は必ず第三の最後の方向へ、他の二つに対して直角の方向へ進まなくてはならない。自分が粒子になって、電流の一部としてドーナッツ型のリング内を進むと想像してほしい。ここで磁場は時計回りの方向で円を描いて粒子を取り巻いている。生成される力は、あらゆる角度から粒子へ向かう。この力がプラズマの粒子をリング状のチューブの中心に集めて圧縮し、核融合を起こすのに必要な密度と温度に近づける。「トロイダル（ドーナッツ型）ピンチ」という名称は、高温の核融合燃料がトーラス型（ドーナッツ型）に圧縮（ピンチ）されることに由来する。見えない力がドーナッツ型を形成し、その内部で高温の燃料を短時間だけ何にも触れさせることなくしかるべき状態でドーナッツ型に保持するという、二重構造のドーナッツだ。[7]

初期の磁場閉じ込め装置としてスタービルダーが試したのは、トロイダルピンチだけではない。ローレンス・リヴァモア国立研究所（ここにＮＩＦが設置されている）の科学者が開拓した初期の別の設計は、基本的に磁場をソーセージ型にしたもので、磁力線がソーセージの長さ方向に走っていた。粒子はこれを高速で往復した。両端で磁力線が収束して小麦の束の縛り目のように高密度の束になる。この効果によって、粒子を逆方向へ跳ね返らせる。初期に考案されたこのタイプのスターマシンは、楽観的に磁気ミラーと呼ばれた。粒子を跳ね返らせると想定されていたからだ。しかし実際には、両端から粒子が大量に漏出した。つまりミラーというより磨かれた窓ガラスのようなものだったのだ。

ただし、こうしたピンチやミラーを用いた初期の装置には、単なる漏出以外にも問題がある。いつまで経っても正味のエネルギー利得を達成するのは難しいと考えざるを得ない、そんな問題だ。ＪＥＴはその問題の一部しかまだ解決できていない。トロイダルにせよ磁気ミラーにせよ、どちらのスターマシンも深刻な不安定性という問題を抱えている。磁場がひどく乱れ、閉じ込めがまったく効かなくなるという、壊滅的な不備だ。

フェルナンダ・リミニ博士は、磁場閉じ込めスターマシンを悩ませる不安定性について解明しようと、日々尽力している。彼女は物理学者であり、ＪＥＴで行なわれる実験のセッションリーダーの一人でもあり、同僚たちの科学に関するアイデアをＪＥＴで実行できる形に変換する責務を負っている。制御室では指揮官としての役割を担う。私が彼女と部屋の片隅で話していると、何人かの職員がさまざまな技術的な事柄について彼女に質問しようとする。ＪＥＴの円滑な運用において重責を担い、私の取材がシフトの終わりにあたってしまったにもかかわらず、エネルギーがみなぎっている。スイッチが切れることなどなさそうだ。

「レゴを組み立てて午後を過ごすとき、ヘビーメタルの音楽は私にとって完璧なＢＧＭです」と、彼女は余暇のくつろぎ方について語る。ＪＥＴの格納されている建屋や、制御室のミニチュア版までレゴで再現したことがあるそうだ。スタービルディングにかかわり続けているのは、好奇心と楽しさゆえだと話す。「それに、人類の未来のためになる仕事ですから。これはエネルギー源です。そして大事なものです」

フェルナンダは自身の役割を理論物理学と工学の中間だと言う。これは現時点で世界中の核融合全体にあてはまると、私は思わずにいられない。

フェルナンダと私が話しているのは、あわただしい制御室だ。数カ月に及ぶ計画が私たちのすぐそばで結実しようとしているなかで、周囲の騒々しさにかき消されそうな彼女の声を聞き取るのは難しい。不安定性を制御できれば、稼働するスターマシンの実現へ向かう道のりをかなり進んだことになります、とフェルナンダは説明する。目下のところ、ＪＥＴが一度にほんの数秒しか稼働できない理由の一つが、この不安定性なのだ。

不安定性は、自然界でプラズマだけに起きるわけではない。たとえば暴れる散水ホースとか、成長して雪崩に至る雪玉もその例だ。しかし、プラズマはとりわけ不安定性の影響を受けやすい。プラズマの不安定性によるディスラプション〔プラズマ中の熱や電流が瞬時に消失する崩壊現象〕がしばしば装置全体を停止させてしまうほどだ。核融合で不安定性が生じるのは、自然が温度や密度の極端な条件を嫌い、さらに空間的または時間的に小さな塊として存在する磁場や電場を嫌うからである。可能な限り、自然はそうした不安定性を一様にならして解消しようとする。核融合には極端に大きなエネルギーが関与するので、バランスの回復は、たとえば引き伸ばしたゴムバンドから急に手を離したときのように、不意に予想外の形で起きる可能性がある。

インペリアル・カレッジ・ロンドンのジェリー・チッテンデン教授は、核融合の燃料を閉じ込める試みにはマーフィーの法則があてはまると述べたことがある。失敗する可能性のあることは失敗するというのだ。核融合は気まぐれで、たやすく止まってしまう。核融合が核分裂よりもはるかに難しい（そして安全である）理由の一つがこれだ。

初期のトロイダルピンチは、特に高電流で稼働すると二種類の不安定性に悩まされた。一つはキンク不安定性だ。これが起きると核融合が壊滅的に停止するが、ＪＥＴでは巧妙な設計により軽減されている。このキンク不安定性は、たとえば太陽の表面から放出される環状のプラズマを破壊する。トロイダルピンチでは、カーブの内側のほうが荷電粒子の密度が高くなるので、トーラスのループの穴側のほうが外側よりも磁場が強くなり、それによってキンク不安定性が生じる。一方、カーブの外側のほうが磁場が弱いので、ピンチ効果も外側のほうが弱くなる。このため一部の荷電粒子が外側に膨れ出て、さらに磁場が弱まる。磁場が弱まるとさらに多くの荷電粒子が膨れ出て……というプロセスが続く。やがてこのプロセスが暴走して閉じ込めが完全に失われ、核融合がぴたりと止む。トロイダルピンチの二つ目の問題は、ソーセージ不安定性だ。これによって、円柱状のプラズマを圧縮する度合いのわずかな不備が増幅され、ソーセージが連なったような形状が生じ、閉じ込めが損なわれる。ＪＥＴでは不安定性やそれによるディスラプションが以前の磁場スターマシンよりは起こりにくいが、それでも依然としてこれらは大きな問題である。[8]

ＪＥＴはトカマクという、磁場閉じ込め核融合装置のなかで最も人気があり成功を収めているタイプに属する。トカマクのなかでも、ＪＥＴはＱ値（プラズマからの出力とプラズマへの入力の比）で〇・六七という世界最高記録を達成したことで知られる。装置自体は驚くほど大きい。反応チャンバーは高さが約六メートル、幅が約三メートルある。太いドーナッツのような形をしていて、断面の直径は二メートルだ。

トカマクは、一九六〇年代の初期にソ連で最初に開発された。この名前はロシア語で「トーラス型のチャンバー」と「磁気コイル」を意味する toroidalnaya kamera と magnitnaya katushka に由来する。ロシアのスタービルダーたちはトーラス型チャンバーに第二の磁場を導入するという独創性を発揮し、それによってキンク不安定性が壊滅的な影響をもたらすのを阻止できた。

図５・１に、核融合炉チャンバーを含むトカマクの基本的な設計要素を示す。内側にはドーナッツを取り巻くリング状の磁場があり、これはポロイダル磁場と呼ばれる（ループの一例を実線の矢印で図に示す）。これはトロイダルピンチにもあった。トロイダルピンチと同様、この磁場は粒子自体の運動によって生成される。しかしトカマクには、第二の磁場もある（点線で示す）。これがロシア人の加えた磁場だ。この第二の磁場は、粒子と同じようにドーナッツ型のチューブ内を巡回し、トーラス型なのでトロイダル（トーラス型）磁場と呼ばれる。ロシア人による設計のうまいところは、二つ

トカマクの概略図

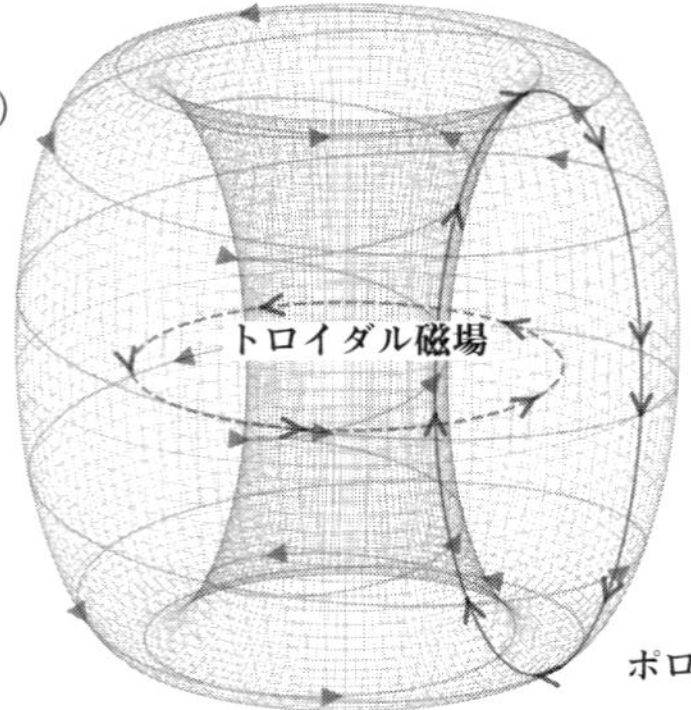

図 5.1：主力の磁場閉じ込め核融合方式、トカマクの基本的な設計要素。装置はドーナッツ型をしている。二つの異なる磁場が合わさってらせん状の磁場（黒い三角形の矢印で示す）を形成し、ドーナッツ型の原子炉チャンバーのチューブの内側に沿って旋回する。荷電粒子（電子と水素原子核）が磁力線上で捕捉され、磁力線に沿って進みながら旋回する。磁場閉じ込めにより、これらの粒子がチャンバー壁にぶつかることが防げる——いつもではないが。[9]

の磁場が合わさって一つの全体的な磁場を生成し、これがトカマク内でらせんを描く点だ。これはヘルタースケルターで中心のタワーに巻きついた滑り台に似ているが、トーラスの内側に沿ってらせんを描く。

粒子は閉じ込められ、ヘルタースケルターの磁力線のまわりを旋回する。旋回しながらドーナッツ型のチューブの内側から外側へ移動するので、粒子はチューブの外側と内側で同じ長さの時間を過ごす。これによってトロイダルピンチに特有の膨出の発生が妨げられ、そのおかげで膨らみが大きくなることも避けられ、その結果としてプラズマの流れが遮断されることも避けられる。

ロシアのトカマク科学者は、問題となっていたトロイダルピンチのキンク性向を抑制した。するとすぐに、彼らのトカマクの設計は当時あった別の磁場閉じ込め方式よりも一〇倍すぐれた閉じ込め性能を発揮した。この方式があまりにもうまくいったので、ロシア国外では当初、誰もその結果のすばらしさを信じようとしなかった。疑念を解くため、冷戦のさなかにカラムの科学者チームがロシアに派遣され、トムソン散乱を用いて温度をもっと詳細に調べた。ロシア側の発表は正しかった。トカマクはそれまでのどんな装置よりもうまく高温の核融合燃料を閉じ込めていた。すぐにトカマクは世界中で磁場閉じ込め方式の主力となり、現在に至っている。そのなかで、JETは今のところ最も大型で、最大の成功を収めている。

フェルナンダと同僚らは、JETからいかなる理解も価値も余すことなく絞り出そうとする厳しいスケジュールに従っている。朝の六時三〇分から一四時三〇分までシフトを走らせ、続いて一四時三〇分から二二時三〇分まで次のシフトを走らせてさらに実験をする。この装置で核融合実験の態勢が整うまでには半年ほどの準備を要するとフェルナンダは見込んでいる。そして彼女たちは三〇分ごとに一回の実験を目指している。

JETは他のいくつかの設計よりは不安定性が生じにくいが、それでもトカマクには、周辺局在化モード、鋸歯（きょし）状振動、テアリングモード、バルーニングモード〔いずれもプラズマを閉じ込める磁場の構造の変化を伴う不安定性〕など、さまざまな不安定性がつきものだ。また、粒子やそのエネルギーがいろいろな形でひそかに閉じ込めから脱する。その一つが「バナナ領域の輸送」という妙な名称で呼ばれる方法（粒子の描く形に由来する）だ。これらの脱出は、高エネルギーの衝突により粒子が磁場の網目から投げ出されることで生じる。粒子のさまざまな脱出は、それぞれスタービルダーの頭痛の種となる。それらが生じる仕組みや、それを軽減するために科学者にできることを明らかにするため、膨大な計算が行なわれている。

今日、フェルナンダがコーディネートしている実験では、凍結した燃料のペレットを適切な瞬間に注入することにより、不安定性が閉じ込めを損ねるのを阻止する方法を調べている。フェルナンダらはそのために、燃料の一部を冷却している。

トカマクがひどい不安定性に陥ると、ディスラプションと呼ばれる壊滅的なエネルギー喪失が生じることがある。ディスラプションが急激に起きると、燃料中のエネルギーがほんの数ミリ秒で容器内に激しく放出される。

「瞬きしているあいだに、燃料がなくなってしまうのです」とフェルナンダが言う。そのせいで、係留設備上で装置全体が数百トンに相当する力で引っ張られ、一センチメートル以上ジャンプする。このため、ＪＥＴは巨大なスプリングの上に設置されている。

装置の壁は数千度の高温まで耐えられるが、それでもエネルギーが不意に放出されれば溶けてしまうという深刻な問題もある。解放された電磁力は非常に強力で、核融合炉の構造を歪めて変形させ、閉じ込め性能を破綻させる。そんなわけで、ディスラプションは悪い知らせとなる。

フェルナンダによると、ディスラプションを予想するのは、トカマクが直面している物理学的な難題だ。大規模なディスラプションが起きれば、核融合炉が完全に損壊する可能性がある。ローン・ホートンから聞いたところによると、核融合炉を実際に建造する可能性のある産業界のパートナーは、技術を商業的に実用化するには予測可能でなくてはならないという点にこだわるそうだ。警告もなくいきなり停止し、その過程で自らを破壊する可能性のある核融合炉では、スタービルダーの野心的な目標を達成することはできないのだ。

カラムのスターメーカーたちを率いるイアン・チャップマン教授が、トカマクの不安定性の原因を特定しようとして（科学者として）名をなしたのは、偶然ではない。彼はこれまでに一一〇本を超える研究論文を発表し、世界各地の学会に招かれて物理学者を相手に講演している。彼は鋸歯状不安定性を専門としている。これが起きると温度と密度が徐々に上がっていくが、ある時点で不意にがくっと下がり、その際に高温のプラズマが核融合炉の壁に打ち込まれる。

ディスラプションは、将来の実験における核融合炉のエネルギー閉じ込めの質にも脅威をもたらす可能性がある。プラズマに由来する粒子がぶつかって壁が溶けると、それがたとえ顕微鏡レベルであっても、壁から重い材料が放出されて核融合燃料に混入する。この重金属（ヘビーメタル）は、決してフェルナンダのお気に入りではない。なぜなら汚染物質として作用し、核融合炉のエネルギー閉じ込め性能にひどい悪影響を与えるからだ。

ＪＥＴの内壁は、主にベリリウムとタングステンでできている。水素原子の電子数が一個であるのに対し、ベリリウム原子には電子が四個、タングステン原子には電子が七四個ある。重水素と三重水素にはそれぞれ電子が一つしかなく、またトカマクの内部は非常に高温であるため、これらの水素同位体がプラズマになると核から電子が完全に解離する。一方、ベリリウムやタングステンから電子をすべて解離させるには、はるかに多くのエネルギーを要する。まさにそのせいで、これらの原子でプラズマが汚染されると問題が起きる。ベリリウムやタングステンが電子の一部を失うと、水素燃料からエネルギーを奪い取ってしまうのだ。

さらに厄介なことに、ベリリウムやタングステンの核に残っている電子が一時的に励起して、もっと高いエネルギー状態となる。再び緩和状態に戻ると、励起状態のエネルギーがどこかへ行かなくてはならず、光として出てくることが多い。この光は、高温のプラズマからストレートに出てくるエネルギーの流出経路となる。

電子が別の状態にジャンプする遷移によって生じる色のパターンは、指紋のような役割を果たす。どんな粒子が存在するか、それらの粒子には電子がいくつあるか、周囲の温度と密度はどのくらいかが、このパターンからわかるのだ。高温の炎が青白色を呈するのに対し、もっと温度の低い炎が赤色や場合によっては黄色を呈するのはこのためである。色のパターンは、どんな温度計でも測れないほど高温の燃料の中で何が起きているかを語る。スタービルダーは、炉内の状態を推測するのに、このように放出される光を調べる「分光法」という技術をしばしば用いる。電子の一部を剝ぎ取られた原子からの光放射は、役に立つこともある。しかしトカマクの中心から金属がエネルギーを放射しているというのは、じつに悪い知らせだ。

壁の材料がほんの少し燃料に混入するだけでも、核融合炉の働きをだめにしてしまう。タングステンが〇・〇二パーセント未満でも、光の放射によって、核融合反応でヘリウム原子核から生成されたエネルギーのなんと五〇パーセントが奪い去られてしまう。電子をもっとたくさんもつ元素は、クリスマスツリーのように光り輝く。[10]

このため、ＪＥＴの壁の大部分は、電子を四個しかもたないベリリウムでできている。最も破壊的で高温の核融合燃料が壁にぶつかる部分だけが、もっと頑丈なタングステンでできている。タングステンは金属のなかで最も高い摂氏三四二二度の融点をもつのに対し、ベリリウムは比較的低い摂氏一二八七度で溶ける。トカマクでＱ値が一を超えると、最大の打撃を受け止めるために特別に設計されたダイバーターと呼ばれる壁の一部が、地球の大気圏に再突入する宇宙船に匹敵する熱負荷にさらされる。まさにスタービルダーには、スペースシャトルを軌道から引き下ろすことなど朝飯前と思わせるほどの超絶的な技が必要だ。トカマクの設計では、激烈な打撃を受け止める箇所にダイバーターが巧妙に設けられている。その名が示すとおり、ダイバーター〔字義的には「わきへそらすもの」の意〕はベリリウムでできた主たる壁から剝がれ落ちる不純物を分離して除去する場所としても働き、ドーナツ型のチューブ内の燃料を純粋に保つ。

純粋さは非常に重要で、トカマクのチャンバー内の清浄さには片づけ専門家の近藤麻理恵（こんどうまりえ）も感銘を受けるに違いない。空気も水もグリースもオイルも存在してはならない。核融合燃料を汚染してエネルギーを光放射として漏出させてしまうものは、何一つあってはならない。トカマクは真空化によってきわめて効果的に粒子が除去され、天の川銀河全体から恒星を一つだけ残してあとはすべて除去するのに匹敵するほどだ。酸素などの原子は分子として飛び回っているだけでなく、壁に捕捉されていることもあるので、そのせいで浄化作業はいっそう困難になる。壁をしっかり清掃するには、チャンバーを数百度で長時間かけて焼くしかない。人がチャンバー内で何かをすれば必ず清掃が必要になるので、実際の作業に加えて少なくとも三カ月は余分に時間がかかるとローン・ホートンは私に説明する。

そのような手入れの必要性に迫られて、カラム核融合エネルギーセンターはロボット工学の分野でも一流の研究施設となった。遠隔操作のロボットアームを使えば、真空状態を乱すことなくチャンバーに出入りできる。私はローンとともにカラムの本館を歩いていたとき、研修中のエンジニアがジョイスティックのついた潜望鏡を思わせるコントローラーを使ってアームの遠隔操作に初めて臨むのを見た。そのあと、計測ホールの一角に置かれている反応チャンバーの実物大模型の中で、エンジニアのあらゆる動作が、何トンもの重量のある金属製アームの驚くほど優美な動きに変換されるのを見た。ロボットアームのもたらす触覚は非常に感度が高く、ベテランのオペレーターならボルト一本がきちんとはまっていないだけでも感知できるのだとローンが教えてくれた。

ロボット工学技術は、遠隔操作が役立つあらゆる業界で別個に発展しており、核分裂もその一つだ。カラムの敷地内にある建物で、三層構造の金網ケージの中でロボットアームがせわしなく作業しているのが見えた。ドローンが激しいうなりを上げて空中を行き来しているのも見た。ここで働く科学者たちは確かに、そして静かに、未来を創り出している。

世界で最も成功した核融合実験

世界が注目している。なにしろＪＥＴは、ユーラトム（欧州原子力共同体）の名のもとでヨーロッパの多数の国々が参加する共同事業なのだ。アイデアが生まれたのは一九七〇年代の初めだが、建設地が決まるまで論争が何年も続いた。各国政府は誘致を競い合った。施設ができれば、技術の進歩の輝かしい実例となり、すぐれた雇用と収益性の高い契約をもたらしてくれることが確実だからだ。候補地は六つあった。ＪＥＴの設計の背後で計画を推し進め、のちにＪＥＴの所長となった〝マッド〟ルビュことポール・アンリ＝ルビュは、この遅れに業を煮やし、ＪＥＴを遠洋定期船のクイーン・エリザベス二世号に載せて月替わりでヨーロッパ各国の港に停泊できるようにすればいいと提案するに至った。一九八四年、ＪＥＴはようやく完成してクイーン・エリザベス二世（クイーン・エリザベス二世号ではない点に注意）によって開所が宣言され、続いてフランスのフランソワ・ミッテラン大統領も宣言を行なった。

イアン・チャップマンによると、ＪＥＴの建設には、現在の金額に換算して二〇億ポンドの費用と四年の歳月が費やされた。ＪＥＴの開所以来、カラムのスタービルダーたちはそれで何をしてきたのかと疑問を抱く人もいるかもしれない。確かに、三五年以上前に作られた装置は、もはや技術の最先端だとは考えにくい。ましてやエネルギー革命を先導するとはとうてい思えない。

ＪＥＴは一九九七年、重水素‐三重水素燃料を使ってプラズマのＱ値で〇・六七という世界記録を樹立した。ローン・ホートンのトーチランプで注入されたエネルギーのうち六七パーセントが、ほんの一瞬だが核融合炉チャンバー内で核融合反応によって放出されたということだ。これにより一六メガワットの核融合電力が生産された。これはごくおおざっぱに言うと、持続的に利用できるなら三万世帯の電力をまかなうのに十分なエネルギーだ。

　これはQ値一〇〇パーセントまであとほんの少しのように感じられる。にもかかわらず、それから何年も経っているのにたった一度の傑出した実験で達成した記録を超えられていないのはなぜなのかと、不思議に思われるだろう。この記録は、一九九〇年代から二〇〇〇年代にかけてＪＥＴで達成できた限界だった。さらに重要なのは、プラズマの閉じ込めを破綻させる不安定性のせいで、エネルギー出力を維持できた時間が一秒にも達しなかった点だ。一〇〇パーセントの壁は心理的にきわめて重大で、それは核融合に出資している者にとっても同じだが、この壁に到達すれば自動的に核融合の問題が解決されるというわけではない。ましてや出力維持時間がこんなに短いのだ。核融合エネルギーのうち荷電粒子として現れるのはわずか五分の一という問題もある。残りの五分の四のエネルギーを運ぶ中性子は荷電していないので、磁場閉じ込めからすぐに逃げ出してしまう。つまり核融合炉チャンバーは、Q値が五以上でないとエネルギーを喪失する（ただしこれらの中性子は究極的に発電に使われるので、それらのエネルギーはまた別の意味で重要だ[11]）。

　ＪＥＴが収めた最大の成功は、プラズマQ値で〇・六七を一瞬だけ実現したことではなく、五秒間にわたって〇・一八というQ値を達成したことかもしれない〔前述のとおり、二〇二一年には約〇・三三のQ値を記録した〕。核融合エネルギーを商用化するには、トカマクの出力が無限とは言わないまでも数時間は持続する必要がある。年月を追ってＪＥＴはアップグレードや修理や修正を重ね、そのつど何カ月も運用を停止した。今、ＪＥＴは改修を終えて、重水素と三重水素を使った新たな実験に取りかかろうとしている。重水素と三重水素の実験ができるトカマクは、今も世界でこれだけだ。ローン・ホートン、フェルナンダ・リミニ、イアン・チャップマンといったスタービルダーたちには、ＪＥＴの打ち立てた核融合エネルギーの古い記録を破る可能性が大いにあり、一を上回るQ値を目指すＪＥＴ

の後継施設の建設もすでに始まっている。しかしスタービルダーが核融合炉内でのたうつプラズマを制御できない限り、その目標を達成することはできない。[12]

スタービルダーが正味のエネルギー利得を達成できるとこれほど楽観的でいられるのはなぜかと、疑問に思う人もいるのではないだろうか。JETが順調に実験を成功させていることだけが理由ではない。最も初期の核融合装置が作られたのは一九四〇年代で、トカマクが誕生したのは一九六〇年代に入ってからだ。どちらもJETの運用が始まるよりもずっと前のことである。

スタービルダーが長年にわたって核融合の実現を信じてきたのは、実験が成功したことだけが理由ではなく、理論物理学の大きな成功のおかげでもあった。理論によって核物理学に解明の光が当たり、そのおかげでスタービルダーはどんな条件でどんな反応が起こり得るかを理解した。そして正味のエネルギー利得を達成するのに必要なスターマシンの条件について、理論のおかげで指針が得られた。

時をさかのぼること一九五七年、ジョン・ローソンというプラズマ物理学者が、物理学的にはスターマシン内で核融合反応の点火を妨げる障壁が存在しないことを示す理論を証明した。ここで「点火」とは、核融合が恒星のように自らのエネルギー放出により持続する状態に達することを意味する。[13]

彼の議論はシンプルで美しかった。彼によれば、少なくともプラズマから出ていくエネルギーよりもプラズマに入るエネルギーのほうが大きくなくてはならない。そこで彼は核融合プラズマにエネルギーが入る可能性のあるルートをすべて足し合わせた。そのなかには、ローン・ホートンのトーチランプのような外部エネルギー源による熱や、核融合により生じたヘリウム原子核のエネルギーなどが含まれていた（核融合により生じる中性子は磁場で閉じ込めることができないので、すべて脱出すると考えた）。次に、プラズマからエネルギーが失われる可能性のあるルートをすべて足し合わせた。そのなかには、制動放射線（プラズマ中で荷電粒子の運動により生じるX線）や、閉じ込めから脱出したあらゆるプラズマの損失が含まれていた。それからローソンは、利得と損失の両方について、一秒ごとのエネルギーの入力と出力を調べた。すると、利得と損失はどうやらプラズマの特性のうち三つだけに依存しているらしいことがわかった。温度と密度、そしてプラズマ中の粒子が閉じ込められた状態を維持する時間だ。

ローソンは、目指すべき最も簡単な反応は重水素と三重水素の核融合だと理解していた。そこで彼はそのための数値を式に入力した。すると、真実の瞬間が訪れた。核融合を作用させられる温度、密度、閉じ込め時間の組み合わせは存在しないという結果が出たなら、スタービルダーは挑戦をあきらめるべきだということになっただろう。実験を改善したとしても、点火や正味のエネルギー利得には決して到達できないからだ。だが、ローソンが発見したのはそのことではなかった。核融合を作用させられる温度と密度と閉じ込め時間の組み合わせが存在することに気づいたのだ。ローソンの方程式によれば、スターパワーは地上で機能するはずなのだ。摂氏一億度以上の温度、一立方センチメートルあたり粒子一〇兆個以上の密度、そしてプラズマ中のエネルギーを一〇〇秒以上閉じ込められるトカマクなら、ローソンの定める要件を達成し、核融合プラズマに点火できると考えられる。

この理論が意味するのは、地上で恒星のパワーを再現できるということだ。もちろん簡単ではない。極端な条件が求められ、それは地上のどんなものよりも極端だが、不可能ではない。これが意味することは、当時も今も変わらずとてつもなく重大だ。この展望ゆえに、何世代にもわたってスタービルダーたちは核融合を実現させることについて楽観的でいられた。彼らはそれが科学的に可能だと知っている。必要なのは、それを現実にできるほどすぐれた装置を作ることだけだ。そしてJETはそれに肉薄している。

ローソンの方程式は、恒星が核融合炉として活動を続けられる理由も教えてくれる。重力のおかげで高温、高密度、プラズマエネルギーの十分な閉じ込めが永久的に達成できるからだ。地上での核融合については、さらに重要な点がある。ローソンの方程式にもとづいて、スタービルダーはスターマシンで何を狙うべきか正確に理解しているのだ。トカマクでは高温を使い、磁場によるプラズマの閉じ込めが現段階で数秒単位まで達していて、いずれは数時間の閉じ込めができるようになるかもしれない。しかしローソンの方程式からは、恒星を閉じ込めるのに磁場が唯一の方法ではないこともわかる。

第6章　慣性を使って恒星を作る

「……ゴムバンドでゼリーを閉じ込めるようなものだ」
——エドワード・テラー　磁場によるプラズマの閉じ込めについて[1]

カリフォルニアに長くとどまらなくても、ローレンス・リヴァモア国立研究所の設立に最大の功績のあった二人の科学者、アーネスト・Ｏ・ローレンスとエドワード・テラー（水素爆弾の父として最もよく知られ、物議を醸した物理学者）がこの地に研究所を設けたがった理由はわかる。本来なら寒いはずの二月のある朝、たっぷりの日射しを浴びた私は、雑然と広がるリヴァモアの構内でさまざまな建物を案内してくれている人に、原子力施設のまわりをうろつくよりも外で日射しを楽しみたくなりますね、と言った。すると相手も、サウスダコタから引っ越してきて最初の一年間はそう感じていたと言う。しかしそれから、サンフランシスコベイの東側ではほぼ毎日こんな快晴なのだと気づき、それ以来、日射しを求めて外に飛び出すのはやめたそうだ。日射しはいつでも彼女を外で待ってくれていた。

研究所に到着すると、一キロメートル以上にわたってソーラーパネルがずらりと並び、まぶしいカリフォルニアの日射しを取り込んでいるのが目に飛び込んできた。まさにここで、科学者たちが国立点火施設（ＮＩＦ）でレーザー光を使って自分たちの太陽光を生み出し、世界で最大の成功を収めている慣性閉じ込め核融合実験を行なっている。ローレンス・リヴァモアを見下ろす小高い山に登ると、ゆるやかな風の中で、彼らがクリーンエネルギーを追い求めていることを示す証拠がさらに見つかる。

森のように点々と設置された風力タービンが重々しく回転しているのだ。こんなのどかな風景と、セキュリティーや核の秘密や科学実験がぎっしり詰まった政府の研究所の取り合わせは、ふつうなら不似合いに感じられるかもしれない。しかし、私にはそう感じられなかった。構内には、アシに囲まれた池と自転車道がある。アメリカではたいていそうだが、ここでも車と道路はいたるところで目にする。私自身は歩いているが、たいていの人は車がなくてはほぼ動きがとれない。施設の広大な規模のみならず、文化的な規範としてもそれがふつうなのだ。前回ここへ来たときには、面会の約束をしている建物まで車で行くようにと言われた。私は担当者の指示に従い、別の駐車場まで細い道を二本ほど車で走った。車を降りると、一〇〇メートルも離れていないところに、先ほどまで車を停めていた場所が見えた。

私が今回リヴァモアを再訪しているのは、NIFの科学者が恒星を作るのに慣性をどのように使っているかを調べるためだ。ここで働いている科学者のなかには、彼らの装置はまだJETの樹立したエネルギー利得の記録には及ばないが、自分たちの慣性閉じ込め核融合装置こそ正味のエネルギー利得の達成に世界で最も近い位置にあると主張する者もいる。そして実際、彼らは急激な追い上げを見せている。

慣性閉じ込め核融合は、磁場閉じ込め核融合とは大きく異なる。第一に、磁場閉じ込め核融合は通常、コンベアベルトが絶えず動いているテイクアウト用のピザのオーブンのように、持続的に稼働する。これに対し、慣性閉じ込め核融合はパンを焼くオーブンのようにバッチ処理方式で稼働する。しかし最大の違いは、慣性閉じ込め核融合ではプラズマを閉じ込めるのに磁場を使わない点だ。代わりに使うのが慣性である。これがどういうことか、さっぱりわからなくても大丈夫だ。慣性閉じ込め会社ファースト・ライト・フュージョンのCEO、ニック・ホーカー博士があとでこんなふうに説明してくれた。「プラズマを押さえつけておくものは何もありません。巨大な磁石も外力も使わないのです」

とはいえ、核融合が起きているあいだにプラズマを押さえておく「何か」が必要なはずだ。正味のエネルギー利得に関するローソンの方程式によれば、核融合のスキームで正味のエネルギー利得を達成するには、高温、高密度、すぐれたエネルギー閉じ込めという三要素を揃える必要がある。しかしこの方程式からは、ＤＪが音楽のトラックをミックスしながら全体の音量を一定に保つように、これらの三要素を混ぜ合わせられることもわかる。磁場閉じ込めのスタービルダーは、太陽に存在するプラズマよりもはるかに低密度でわれわれの呼吸する空気よりも低密度のプラズマを使う。しかし彼らはその際に太陽系内で最高の温度、太陽よりも高い温度を達成し、長いエネルギー閉じ込め時間を用いる。

慣性閉じ込め核融合では、温度と密度と閉じ込めの組み合わせのパターンが異なる。世界をリードする慣性閉じ込め核融合装置のＮＩＦと、世界をリードする磁場閉じ込め装置のＪＥＴを比較すると、おのおのの妥協点が明らかになる。ＮＩＦのプラズマの到達する温度は、ＪＥＴのトカマクよりも若干低い。しかし密度と圧力ははるかに高い。地上で本書を読んでいる人が大気から受けている圧力は、わずか一気圧だ。それに対し、太陽の中心の圧力は一〇〇〇億気圧を上回る。そしてＮＩＦの気圧もこれに匹敵する、とＮＩＦ所長のマーク・ハーマン博士が教えてくれた。「つまりわれわれの起こす爆縮の中心部は、恒星の物質のようなものなのです」

しかし慣性閉じ込めと磁場閉じ込めの最大の違いは、核融合プラズマの維持される時間だ。磁場はプラズマを永久に閉じ込められるのに対し、慣性方式では一億分の数秒ほどしか閉じ込められない。これはプラズマが自らの慣性によって維持される時間の長さだ。ＮＩＦでは、燃料が爆縮する際の運動から生じる慣性を利用する。

核融合燃料の爆縮によって閉じ込めが生じる。生じるのはこれだけであり、しかもほんの一瞬で終わってしまう。しかしこれほど短い瞬間も、核物理学においては長い時間だ。水風船を割ると、水はあたりをびしょ濡れにする前に、一秒の数分の一のあいだは風船の形を保つ。プラズマでも同じことが起きる。球状のプラズマの形を支えるものはないが、音波がプラズマの球を通過するのに要するほんの短い時間だけ、慣性がプラズマの形を保持する。しかし核融合は、さらにこの一〇〇〇分の一という短いタイムスケールで生じる。ニック・ホーカーは、慣性閉じ込め核融合のプラズマを「つかの間の現象、極度の高圧・高温・高密度の物質の状態、これらが自らの慣性によってごく短時間だけ保持されるのです。いったん集まると、ばらばらになるまでにある程度の時間がかかります[2]」と言い表す。爆縮は常に時間との競争だ。

プロローグで、ＮＩＦの一九二本ビームの赤外レーザーから発射されるショットにおいて、この競争が繰り広げられるところを見た。これらのビームは核融合炉チャンバーへ入るときに結晶によって紫外レーザー光に変換され、ホーラム（ドイツ語で「空っぽの部屋」を意味する Hohlraum に由来）と呼ばれる金製の小さな箱の両端にある二つの小さな穴に集束される。ビームはホーラムの内壁の点にぶつかって、高エネルギーのＸ線を生成する。このＸ線が核融合燃料の小さなカプセルに当たると、カプセルの外層が膨張してロケット効果が起こり、それによって燃料カプセルの残りの部分が急速に収縮する。この爆縮によって核融合燃料が圧縮され、半径が人間の毛髪の太さほどの球体となる。タイミング、レーザーパルス、ホーラム、カプセルがうまくかみ合うと、燃料は核融合にぴったりな温度と密度をもつプラズマになる。プラズマの中心から核融合反応が放射状の波のように広がり、残りの燃料を飲み込む。

極端な物理学的事象が次々に起きて、目をみはるようなフィナーレに至る。莫大な慣性エネルギーが注入され、核融合燃料が爆縮して一瞬だけ栄光の輝きを放つ。NIFでは、このプロセスはレーザービームで開始される。これはレーザーが担うのにうってつけの役回りだ。というのは、レーザーは核融合へのこのアプローチが始まった経緯において、重大な役割を占めているからだ。

途方もない光

慣性閉じ込め核融合は、一九五二年にエドワード・テラーと共同研究者らが最初の水素爆弾を実証してからまもなく始まった。ワシントンの政治家たちがテラーに接触し、この聡明だが物議を醸す物理学者に新たな難題を持ち込んだ。「一つやり遂げたとたん、あらゆる政治家、あらゆる役人が押し寄せて『次は制御核融合の問題を解決しろ』と言ってきた」とテラーは語っている。[3]

テラーは、トカマク以前の時代に提案されていた磁場閉じ込め核融合のスキームには疑念を抱いていた。一九五四年、彼はある講演で、それまでに試みられた磁場閉じ込めスキームはいずれも、閉じ込めを破綻させるプラズマ不安定性という暴走プロセスをきわめて起こしやすいと破滅的な発言をした。彼には別の考えがあった。磁場閉じ込め核融合条件のプラズマは、太陽の周囲を薄い層状に取り囲むコロナのようなものだ。コロナは日食時に可視となる。物理学者はまだこれをきちんと理解できていないが、テラーはすでに当時、同じようなプラズマを扱うのはとてつもなく難しいだろうと察していた。というのは、粒子間で熱が移動したり、光がエネルギーを運び去ったり、磁場がさまざまな点で複雑な不安定性をもたらすなど、あまりにも多くのことが起きているからだ。[4]

一方、密度がはるかに高い太陽の内部はもっとモデル化しやすいとテラーは考えた。そこのプラズマは純度が非常に高い。ヘリウムや水素から電子がすべて剝ぎ取られており、プラズマは光を通さないほど高密度となっている。このプラズマは、太陽のコロナよりも水素爆弾で生じるものにはるかに近い。水素爆弾については、テラーは誰よりも熟知している。そんなわけで、テラーにはアイデアがあった。

一九五七年、ジョン・ナックルズという若い科学者が、エドワード・テラーのアイデアを現実のものにする仕事に就いた。ナックルズに下された命令は、常軌を逸していた。山をくり抜いてそこに水素爆弾を投下したら発電できるか調べよというのだ。さほど常軌を逸していなかったのは、水素爆弾ではすでに莫大な正味のエネルギー利得を達成できることが確かめられていたことだった。しかし（当然ながら）水素爆弾を次々に爆発させることには問題がある。山はやがて崩れて放射性のがれきになるだろうし、大量の核兵器を使うのは核拡散のリスクがきわめて高い。

ナックルズは、代わりに設計から水素爆弾を完全に除くことを考えていた。これにより核分裂反応が排除でき、それに伴って放射能の大半と核拡散リスクも排除できた。大爆発を何回か起こすのではなく、一回に使用する燃料がわずか一〇ミリグラムという小規模な核融合による爆縮を何度も起こすつもりだった。エネルギー収量が小さいほうが、扱いも容易になるはずだ。ナックルズは、手に負えない「バン！」を制御可能な「ポン」に替えることを考えていた。大量のエネルギーを一度に放出するのではなく、燃料カプセルを次々に破裂させてガソリンエンジンのように作動させるつもりだった。

これはよいアイデアだったが、核融合を起こせるまで燃料の小さな塊を圧縮し加熱する方法がなければ実行できない。しかし核分裂で起爆させ*ない*限り、大小を問わず核融合爆縮を起こせた者はいなかった。

「ドライバー〔エネルギーをターゲットに注入する部分〕のサイズは数キロメートル規模かもしれないが、空間的および時間的にエネルギーを凝縮させて、一センチメートル以下の小規模の放射爆縮を起こすためのエネルギーを供給しなくてはならない」とナックルズは記した。「発電のためには、ドライバーの集束機構は核融合爆発から安全な距離を隔てる必要がある。ドライバーは発電所の寿命である三〇年のあいだに、小規模な爆発を何十億回も点火しなくてはならない」

ナックルズはカプセル内で核融合を誘起するさまざまな仕組みを考えた。プラズマのジェットをカプセルに向けて発射する方法、超高速のペレット銃でカプセルを粉砕する方法、荷電粒子でカプセルを爆撃する方法、爆発する金属箔をぶつける方法などがあった。しかし、ぴったりな方法は見つからなかった。リヴァモアの兵器設計者は失望し、ナックルズが小型核融合カプセルについて書き残した大量の機密メモを「ナックルズの三文小説」と呼んだ。[5]

一九六〇年には、セオドア・メイマンという科学者が最初のレーザーを作ったと発表した。レーザーは、インターネットで使われる光通信、眼科手術、バーコードスキャナー、レーザークリーニング、ＤＶＤやＣＤの再生、産業用の金属切削などで幅広く利用される。レーザーはいたるところに存在するが、レーザーがレーザー光を発するとき、そこでは驚くべき物理学的事象が起きている。太陽光から読書灯に至るまで、われわれが目にする光はたいてい多数のさまざまな電磁波でできている。光波の山の間隔によって、光の色が決まる。純粋な太陽光にはさまざまな色が含まれるのに対し、芝生で反射した太陽光は緑色光が優勢になる。しかし光がたとえば赤色灯のように一色の波長で出現する場合でも、その光の波の山と谷は完全に同期するわけではない。これに対し、レーザー光は波形と波長が均一で、そのため色も一貫しているのに加えて、波が互いに同期しているという点で特別な光だ。着色光とレーザー光の違いとは、同じ歩幅でばらばらに歩く群衆と、調子を合わせて行進する軍隊との違いにたとえられる。[6]

レーザー光は波が同期しているので、わずかな光でも遠くまで届く。最先端で高効率のＬＥＤライトの場合、五ワットの電力で作動し、その光を見つめても大した害は起きない。これに対してレーザーは、わずか〇・〇一ワットの消費電力でも、その光を直接見たら網膜に重大な損傷が生じるおそれがある。レーザービームをのぞき込んだら絶対に無事では済まない。レーザーのすごい点は、レンズを使えば同期した大量の光エネルギーを小さな点に詰め込めるところだ。時間と空間の両方でエネルギーを集束できる。メイマンが初めてレーザーの実証をしたとき、それは問題を探求する典型的な技術的解決策だった。ジョン・ナックルズには、その問題だけがあった。

ナックルズは、レーザーを使えば十分なエネルギーを核融合のターゲットに注入できることに気づいた。その発見からわずか一年ほどで、ナックルズはリヴァモアの所長に宛てて熱のこもったメモを書いて、レーザーで稼働させる「熱核機関」、すなわち「循環式内燃機関の核融合版」に関する自らの考えを説明した。[7]

それから五〇年以上が過ぎ、レーザーを使って恒星のミニチュアを生み出すというナックルズのアイデアが国立点火施設の設立につながった。スタービルダーが慣性閉じ込め核融合を行なっている方法はこれだけではないが、正味のエネルギー利得の達成に最も近づいているのはこれだ。

ナックルズのアイデアがどれほど現実化されているかについてもっと知ろうと、私はＮＩＦを構成する三万個ほどのレンズ、ミラー、結晶、レーザーガラスを良好な整備状態に保つための建物である光学施設へ向かう。レーザーを経て核融合燃料にエネルギーを送り込むのに、これらの部品は重要な役割を担う。

案内役を務める運用管理者のブルーノ・ヴァン・ウォンターヘム博士が先に立ち、エドワード・テラーがローレンス・リヴァモアの構内でゴルフカートを乗り回していたあたりを指し示す。静かな道路でテラーがカートを巧みに走らせて、ハンガリー訛りの英語で同僚たちに声をかけているようすが私の頭に浮かぶ。彼は生涯の大部分をアメリカで過ごしたにもかかわらず、いつまでもハンガリー訛りが残っていた。

私たちは施設に着き、科学のポスターがいっぱいに貼られた廊下でタヤブ・スラトワラ博士に会う。ポスターには実験の詳細な図解が描かれ、緑、深紅色、紫の鮮やかなレーザーの色が飛び散っている。タヤブは、光とガラス、そしてそれらの相互作用を扱う学問である光学のプログラムディレクターを務めている。このＮＩＦでその肩書が意味するのは、光エネルギーを操る巨大なレーザーの部品を確実に作動し続けさせる責任を負っているのが彼だということだ。タヤブはＮＩＦの光学系の運転を統括するだけでなく、一〇〇本以上の科学論文を執筆し、特許六件を申請し、書籍一冊を執筆する時間も捻出してきた。すべて光学に関するものだ。

ＮＩＦは、レーザーの通り道に直接設置されている九〇〇〇個ほどのデリケートな光学装置の損傷閾値を超える温度で持続的に稼働する唯一のレーザー装置なのです、とタヤブは当然ながら誇らしげに言う。つまり、ＮＩＦのレーザーは非常に大きなエネルギーを扱うので、発射するたびにＮＩＦ自体の光学装置が損傷してしまうのだ。

技術的に世界で最も高度な光学装置に、欠損、破断、亀裂などの損傷が頻繁に起きる。きわめて特殊な装置なので、交換品を製造させたり輸入したりするのにまる一年かかることもある。ただ待っていたら、ＮＩＦの科学者は貴重な実験時間をロスすることになる。だからタヤブと同僚たちは別のアプローチを編み出している。もっとすぐれた光学装置を発明し（言うだけなら簡単だ）、損傷を完全に防ぐのではなく、レーザーの運転にはつきものの事柄として損傷を計画に取り込むのだ。

タヤブによれば、ＮＩＦが設計された一九九七年に利用できた光学装置の品質でＮＩＦが一回発射すると、光学装置一つにつき損傷が五万カ所ほど生じたと考えられる。ガラスに一億分の一メートルという微小な傷がついていることが原因だったりした。もっと完璧に磨き上げた光学装置を発明することにより、NIFのスタッフは光学装置一つあたりの損傷を五〇カ所まで激減させた。損傷を見つけると、驚くべきやり方で修復する。そのやり方をスラトワラは私に見せてくれる。機械学習で働くロボットが分厚いガラス板を受け持ち、破断がないかスキャンし、鋭いくぼみが見つかれば小型だが強力なレーザーを使ってそこをなだらかな谷間のようにならし、光学装置が適切に機能できるようにする。私はこの工程を驚愕しながら見守る。

ビームがチャンバーに入ったあとも、光学装置へのリスクは続く。「世界で二番目に高エネルギーのレーザーは、NIFで生じる散乱光なのです」とタヤブが言う。レーザー光が完璧にビームラインに沿って進まないと、別の場所で破壊を引き起こす。光が狙いどおりの場所に当たっても、狙いどおりに作用するとは限らない。

光とプラズマのふるまいは、おおむね電磁力で決まる。両者は互いに作用し合うことがあり、しばしばその相互作用は意図せず役に立たない形で生じる。プラズマとレーザービームで生じる例を少し挙げるなら、ビーム間のエネルギー転移（プラズマが一本のレーザービームからエネルギーを奪い取って別のレーザービームにそれを与える）、自己集束（プラズマがレンズのように作用する）、フィラメント化（プラズマがなめらかなビームをスパゲッティのようなひも状にする）、誘導ブリルアン散乱（プラズマが鏡のように作用する）、高速電子加熱、そしてさまざまなレーザーによる不安定性などがある。

ナックルズの時代でさえ、リヴァモアで働く設計者たちは、レーザーを核融合カプセルに直接照射すればこれらの相互作用のすべてによって爆縮が複雑になるリスクがあり、難しいプラズマ物理学の領域へすぐさま立ち返らざるを得なくなることを理解していた。ナックルズの最初のスキームについての発表を聞いたテラーは、「ちょっと待て！　レーザー核融合に本物のプラズマ物理学がかかわると言いたいのか?」と言ったらしい。これに対して発表者は「はい、そのとおりです」と答えた。するとテラーはいささか落胆したようすで「いや……うまくいくはずがない」と応じた。[8]

今日でも依然として、「本物」のプラズマ物理学はレーザーを使った慣性核融合エネルギーに難題を突き付けている。しかし問題の一部は、媒介物を使ってレーザーのエネルギーを吸収することで回避できる。そのためにリヴァモアの科学者は、ホーラムと呼ばれる金製の箱を作り、両端の二つの穴からレーザーを中へ照射させている。レーザーがホーラムの表面にぶつかったときに発生するX線は、レーザービーム自体よりもなめらかで、プラズマの不安定性を引き起こす可能性が低く、カプセルが圧縮されて高密度になる前に加熱されるリスクを下げる。レーザー光をターゲットに直接照射する方式と区別するために、この方式は間接駆動と呼ばれ、ＮＩＦではこれを採用している。

スタービルダーは直接駆動レーザー核融合を完全にあきらめたわけではない（フランスにはＮＩＦの小型版と呼べるものがあり、ここではまだ直接駆動方式を追求している）。しかしひどく限られた閉じ込め時間の中で核融合を働かせるには、間接駆動方式のほうがはるかにうまくいっている。[9]

正味のエネルギー利得を狙う

X線がカプセルに到達するときでさえ、ＮＩＦの爆縮が起きている一億分の一秒間を成功へ導くために、想像をはるかに超えてさまざまなことが起きている。

そんなわけで、ＮＩＦを訪れている私が次に立ち寄るのは、ターゲット製造ラボだ。このタイプの核融合で、ターゲットがどんな役割を果たすのか知りたい。案内役を務めてくれるのは、ベッキー・バトリンとマイケル・ステイダーマン博士だ。ベッキーは小学校六年生のとき、担任の先生が毎週算数のパズルを出してくれたことから科学の虜になったが、すぐに自分がその知識を使って物理的な実体のあるものを作るのが好きだと気づいたそうだ。ティーンエイジャーになると、自宅のガレージに作業台まで作った。もの作りで科学に携わりたいという気持ちから、NIFでターゲットの製造にかかわるキャリアにたどり着いた。ベッキーとマイケルは、まるで世界で何よりも重大なテーマであるかのようにターゲットの製造について話す。彼らの熱意は人に伝染する。そして彼らの言うことには一理ある。マイケルによれば、ターゲット（そしてレーザーパルスも、と彼は余談として言う）こそが実験だ。彼の言うとおりだ。NIFは巨大な建屋の中に設置されているが、さまざまな実験で得られる最も重要なパラメーターは、レーザーパルスとターゲットなのだ。私の案内役は間違いなく私の心をとらえた。ターゲットの製造は確かに、正味のエネルギー利得を達成する装置全体の要となりそうだ。だからもっと教えてほしい、と私は言う。「そうですね、クリーンルームを見てみますか？」とベッキーが言う。

もちろんだ。私たちは更衣エリアに入る。着用すべきものがたくさんある。滅菌された全身スーツ、滅菌された靴カバー、滅菌された手袋、フード、ノーズピンチつきのマスクを身につける。ベッキーとマイケルはほんの数秒で準備を終えるが、私はまだラテックス製の手袋をはめた片手で反対の手に手袋をはめようとしているところだ。二人がこちらに来て手伝ってくれる。クリーンルーム用の装備はお世辞にも快適とは言えない。すべてを装着すると、肌の露出はほとんどなくなる。私はいささか緊張しているが、それは何の助けにもならない。正直に言うと、私は心の底では応用数学者で、いつも実験室での作業を避けようとしてきた。ペンと紙やコンピューターを使うほうが性に合っている。ラボの品々は誤差一ミリメートル未満の精度を守っていることを思うと、腕を派手に動かしただけでも何十万ドルという損害を引き起こす危険性をひしひしと感じる。ラボの作業は面倒できつく、聖人並みの忍耐力が求められる。報いと言えば、太陽系で最も極限的な条件について探索する助けとなる、実体のある何かを作り出すことによる満足感くらいだ。ある土曜日、装置の製作に一日を費やしたラザフォードは、同僚に向かってこう叫んだ。「作業できるラボのない人たちは本当にかわいそうだな！」

外界の断片を最後の一つまで取り去る粘着マットの敷かれた場所を通って、ターゲット製造ラボに入る。中では科学者が何列かに並んで器具を使い、NIFのターゲットで使われる小さなパーツを細かく操作している。フィルターごしの空調の静かな運転音が絶えず聞こえる。どこかから粒子がやって来てターゲットに付着したら、球状の燃料の厳密な均質性が損なわれるおそれがあるので、直径が一メートルの一〇〇万分の五より大きいほこりの粒子は空気中から除去する必要がある。ここは奇妙なオフィスのような空間で、私が今までに足を踏み入れたどのオフィスよりも間違いなく清潔だ。

ターゲットはふつう一個一〇万ドル以上するとマイケルが言う。外側の箱、すなわちホーラムは金でできていて、球体の外層はダイヤモンドでできている。どちらも地球でとりわけ高価な物質だ。しかしターゲット一つあたりの使用量はごくわずかなので、材料費に占める金額はほんの数ドルにすぎない。ホーラムは長さがわずか一センチメートルで、壁の厚みは一メートルの一〇万分の三だ。これほど小さなサイズを相手にするとなると、資材を調達するのがなかなか厄介だ。あるとき、ラボのスタッフが部品を洗浄するのに特殊な洗剤二〇グラムを買う必要が生じた。ところがその洗剤は、二〇〇リットル入りのドラム缶でしか販売されていなかった。

ターゲットに関する最大のコストは人間の労力だ。というのは、一つ作るのに何百時間も根を詰めて作業する必要があるからだ。大量生産すればコストは大幅に下がるだろうが、今のところは個々の実験に合わせたオーダーメイドとなっている。NIFは年間に四〇〇ショットしか実験しないので、一回一回が重要で、可能な限りたくさんの疑問に答えられるよう巧妙に設計されている。「ターゲットがなければ、ＮＩＦに科学は存在しないのです」とマイケルが言う。

彼によれば、ターゲットに軽微な変更を加えるだけでも——特にホーラムの中に置くカプセルに変更を加える場合には——実験が全面的に変更される可能性がある。私の目の前に、直径二ミリメートルの球体がいくつかある。肉眼では見えないが、核融合反応を点火する際におのおのの目的を果たせるように、精密に加工された三つの層がロシアのマトリョーシカ人形のように重なっている。

無駄に複雑なようにも感じられる。単純に重水素と三重水素の球体一つにしたほうが簡単なのではないかと疑問を抱く人もいるだろう。リヴァモアのスタービルダーたちは早い段階で、そのようなターゲットの設計ではひどく効率が悪いということに気づいた。核融合を起こすには、Ｘ線で全体を適切な温度と密度まで上げる必要がある。そのためには、大量のエネルギーを先に投入しなくてはならない。すべての薪(まき)が燃え上がるまで温度を上げることによって炎をおこすのと似ている。重水素と三重水素からなる単純な小球体一つを使うと、投入したエネルギーの二〇倍というエネルギー放出の限界がおのずと生じる。商用核融合では三〇倍から一〇〇倍のエネルギー利得が求められるので、このやり方では不十分なのだ。

代わりに、カプセルの中心で核融合反応のマッチに点火し、反応が外側へ広がっていくようにする。この設計なら入力エネルギーがはるかに少しで済むが、カプセルの層を巧妙に設計する必要がある。外層は、厚さがわずか一メートルの一〇万分の三というダイヤモンドの薄膜だ。これがロケット燃料のように作用してカプセルを崩壊させ、密度を上げる。次に重水素と三重水素からなる厚さ一〇万分の一六メートルの硬い氷の層がある。この層は核融合の炎に対して大きく重たい薪のような働きをし、カプセルの重量の大半を占める。中心にあってカプセルの体積の大部分を占めているのは、重水素と三重水素のガスだ。固体の重水素および三重水素の層とこのガスのコアが隣接して共存するには、きわめて特殊な条件が必要となる。特定の圧力と温度において、物質はたいてい固体か液体か気体かプラズマのいずれか一つの状態で存在する。この尋常でない多状態構造を維持するために、スタービルダーはX線が到達するまで絶対零度よりわずか一九度高い温度（摂氏マイナス二五四度）を維持する必要がある。この最終層のガスが核融合の発火場所となり、ここで最初のスパークが起きる[10]。

崩壊したカプセルのコアで高温のプラズマが形成され、そこで反応が始まることから、高利得の可能性を秘めたこの方法はホットスポット点火と呼ばれる。これはレーザー核融合として群を抜いて大きな成功を収めている。

ホットスポット点火は原理的にすばらしいアイデアだが、実行するのはとてつもなく難しい。高密度のプラズマの球体の中心で、完璧な球形を乱すことなく、燃料にマッチで火をつけろと言うのに等しい。

スタービルダーたちのすばらしいイノベーションは、レーザーパルスの形状を利用してホットスポットに点火することだ。ＮＩＦの科学者は、時間をかけてレーザーによって届けられるエネルギーに一連のピークを導入し、間接的に一連の衝撃波をカプセル内に放つ。タイミングを入念に計ることにより、この衝撃波が燃料の中心で密度を劇的に上げるとともに必要な高温を生み出す。

衝撃波は日常生活の中でさほど頻繁に起きるものではないが、探してみるといたるところで見つかる。物理学で私のお気に入りの現象の一つでもある。これは低密度から高密度へ、あるいは低温から高温への、突然のジャンプととらえることができる。感情の突然の変化を「ショック」と呼ぶが、物理学における衝撃波（ショック）と同じ言葉を使うのは偶然ではない。物理学では、媒質を通って何かが媒質自体の波の進む速度よりも高速で進むと、必ず衝撃波が発生する。高速で進む船は、前方の水に弧状衝撃波を生じさせることがある。地球の大気圏に再突入するスペースシャトルは、空気をプラズマに変えられるほど高温となった船首の周囲に衝撃波を生じさせる。超音速ジェット機は、音波よりも高速で飛行するときに衝撃波を発生させる。その音を「ゴー」という大きな爆音として実際に聞くことができる。雷鳴も稲妻が空気をプラズマに変えることで生じる衝撃波だ。爆発が起きたときにも衝撃波が生じることがある。

衝撃波が一度起きただけでは、核融合燃料の密度と温度はそれなりにしか上がらない。正味のエネルギー利得を実現するのに必要な三万倍の密度に達するには、明らかに足りない。そこで目指す状態に燃料を到達させるため、レーザーパルス整形を用いて衝撃波を三回（かそれ以上）連射する。衝撃波のエネルギーをだんだん大きくしていき、あとから発射される衝撃波のほうが速く進むように巧妙に操作する。ここで目指すのは、カプセルの燃料の中に入ったときに初めてそれらの衝撃波の効果が合わさるようにすることだ。この合体した莫大な衝撃により、氷のように冷たい燃料が圧縮されて太陽コアの一〇倍の密度となり、航空母艦を一ペニー硬貨の上に載せた場合よりも高い圧力が生じる。カプセルはもとの半径の三〇分の一に圧縮される。すべてが計画どおりに進めば、燃料は核融合反応を起こす。[11]

恒星を見る

トランプで作った家のようにデリケートなこの装置をきちんと機能させるには、レーザーからホーラム、カプセル、オペレーター、さらにはコンピューターコードに至るまで、すべてを完璧に協調させる必要がある。「比較的小さなことでも、大きな違いを生むことがあります」と、求められる厳しい精度について話していたとき、マーク・ハーマンが私に言った。レーザーパルスの開始時のエネルギーにほんの数パーセントの誤差があると、核融合に必要な条件が五〇パーセントも損なわれてしまう可能性がある。[12]

今までのところ、ＮＩＦは正味のエネルギー利得を達成できていない。レーザービームに込めたダイナマイト一・八本に相当するエネルギーから三パーセントの核融合エネルギー収量に達した実験が、最高の成果だ。条件がうまく整った場合には、核融合エネルギーが不意に増大する可能性がある。このことから考えて、ＮＩＦはパーセンテージのみで示される差よりもはるかにＪＥＴに近づいており、ここの科学者は恒星を作るレースで先頭を走っている。ＮＩＦは慣性閉じ込め核融合では抜きんでていて、ここのスタービルダーのなかには、すでに稼働していて正味のエネルギー利得を達成する可能性のある装置をもっているのはＮＩＦだけだと言う者もいる。その気概は、施設の名称に「点火」という言葉が含まれている点にも表れている。

ＮＩＦがＪＥＴを追い越すのを阻む要因についてもっと知るために、私はブルーノとともにＮＩＦの本館へ戻る。核融合炉の中心にある、地下墓地のようなエリアに向かう。コンクリートと金属でできたシェルが同心円状に重なり、ＮＩＦで最重要の役割を果たす部分が格納されている。アルミニウムでできた球形のターゲットチャンバーと分厚いコンクリート製のドームに挟まれた隙間に、さまざまな高さに金属製の骨組みが配置されているのが見える。これを使ってターゲットチャンバーにアクセスできる。チャンバーには、四方八方から延びる管やケーブルが整然とつながっている。

ブルーノは、科学者が恒星の内部を見るのに使う装置を指さす。レーザービームの導入にかかわっていない管、箱、ワイヤはいずれも各ショットの際に起きたことを（しばしば間接的に）分析するための診断装置の一部だ。医師が症状を調べて病気を診断するのと同じように、ＮＩＦの科学者は爆縮のたびにデータを集めて、成功したことや失敗したことを診断する。

ここでは二五〇人のスタッフが診断だけに携わっている。チャンバー内を監視するカメラや、核融合プラズマを調べる高速レーザーパルス、中性子検出器、分光器、爆縮中の状況について直接得た情報を示すように修正された「診断」用ターゲットの設計などを扱っている。

スタッフの一人が、Ｘ線画像診断の専門家で物理学グループリーダーのルイーザ・ピックワース博士だ。私はビジターセンターで彼女との面会を予約しておいた。

ルイーザについては、私がインペリアル・カレッジ・ロンドンにいたころの強烈な記憶がある。彼女は物理学科の中心部で地下に設置されたＭＡＧＰＩＥという二階建てのプラズマ装置を扱って何時間も過ごしていた。ＭＡＧＰＩＥは、垂直方向に張られた細い金属線に大量の電流を流すＺピンチ装置だ。電流が金属線を破壊してプラズマにするとともに、強力な磁場を生成する。電流と磁場が合わさることによりプラズマが圧縮されて、垂直方向に伸びる高密度の円柱になる。「Ｚ」というのは、物理学では垂直方向をしばしばＺ方向と呼ぶからだ。

ＭＡＧＰＩＥは、さまざまな興味深い科学実験に利用できる。たとえば恒星が形成されるときに放たれるプラズマの超音速ジェットを、ミニチュア版として再現できる。[13] ルイーザは、これらの実験を精査するのに十分な感度をもつ新しい診断方法の研究をした。ＭＡＧＰＩＥを使って油、金属、電気を科学的な発見に変えるには、ターゲットの作製と装置の修理をする手先の器用さと、そこで起きていることを理解するための数学的厳格さが必要だった。今、ルイーザはそのときと同じ才能をＮＩＦで発揮しているが、装置の規模は著しく違っている。

「私たちはまだ核融合のスキームを実行できていません。私たちがするべき最も大事なことの一つは、その理由を明らかにすることです」と、ルイーザはコーヒーを飲みながら語る。「どうやって実験を計画するか、そしてその実験で何がわかるかを教えてくれるモデルやコンピューターコードはたくさんあります。でも私たちがその実験をすることで、自然は真の答えを教えてくれるのです。診断者の仕事は、自然が教えてくれていることに耳を傾けることなのです」

ルイーザが初めて核融合に関心を抱いたのは、ＪＥＴで職業体験に参加した一六歳の夏だった。最初から診断の仕事に就き、ＪＥＴの磁場閉じ込め核融合プラズマを観察する赤外線カメラの開発に携わった。「大きくて高価な核融合施設で物理学者として働いたのが、物理学に関する最初の経験となりました。そしてすぐに、ある程度まで恋に落ちました」

ルイーザは装置だけでなく国際的な環境（ＪＥＴとＮＩＦにはそれがある）も気に入り、驚くべきことを実現するためにたくさんの人をとりまとめる仕事の複雑ささえ楽しんだ。しかし何よりも気に入ったのは、極限条件で何が起きているかを理解しようとすることだった。

「これは相当に厳しい環境です」と、ルイーザは爆縮時のカプセルの小ささについて語る。「球体というのはイメージ化しにくい手ごわい形状で、とても多様な放射を発するのです」

診断者は、核融合プラズマから放たれるあらゆる種類の光放射を調べる。このなかには、カプセルの外縁から発せられる光や、高エネルギーのガンマ線なども含まれるが、ルイーザが専門としているのはＸ線だ。放出されるＸ線のパターンから、彼女はチームとともに、爆縮が進行した過程を明らかにするために時間をさかのぼる。

「診断するうえで難しい点の一つは、出てくる情報をとらえて、それを役立つものに変えることなのです」と彼女は言う。

ルイーザと同僚たちは数々の困難にぶつかっている。そうした困難の一つとして、実際の核融合ショットに関する診断は間接的にしかできず、ターゲットに介入することはいっさいできないという点がある。だから遠隔で働くセンサーに大きく頼ることになる。といっても、装置が必ずしも高度なわけではない。よく使われている装置の一つはピンホールカメラだ。これは古代ギリシャで最初に生まれたとされる。「ピンホールという名前のとおり、材料に穴が一つあいていて、その奥にフィルムと似ていなくもない検出器が置かれています」とルイーザが説明する。「爆縮したプラズマがどのくらい丸いか、どのくらい小さくなったか、どんな種類のX線が生じたのかがわかる場合があります」

X線が生じるのは、カプセルのコアにある電子が別の荷電粒子とぶつかるたびに絶えず加速や減速をするからだ。荷電粒子が急速に方向転換をすると、電磁波が生じる。今の例ではX線が生じる。高速のモーターボートが急カーブを切ったときに、水が大きく波打つのとよく似ている。電子がうなりを上げてカーブを曲がるときにこれが起きるので、この放射はドイツ語で「ブレーキをかける」を意味するbremsenと「放射」を意味するStrahlungを合わせて「ブレムスシュトラールング（制動放射）」と呼ばれる。骨折したことのある人ならおそらくご存じのとおり、X線はふつうの光が透過できない物質でも透過できる。NIFで生成されるプラズマは可視光を通さないが、制動放射のX線はこのプラズマを透過できる。これはジョン・ローソンが正味のエネルギー利得に関する自身の方程式に加えた、エネルギーが核融合プラズマから脱出する経路の一つである。ルイーザのような科学者は、脱出するX線を実験における「窓」として利用することができる。

ルイーザの検出作業では、完璧な爆縮を台無しにするおそれのある不安定性を見つけ出す。磁場閉じ込め核融合と同様、慣性閉じ込め核融合もプラズマの不安定性に悩まされる。この不安定性は、NIFがエネルギー収量で三パーセントを超えるのを阻んでいる大きな理由の一つだ。「ナックルズは、キロジュールレーザーを使えばよいと考えました」と、NIFのジェフ・ウィソフが私に明かした。「しかし現実の要素を考慮してみると、母なる自然は事を簡単にはしてくれませんでした。自然は実際の不安定性をはるかに手ごわいものにしたのです」

慣性閉じ込め核融合のスタービルダーにとって、最もよく起きて最も恐るべき不安定性は、レイリー＝テイラーの不安定性だ。これは二つの物質のうち密度の低い物質が密度の高い物質を押すことで生じ、関与する二つの物質が混ざり合うという効果が起きる。ブラックコーヒーとミルクが一度混ざり合ったら、両者を再び分離させることはできない。これは別にどうということもない話のように聞こえるかもしれないが、じつは慣性核融合装置において最大の問題かもしれない。なぜなら、核融合燃料の中心で高温のコアの形成と確立が妨げられてしまうからだ。ＮＩＦでこれが起きると、精密に配置されたカプセルの各層が引き裂かれてしまう。[14]

最近、私はイギリスのピークディストリクトにある母校を訪れ、水の入ったグラスとラミネート加工した紙を使って、独自のレイリー＝テイラーの実験をやった。グラスの縁まで水をいっぱいに注ぎ、その上に紙を載せてから、グラスを上下さかさまにひっくり返す。家で試してみてほしい。ものすごく慎重にやれば、紙を外しても水がいっぱいに入ったままグラスをさかさまにしておくことができる。

不安定性は、パンデミックが一人の感染者から始まるように、小さな種が一つあれば指数関数的な成長を始めることが可能だ。境界面が完全に保たれれば、水と空気は絶妙に不安定なバランスを保つことができる。教室中で水の入った二〇個あまりのグラスが危なげにバランスを保っているなかで、私は生徒たちに、指かペン先で水をほんの軽く突いてみるように指示した。するとほぼ瞬時に不安定性が増大し、どの机でも水が重力に負けた。あとで教室をモップで掃除する羽目になったが、生徒たちは不安定性について大事なことを学んだ。

制動放射によって最悪のエネルギー脱出が生じるのも、このレイリー＝テイラーの不安定性が原因だ。「ホーラムから薄片が剝がれ落ちてカプセル内に入ることもあります」と、最近の変更について話していた際にマーク・ハーマンが私に言った。これが起きると、レイリー＝テイラーの不安定性により細長い指状のジェットが生じ、これがカプセルのすべての層を高温の燃料の中心部へ深く押し込む。これには、ダイヤモンド状炭素からなる外層も含まれる。この層は、水素の三六倍の効率で制動放射を行なう。中心部に入った炭素は、燃料を激しく冷却する。「X線の〝流星〟が生じるのが見えますよ」とハーマンがさらに言った。ルイーザ・ピックワースのチームは、金とダイヤモンド状炭素でできたホーラムの破片を追跡する任務を負っている。破片が存在するべきでない場所にたどり着く過程とその理由を確かめるためだ。レイリー＝テイラーの不安定性は最も深刻だが、ほかにも完璧な慣性閉じ込め実験が失敗するパターンは何十もある。

こうしたじつに手ごわい科学の難題を考えると、慣性閉じ込め核融合のスタービルダーたちがなぜ挑戦を続けてきたのかと疑問に思われるかもしれない。彼らは磁場閉じ込め核融合のスタービルダーと同じく、ローソンの方程式から考えて正味のエネルギー利得が原理的に可能だと知っているのだ。しかし慣性閉じ込め核融合を追求するスタービルダーには、磁場閉じ込め核融合のスタービルダーにはない、とっておきの切り札がもう一つある。慣性閉じ込め核融合は理論上だけでなく実際に正味のエネルギー利得を達成できるというエビデンスがあるのだ。ただし問題が一つある。そのエビデンスは最高機密とされているのだ。

一九七〇年代の終盤から一九八〇年代にかけて、核爆発物を使ったハライトとセンチュリオンと呼ばれる一連の機密実験が地下で実施された。ハライトはリヴァモア国立研究所が、そしてセンチュリオンはロスアラモス国立研究所が行なった。これらの実験については、核兵器プログラムの一環として行なわれたので一部しか機密解除されておらず、あまり知られていない。憶測の域を出ないが、慣性閉じ込め爆縮の間接駆動が用いられたと考えられる。このときドライバーとして用いられたのはレーザーで間接的に生成されたX線ではなく、従来型の核兵器の発する大量のX線だった。しかし、あたかもレーザー核融合実験であるかのように、このX線がプロセス全体で使われた。これをやったのは、アメリカだけではなかった。イギリスも一九八二年にハライト＝センチュリオン実験と同様の実験を独自に行ない、アメリカとまったく同じ結果に至った。このイギリスの実験については、アメリカの実験よりもさらに公にされていないが、アメリカの実験と同じ結果が出たということ、そして設計者二名のうちの一人が私の博士課程の指導教授で今はオックスフォード大学にいるスティーヴ・ローズ教授だということは判明している。

こうした機密の慣性核融合実験についてわかっているのは、慣性閉じ込め核融合が「高い利得の達成に関する基本的な実現可能性に対する根本的な疑念を払拭するすばらしい成績」を示したということだ。入力エネルギーに対して出力エネルギーが少なくとも一〇倍という高い利得は、核融合発電所で求められる基本要件だ。慣性核融合は、実験では機能することが示されている。ただし、NIFで現在使われているレーザーで供給できる量をはるかに上回る、莫大なエネルギーの入力を必要とする。明らかになっていないのは、正味のエネルギー利得を達成するには、レーザーのエネルギーはこれらの実験で示された上限にどこまで近づけばよいかということだ。NIFはまさにこの問いに答えようとしている。[15]

レーザーを用いた慣性閉じ込め核融合と、ロシア型トカマクを用いた磁場閉じ込め核融合は、どちらも一九六〇年代から行なわれている。最初に原子を分裂させた初期のスタービルダーのジョン・コッククロフトは、五〇年ほどで核融合発電所が実現するかもしれないと考えていた。一九五八年のことだった。ジョン・ローソンの理論から、地上で生み出される恒星のパワーが理論上は機能できることがわかっている。磁場閉じ込め核融合装置の最先端であるJETは、それに近づいている。慣性スタービルダーは、すでに秘密の実験で自分たちのやり方が原理上は機能することを示したと思っている。しかし装置が大型化して性能も向上しているにもかかわらず、これらの大規模な研究所で働いているスタービルダーは、まだ正味のエネルギー利得を達成できていない。そろそろ別のアプローチを試すべきだろうか。

第7章　新たなスタービルダー

「アイデアだけではほとんど価値はない。イノベーションの意義は、実用的な実装にある」
――ジーメンス・ウント・ハルスケ共同創業者　ヴェルナー・フォン・ジーメンス[1]

たいていのスタービルダーは、インスピレーションを求めて空を見上げている。しかしファースト・ライト・フュージョンのＣＥＯ兼ＣＴＯのニック・ホーカー博士は違う。別の考え方をして、空ではなく海中に目を向けている。

広く知られているとおり、ホーカーを核融合への道に誘ったのは、海中で最もうるさい生き物、テッポウエビだ。体長はわずか数センチメートルだが、群れになるとクジラほど大きな動物さえ大音量で圧倒してしまう。あまりにもうるさいので、第二次世界大戦中にアメリカの潜水艦はテッポウエビの大きな群れの中に潜んで日本軍のソナーによる探知を逃れることができたほどだ。テッポウエビの音ははさみから生じる。遠くでこの音を聞いた船乗りは、この音が火口の爆ぜる音に似ていると言う。近くに行くと、この生き物ははるかに危険だ。少なくとも他の水中の生き物にとっては危険きわまりない。

テッポウエビにははさみが二つあり、そのうち音を出すほうは体の半分ほどの大きさだ。テッポウエビの発するパチパチという大きな音は、この大きなはさみを急に閉じたときにははさみ自体から生じるとかつて科学者は考えていたが、じつは音の発生源はこのときに発生する気泡である。気泡が爆縮して崩壊すると衝撃波が起き、これが「パチッ」という音として聞こえる。テッポウエビはこの衝撃波の圧力を使って獲物を気絶させ、安全に餌にありつく。[2]

テッポウエビの起こす気泡の爆縮はきわめて強烈で、発光する小さなプラズマを生成する。人類が火を支配できるようになるよりもはるか昔に、海中で五〇〇〇度のプラズマを生成できるエビの一族がいたのだ。

人間の無力さを痛感させられる話だ。

ニック・ホーカーは、もともと博士号を取ることにあまり関心がなかった。しかしのちに上司となる人物から、テッポウエビのプラズマをコンピューターシミュレーションで再現することを目指す職をオファーされたときに考えが変わった。ニックはこの効果を解明しようとする取り組みを通じて、甲殻類から、彼の会社ファースト・ライト・フュージョンで恒星を作る仕事へと導かれた。彼によれば、この会社では「衝撃波の強度を上げ続けたら、温度も上がり続けるのか、それともたいていの核融合と同じく不安定になって機能しなくなるのか」という疑問を抱いていた。ファースト・ライト・フュージョンのチームの考えでは、この衝撃波は核融合の条件に到達できるというのが答えだ。

衝撃波は、超音速で進む飛行機から生じるソニックブームと同じく、特別な現象だ。極端な場合には、数ナノ秒で物質の密度と温度が上昇し、原子が解離してプラズマになる。衝撃波は、NIFなどで実行されている慣性閉じ込め核融合で重要な役割を果たすことが多い。テッポウエビは、気泡が崩壊するときに秒速二キロメートルの衝撃波を発生させることができる。これはニックによれば「かなり」の速度であり、有人のロケット機がこれまでに到達した最高速度に相当する。ファースト・フュージョンは、同社初のスターマシンでこの爆縮速度に匹敵する速度を達成した。この装置はガス利用式銃であり、小規模の化学爆発を利用して固体の発射体を推進する。現在、ファースト・ライト・フュージョンが使っている装置は同社にとって三基目にあたる。

ファースト・ライト・フュージョンのラボを歩き回ると、整然と統制がとれていることに感心せずにいられない。建物に入ると、受付エリアはいかにもスタートアップらしく、ビロード張りの椅子が置かれて鮮やかな色彩で満ちている。私の来訪に備えてきれいに拭かれたホワイトボードが壁を飾っている。キッチンには立派なコーヒーマシンがある。温度の診断にこだわりがあるに違いないラボらしく、すべての水差しに小さな温度計がついている。実験をするエリアは、汚れ一つなく完璧にきれいだ。

ファースト・ライト・フュージョンは、材料の小さなかけら（どんなものかは教えてもらえなかったが、おそらくコイン程度の大きさの金属片だろう）を加速して、重水素と三重水素を含有するターゲットにぶつけるという方法で恒星を建造する計画だ。金属片がターゲットにぶつかると、高温で高密度のプラズマを生成するのに十分なエネルギーをもつ衝撃波が生じる。計算によると、核融合を起こすには秒速五〇キロメートルの崩壊が必要だが、衝撃波がターゲットと相互作用することによって（これは同社の最高機密のイノベーションだ）、崩壊速度が何倍にも上昇する。ファースト・ライト・フュージョンのやり方は慣性閉じ込め方式なので、レーザー核融合と類似する点もあるが、レーザーパルスの代わりに固体物質の「パルス」を使う。

本格的なスターマシンを目指すファースト・ライト・フュージョンが最近導入したのは、マシン3という名の電磁レールガンだ。六本脚で一四メガアンペアの電流を使うモンスターとして、愛情を込めて組み立てられている。五〇秒でチャージが完了し、蓄えたすべてのエネルギーをわずか二ミリ秒で弾体に注入する。一回の射出で二・五メガジュールのエネルギーを使う。電磁的プロセスを採用したのは、化学的プロセスでは十分な速度が達成できないからだ。このレールガンでは一方通行の電流

（一本のレールを進んで弾体を通過し、もう一本のレールで戻ってくる）と磁場（各レールを取り巻いて円筒形をなす）を使い、弾体を第三の方向へ加速させる。

原理的にこの電磁レールガンは物体を秒速二〇から三〇キロメートルまで推進することができるが、これまでのところファースト・ライトでは秒速一五キロメートルに達したことまでしか確認できていない。人工衛星が地球軌道から大気圏に再突入するときには、秒速七キロメートルに達する。私がこんなことを知っているのは、ファースト・ライト・フュージョンの数値物理学部門の責任者が教えてくれたからだ。彼は一〇人のスタッフとＣＰＵ二〇〇〇個を搭載したスーパーコンピューターを統括していて、人工衛星の再突入をモデル化する仕事をしたことがある。この速度でも、人工衛星の前方に生じる衝撃波は、原子を引き裂いてプラズマにするほど強烈だ。秒速数十キロメートルのレベルに到達しているファースト・ライトは、プラズマ物理学の世界にかなり分け入っていると言える。

私は最高機密の政府系研究所や核物質を扱う場所、あるいはよそのスタートアップで働くスタービルダーたちを訪ねてきたが、ファースト・ライト・フュージョンはそれらと比べて格別に秘密主義を徹底している。受付エリアから先では携帯電話の使用が許されない。ローレンス・リヴァモア国立研究所でさえ、こんな規制は設けていない。ファースト・ライト・フュージョンのオフィス内を目にする来訪者のほとんどは、守秘義務合意文書へのサインを求められる。この秘密主義について質問すると、ターゲット関連技術（衝撃波を核融合の起爆装置に変えるもの）が企業秘密なのだと説明される。ホーカーによれば、小企業にとって特許取得を目指すのはあまり得策ではないそうだ。というのは、特許をめぐって裁判になれば、勝つのはいつも規模で勝る企業だからだ。一方、企業秘密を保護するために明確な努力をしていれば、誰もその企業秘密を模倣することはできない。

ファースト・ライトがこれほど特許を嫌うのは興味深い。核融合スタートアップに対して懐疑的な者のあいだでは、民間のスタービルダーの真のビジネスプランは、ハイテク特許をいくつか生み出して売却するか、あるいは他社に買収してもらうことだとする見方もある。特許を売り出すのは、相手が投資家であろうと他社であろうと、新しいやり方ではない。すでに一六九〇年代には海底の財宝の探索が大流行となり、この業界に群がった会社が信任状の獲得を目指した（『ロビンソン・クルーソー』の作者ダニエル・デフォーも「特許の売人」に引っかかった一人だった）[3]。売却はスタートアップにとって一般的な戦略であり、うまくいけば投資家と従業員の双方にとって満足のいく結果に至れる。しかしテッポウエビと同じく、ファースト・ライトも自分より大きな魚に飲み込まれるつもりなどない。

「われわれにとって、買収されるというのはプランBかプランCなのです」と、COOのジャンルカ・ピサネロが言う。ビジネスプランとしては秘密の核融合ターゲットに関する権利の支配を続けつつ、大企業に発電所を建設してもらうことを目指している。「このプロセスが完了するときには、われわれは主要な知的財産を二つ手中に収めているでしょう。一つはターゲット、もう一つはドライバーです。われわれはターゲットを販売して収益を得るつもりです」

ニック・ホーカーと同様、ジャンルカ・ピサネロも新しいタイプのスタービルダーの典型だ。彼はエンジニアとして訓練を受けた。夢はF1のレーシングエンジニアになることだった。電子工学を学んだあと、トヨタなどのチームで働いて夢をかなえ、やがて六〇人からなるチームのチーフエンジニアとなった。ラボが驚くほどきれいだと私が言うと、彼は顔を輝かせて、自分はF1のスタンダードを核融合に持ち込もうとしているのだと言った。レース事業におけるチーフエンジニアとしてのジャンルカの仕事は、自動車とドライバーのあらゆる面を最適化して、一秒の何分の一かの違いを生み出すことだった。これこそ工学の極致だと彼は思っていた――スタービルダーになるまでは。

あるときヘッドハンターが電話をかけてきて、ファースト・ライト・フュージョンのことを話した。勝ち目のない賭けをしている会社だと思ったし、そのころは核融合についてよく知らなかったが、断る気になれなかった。そして最終的にオファーを受け入れた。

「成功するかどうかには関心がないことに気づきました」と彼は言った。「私が望んだのは、自分がこの旅路に加わることでした。それが実際に成功して、それに加わる機会があったのに受けて立たなかったということになるのは……いやでした」

スタービルディングに携わるスタートアップは必ず、必要なものは準備できているとか、自分たちはライバルとは違って特別なのだと主張する。ファースト・ライト・フュージョンのやっていることは、可能な場面では必ず、最も多く試されてきた技術を使おうとするということに尽きる。こうすれば、イノベーションもリスクもターゲットに集中するはずだ。他のほぼすべてを既存のものでまかなうことにより、ニック・ホーカーと同僚たちは自分たちのやっていることに伴う全体的なリスクを抑える。そのビジョンの明快さと現実主義に、私は感銘を覚えずにいられない。

ジャンルカ・ピサネロは、ライバルの大規模研究所であるＪＥＴとＮＩＦがエネルギー利得を達成する可能性はあると思っているが、彼とファースト・ライト・フュージョンは自分たちのやり方なら、第一世代の発電所の建設を困難にするであろう核融合の工学的な難題を回避できると信じている。

発電するスターマシンに関するファースト・ライト・フュージョンのビジョンには、一回にターゲット一つをチャンバー内に落とし、続いてそれよりはるかに高速の弾体を発射してターゲットに追いつかせるというやり方が含まれている。二つが衝突すると、核融合反応が起きる。核融合プラズマの周囲に、液体リチウムで円筒形の壁を形成する。円形の滝の内側に立っているが、流れているのは水ではなく金属だと想像してほしい。液体リチウムは中性子を取り込み、燃料として使える貴重な三重水素を生成する。中性子に運ばれてリチウムが得る熱エネルギーは、水のような別の媒質と熱交換される。最終的に、この水が蒸気となってタービンを動かす。このプロセス全体が、五秒から四〇秒に一回のペースで繰り返される。

コロナ禍前、ファースト・ライト・フュージョンは二〇二四年までに正味のエネルギー利得に関する実験を行なう予定だった。同社は、核融合反応が検出可能になる温度にもう少しで到達できると述べている。だが、ジャンルカとニックが力説したがるのは、自分たちは正味のエネルギー利得の事業をやっているのではなく、電力事業をやっているということだ。[4]

「世界最大の問題です」と、ニックは核融合の実現について語る。「たいていの科学者がその物理学の問題に取り組んでいます。それも問題の一部ですが、すべてではありません。大事なのは、エネルギー利得の実証ではありません。熱や光を生み出すことが大事なのです」

そこで私は、御社は最も重要なイノベーションを秘密にしていますが、科学というのはオープンにして、アイデアを批評して改善できるようにすれば、もっと速く進歩するのではありませんか、と問いかけた。

ニックの答えは、「そのとおりです。しかしそうしたら、技術ももっと速く進歩しますか？」だった。

重責を担うエンジニアたち

数十年にわたる公的資金を投入した研究のおかげで、核融合は科学的な難題というより技術的な難題となってきている（といっても、大きな科学的難題は残っている）。次の段階へ進むには、新しいタイプの才能が必要だろう。科学的なアイデアを実用的な技術に変換できる人材、つまりニック・ホーカーや、トカマク・エナジーCEOのジョナサン・カーリングのようなエンジニアの出番となる。カーリングは私に「蒸気機関や内燃機関などは、発明されてから仕組みが理解されるまでに長い時間がかかりました。なんとか使えるという段階までたどり着けば、あとはエンジニアが引き継ぎます」と言った。まさにそのとおりだ。

ファースト・ライト・フュージョンのオフィスから、オックスフォードの夢見る尖塔の街並みを通り抜けて三〇キロメートルほど南へ行くと、ラディカルなトカマクの設計を採用している核融合スタートアップ、トカマク・エナジーの入居する工業団地がある。つい最近まで、トカマク・エナジーの建物はディドコット発電所の巨大な冷却塔の影の落ちる場所にあった。ディドコットは長年にわたり石油、石炭、天然ガスを燃やし、この土地の風景をおおむね支配していた。しかしそれは、計画的な取り壊しで解体されるまでだった。オックスフォードシャーのこの地域には、JETもある。この土地で化石燃料の象徴が瓦解し、核融合をめぐる数々の核心的なスキームが生まれているというのは、いかにもぴったりだ。

トカマク・エナジーは、これまでに民間投資で一億一七〇〇万ポンド以上を調達し、将来のために七億ポンドもの調達を目指している。同社のスタービルダーたちは、野心の塊以外の何者でもない。元CEOで現在は執行副会長のデイヴィッド・キンガム博士がジョナサン・カーリングを採用したのは、原理としての核融合から実用的な核融合へ移行する必要があったからだ。デイヴィッドは理論物理学のバックグラウンドをもつが、生涯の大半をイギリスのハイテクスタートアップの世界で過ごしてきた。かつてはビジネスアクセラレーターを運営し、何千件もの起業を支援した。

「核融合はいつも難しすぎると思われていました」と、彼はトカマク・エナジーの会議室で語る。「大規模な政府系研究所の領分だと。ほんの数年前までは、この見方が世界の主流でした」。彼は民間セクターが核融合のためにできることに期待を抱いている。彼の考えでは、民間の核融合ベンチャーとカラムのような大規模研究所との関係は、スペースＸとＮＡＳＡの関係と同じようなものだ。もっとも、こう考えているのは彼だけでない。核融合スタートアップで私が話を聞いた相手はことごとく、この宇宙開発のたとえを持ち出すのだ。

トカマク・エナジーは一般的なトカマクのプラズマの形状を押しつぶし、ドーナッツというよりも芯をくり抜いたリンゴのような形にしている。このような装置は、球状トカマクと呼ばれる。これの背後にある原理は、きわめて単純だ。磁場は距離に従って消散するので、プラズマを芯の部分（トロイダル磁場を生成する）に近づければ、同じ量の閉じ込めを実行するのに必要な磁場が少しで済む。また、装置を小型化することもできる。トカマクが世代ごとに大型化してコストが増大していることを踏まえると、装置の小型化は磁場閉じ込め核融合発電の経済性を高めることにつながるだろう。球状トカマクなら、もっと小型で安価な装置を使ってもっとすばやく核融合を実現できるはずだということを示す学術的な研究はたくさん行なわれていると、デイヴィッドは熱心な口調で説明する。[5]

といっても、トカマク・エナジーが導入を進めているイノベーションはこれだけにとどまらない。高温超伝導磁石を使って磁場の強度を大幅に上げることも計画している。ただし、ここでの「高温」とは、かなりおかしな用語だ。この磁石が作用する最高温度は二〇ケルヴィンなのだ。昔の「低温」超伝導磁石は二ケルヴィンでしか作用しなかったからであって、「高温」というのは相対的なとらえ方にすぎない。

病院にある磁気共鳴画像法（ＭＲＩ）装置は超伝導技術を使っていて、およそ一〇ケルヴィン以下に保つ必要がある。この装置は日常生活で経験し得るなかでほぼ最高の磁場をもち、一から三テスラの磁場を生成できる。トカマク・エナジーも自社の装置でこれと同じくらいの磁場を目指している。

超伝導体とプラズマが非常に近接しているため、トカマク・エナジーの球状装置は太陽系内で最高クラスの激しい温度勾配をもつことになるだろう。トカマクのプラズマは一億度以上でなくてはならないが、そこから一メートル離れたところには二〇ケルヴィンの超伝導磁石がある。

トカマクでは、閉じ込めのほとんどを磁場が担う。磁場は強ければ強いほどよい。磁場が強くなれば核融合エネルギーは著しく増大し、磁場が二倍に増強されると、一秒あたりのエネルギー出力が一六倍になる。通常、トカマクの芯（通常は冷却した銅線）に電子の流れである電流を通してトロイダル磁場を生成するには、大量のエネルギーを要する。しかし超伝導体を使えば、電子はほとんど抵抗を受けない。[6]

ただし、一つだけ問題がある。

「低温超伝導体は非常に敏感で、どんな量のエネルギーでも簡単にクエンチしてしまう可能性があるのです」とデイヴィッド・キンガムが言う。「クエンチ」とは、導体が超伝導体でなくなり、電気抵抗が突然爆発的に増大する現象だ。電磁エネルギーが急激に熱に変換されると大きな衝撃が放たれ、冷却材が蒸発する。最近のMRI装置はボタンに触れれば安全にクエンチするように入念に設計されているが、これはなるべく長く稼働状態を維持する必要のある発電所では望ましくない。激しいクエンチが起きると金属が歪み、核融合炉チャンバーが永久的に損傷するおそれがある。

将来性があるのは進化型のトカマクだと考えているのは、トカマク・エナジーの研究者だけではない。定評のあるMITの核融合研究プログラムから誕生したコモンウェルス・フュージョン・システムズも、新しいトカマクの設計で超伝導技術を利用する予定だ。高度な構成により、これまでに設計された最大のトカマクの五分の一の核融合エネルギーを達成しながら、体積は六五分の一に抑えられる見込みだ。コモンウェルスの科学者たちは最近、彼らのトカマクは入力の二倍のエネルギーを容易に出力できるとする研究を学術誌に発表した。[7] コモンウェルスは二億ドルの資金を調達している。このことから考えて、一部の投資家が同じ考えなのは明らかだ。二〇一八年、同社のCEOはこう言った。「一五年後には炭素フリーの核融合電力を送配電網に送り込めるだけのサイエンス、スピード、スケールが弊社にはあると思っています」[8]

トカマク・エナジーは二〇二二年までに、自社の装置が正味のエネルギー利得を達成できるということの原理的な実証を目指している。これは厳密に言えば、核融合反応から「入力を上回るエネルギー出力」を得ることではない。というのは、彼らは三重水素を使うことを望んでいないからだ。彼らはそれよりはるかに豊富に存在して扱いも容易な重水素を核融合炉に投入し、ローソンの方程式によれば入力を上回る出力を生成するのに必要とされる「条件」に到達できることを示そうとしている〔二〇二二年、トカマク・エナジーは自社の装置でイオン温度一億度を達成したと発表した。ただし、このときの密度・温度・閉じ込めの条件はローソン条件には到達していない〕。もっともジョナサン・カーリングはニック・ホーカーと同様に、大事なのはエネルギー利得ではないと説明する。「われわれが証明しようとしている最大の点は、われわれのモデルが正しいということです。［正味のエネルギー利得に］ぎりぎりで到達しないのか、あるいはかろうじて上回るのかというのは、われわれにとって重要ではありません。大事なのは、われわれの予想する曲線に乗っているかどうかなのです」

彼らが期待しているのは、このモデルの正しさを証明することによって投資家を納得させ、理論上は重水素と三重水素を使った場合のエネルギー入力の一〇〇パーセントをはるかに超えるエネルギーを出力できる装置のために出資してもらうことだ。他の核融合スタートアップも同様の計画を立てている。

ファースト・ライト・フュージョンと同じく、トカマク・エナジーもエネルギーのブレークイーブンよりも発電についてははるかに大きな関心を抱いている。「Q値で一を達成することは、科学における目標です」とジョナサン・カーリングは続ける。「しかし商用エネルギーの生産に十分な段階にはまったく至っていません。それには数十［程度］のQ値が必要なのです」。前に述べたとおり、Q値とは核融合エネルギー出力と加熱エネルギー入力の比である。カーリングの考えでは、入力の二〇倍から三〇倍の出力に確実に到達できそうな計画をもたないスタービルダーは、核融合エネルギーのゲームではなく科学のゲームをしているにすぎない。そして彼は、カラムにある従来型トカマクのＪＥＴは完全に科学の範疇にあると断じる。

約束

トカマク・エナジーは二〇二二年までにエネルギー利得（または利得の条件）を達成すると約束し、ファースト・ライト・フュージョンは二〇二〇年代の半ばまでにそれを達成すると約束したが、これは政府系研究所で働くスタービルダーから見るとあまりにも楽観的に思われたかもしれない。しかしこのような厳しいタイムスケールは、新たな民間のスタービルダーのあいだではめずらしくない。たとえばゼネラル・フュージョン、ＬＰＰフュージョン、ロッキード・マーティン、ＴＡＥテクノロジーズ、ハイパージェット・フュージョン・コーポレーション、ＭＩＦＴＩ、プロトン・サイエンティフィック、ヘリオン・エナジー、コモンウェルス・フュージョン・システムズ、ルネサンス・フュージョン、ザップ・エナジー、ＨＢ11エナジー、パルサー・フュージョンなど、挙げればきりがない。現時点で、民間の核融合企業は二五社を上回る。そのほとんどは、数十年以内ではなく数年以内に核融合反応によるエネルギーを供給すると約束している。コモンウェルス・フュージョン・システムズは、二〇二五年までに正味のエネルギー利得を達成し、さらに二〇三三年までにパイロット版の発電のだ。[9]

所を実現すると公言している。甚大な被害をもたらしたＣＯＶＩＤ‐19のパンデミックによりこれらの計画に遅れが生じるかもしれないが、意図は明確だ。核融合をなるべく早く実現しようとしているのだ。[9]

スタービルディングを目指すスタートアップのあいだには、熾烈な競争が存在する。エネルギー利得の実証を目指す競争、さらにはプロトタイプの発電施設の建設を目指す競争では、勝者がすべてを手中に収めるのだと容易に想像できる。勝者には、核融合の世界で新たな波に乗ろうともくろむ投資家たちが群がってくる。敗者は勝者の放つ輝きにつかの間だけ照らされるかもしれないが、自らもエネルギー利得をすぐに実証できなければ、核融合マネーはすでにエネルギー利得を達成した企業へ流れてしまう可能性が高い。

市場の力にさらされることは、スタートアップにとって大きなプラスとなるのは間違いない。後れをとった企業は、おそらく撤退せざるを得ない。このことが、先頭を走り続けようとする強いモチベーションとなるはずだ。これらのスタートアップは、数千人ものスタッフによる官僚主義や公共セクターの調達規則に縛られず、政府系研究所よりはるかに高い機動性をもつことができる。「私は世界のために役立つ新たな物理学をもっているわけではありません」と、リアリティー番組『メイド・イン・チェルシー』に登場しているパルサー・フュージョンＣＥＯのリチャード・ダイナンは言ったことがある。「私の得意技は、テクノロジーを低コストでスピーディーに作ることです」[10]。ある研究部門が成果を上げていなければ、そこを閉鎖してスタッフを解雇し、リソースの投入先をもっと有望な方向へ切り替えることができる。ニック・ホーカーは、自分たちが民間で働いているのはいいことだと思うと私に話した。さもなければ、エネルギー利得を目指すスターマシンの建設地をめぐる果てしない議論に巻き込まれてしまうだろうというのだ。そんなことにわずらわされず、「われわれは好きなところに装置を建設できます。民間企業ですから」と彼は言った。

メリットはほかにもある。スタートアップはアメリカ国外の大学や政府系研究所よりも給料が高いので、優秀な人材を集められる。私がインペリアル・カレッジで働いていたときの同僚二人がスタートアップに転職したが、それは給料と雇用保障が大学よりもよかったからだ。「スタートアップにはカネがありますからね」と、オックスフォード大学との契約を満了した科学者が私に言った。

この新たな起業の波を先導している科学者のなかには、常にきらびやかとは限らない核融合の歴史に登場する科学者と同じように明らかな奇人もいるが、そんな科学者たちの斬新なアプローチが、官民の両方から巨額の資金を引き出している。核融合における競争と革新のメリットに気づいたアメリカのエネルギー省は、二〇二〇年に六一〇〇万ドルの資金を拠出した。[11]出資を受けた民間企業のなかに、ザップ・エナジーとコモンウェルス・フュージョン・システムズが含まれていた。この二社は数百万ドルの資金と突拍子もないアイデアを使って、数十億ドルの資金と数十年におよぶ科学研究でなし得なかったことを実行する計画だ。

言うまでもなく、誰もが自分の会社こそ正味のエネルギー利得に最も近づいていると信じている。自分たちだけが実現可能な核融合発電の計画をもち、自分たち以外のスタービルダーの計画は実現しないと思っている。このことをジョナサン・カーリングに話すと、彼は微笑んでこう言う。「尊敬されるベンチャーはたくさんありますが、商業的に実現可能な技術とそこにたどり着く事業計画をもっているのはうちだけだと思いますよ」

誰もが自分の会社は特別だと言うが、なぜトカマク・エナジーがそうだと思うのかとジョナサンに迫ると、彼はこの競争についてもう少し率直に話してくれる。「よそよりはるかに先んじる会社というのがあります。そしてわれわれはうちがそうだと確信しているのです。われわれには機動性、適切な人材、適切な資金があって、既知のトカマク科学という基盤にそれらを投入していますから。三〇〇個のピストンを備えた新しい装置を作るとか、エビを利用するとか、そういった発明をしようとしているわけではありません」

甲殻類にアイデアを得たスタービルダーとはどのスタートアップのことか、当てたところで賞品が出るわけではない。ジョナサンがピストンと言ったのは、カナダに本社を置いて二〇年ほど前から操業しているゼネラル・フュージョンのことだろう。創業者のミシェル・ラベルジュは核融合にかかわる夢を追い求めて、レーザープリンティングの上級エンジニアの職を手放した。二〇一九年、ゼネラル・フュージョンはさらに六五〇〇万ドルを調達し、総資金が二億ドルを超えたと発表した。マイクロソフト、カナダ政府、そしてアマゾンのジェフ・ベゾスが出資したと言われている。[12]

ゼネラル・フュージョンは、プラズマの球体を液体金属の壁で閉じ込め、さらにこれを核融合炉チャンバーに閉じ込める方式で恒星を作る計画だ。蒸気駆動のピストンで液体金属を圧縮し、プラズマを核融合条件に到達させることを目指している。放出される中性子を液体金属の壁で捕捉する。核融合で必要とされる極限条件にプラズマを到達させるのに十分な速さおよび強さでピストンがどう動くのかは、（私には）わからない。ＮＩＦで働く人たちなら熟知しているとおり、重い流体（液体金属）が軽い流体（プラズマ）を圧縮する状況というのは、レイリー＝テイラーの不安定性にとって悪夢のようなもので、液体金属とプラズマが混ざり合ってしまう可能性がある。ＮＩＦでは、圧縮を加えるのに衝撃波を使っている。衝撃波自体がレーザーパルスの結果として生じるものであり、レーザーパルスは当然ながら光速で進む。ファースト・ライト・フュージョンの装置では、電磁レールガンで物体を秒速数十キロメートルまで加速する。恒星の条件に達するのに必要な圧縮の速度や強度を蒸気でもたらせるとは考えにくい。金属とプラズマの接触面から大量の熱エネルギーの漏出も生じるだろう。これは荒唐無稽なSFを思わせる核融合スキームで、プラズマの閉じ込めに関するあらゆる通常の知見に反するように感じられる。もちろん、技術の多くは機密なので、それがどのように機能するのか、あるいは機能すると考えられているのかについて、社外の者はよく知らない。それでも大物投資家の関心はそがれていない。[13]

どんな核融合スキームも、予期せぬ形でつまずきやすい。これは多くのスタービルダーから聞く話だし、「狂気の沙汰の新たなスキーム」とでも言えそうなものに対するジョナサン・カーリングの批判もこの点に向けられている。新たな核融合スキームでも、やはり問題は潜んでいる。単にまだ問題が見つかっていないというだけだ。だからこそニック・ホーカーとファースト・ライト・フュージョンは、ターゲット以外のすべてについて既存の技術を使う方針をとっている。ジョナサン・カーリングとトカマク・エナジーが既存技術のバリエーションである球状トカマクを信奉しているのはそのためだ。大規模な検証が十分になされていない核融合スキームをスタートアップが追求し、数年で正味のエネルギー利得を達成できるなどと公言すると、不信の念を抱かれることが多い。しかし投資家は、そうしたスキームにさえ食指を動かしているらしい。

実際、スタートアップのなかで最も資金調達に成功しているTAEテクノロジーズは、きわめてリスクは高いが相応にリターンも大きなアプローチをとっている——一九九〇年代から核融合ビジネスに携わってきた企業を「スタートアップ」と呼ぶのはふさわしくないようにも感じられるが。TAEは二つのピンチで生成されたプラズマを互いに向けて発射して、タバコの煙で空中に輪を作るようにプラズマの輪を作り、短時間だけ磁場に閉じ込める装置をもっている。これは変わったスキームだが、ペイパル創業者のピーター・ティールがバックについているヘリオン・エナジーもこれを追求している。

ＴＡＥテクノロジーズが実現を目指している核融合反応には、大きなリスクがある。他の核融合企業のほとんどはもっと簡単な重水素と三重水素の反応にフォーカスしているが、ＴＡＥは通常の水素（陽子）とホウ素の一般的な同位体とのあいだで反応を開始させようとしている。この反応の長所は、中性子を生成せずにヘリウム原子核とエネルギーだけを生成する点だ。核融合から中性子を排除できるのは、非常に魅力的だ。放射能がゼロに近いので分厚い遮蔽が不要で、三重水素を増殖する必要もなく、核融合炉チャンバーの経時的な劣化も起きない。他の方法と比べて、商業的な魅力がはるかに大きい。といっても、問題点が一つある（よくある話だ）。この中性子を生成しない核融合反応では、重水素と三重水素の核融合と比べて少なくとも一〇倍以上の高温が必要なのだ。その温度でも、核融合反応の頻度は五〇分の一にすぎない。

ＴＡＥはグーグル、ゴールドマン・サックス、ロシア政府から支援を受けており（マイクロソフトの共同創業者ポール・アレンも生前は出資していた）、なんと七億ドルもの資金を調達している。実際に機能する陽子とホウ素の核融合反応炉が実現するまでに、少なくともあと数十年はかかると見るスタービルダーもいる。ＴＡＥは装置について大幅な進捗を報告しているが、重水素と三重水素の核融合に必要な条件を達成するだけでも、性能を現状の一万倍まで引き上げる必要がある。陽子とホウ素の核融合に至る道のりは、それよりもさらに遠い。

このような後ろ盾がついているとなると、問題は科学だけではないかもしれない。私が取材した核融合スタートアップの関係者によれば、ＴＡＥは博士号保持者をはじめとする優秀な人材を積極的に採用することで、核融合以外のもっと短期間で利益が得られる活動にも力を注いでいる可能性がある。同社はすでに、物理学を利用したがん治療薬を製造するＴＡＥライフ・サイエンシズという子会社を立ち上げている。ともあれＴＡＥは、核融合に関して大きな約束をしている。二〇一九年、ＣＥＯのミヒル・ビンダーバウアーはインタビューの中で、彼のチームが「二年後には核融合からエネルギーを」生産しているだろうと語った。その後、彼は前言を撤回して「数年後」とした。同じく二〇一九年には、さらに大胆な発言もしている。「この技術について、今後五年のうちに商用化を実現するという話を進めている」と言ったのだ[14]。

TAEテクノロジーズよりもさらに巨額の資金力を誇るスタービルディング会社がある。ロッキード・マーティンだ。時価総額は一〇〇〇億ドルを上回る。その企業規模と事業展開力のおかげで、核融合においてたいていの国さえも凌駕する資金調達が可能だ。ロッキード・マーティンの核融合チームは、磁気ミラー（プラズマを跳ね返すことができる）と磁気カスプ（磁力線でくぼみを作り荷電粒子を捕捉することができる）を組み合わせた新たな方式を追求している。同社の核融合プログラムは二〇一〇年から水面下で進められており、二〇一四年には「一年以内に新たな小型核融合炉の設計、建設、試験」ができ、五年後にはトラック大の発電装置のプロトタイプを実現できると明言した。二〇一五年にロッキードが制御核融合に伴う問題を解決したというニュースが流れたのだが、気づかなかった人もいるかもしれない。じつは私も知らなかった[15]。

イアン・チャップマンの前にイギリス原子力公社のCEOを務めたサー・スティーヴ・カウリーは、「このような会社があまり根拠のない事柄を発表する」ことに驚きを表明し、「通常、核融合において順調に進捗していると言う場合、なんらかのデータを提示するものです」と述べた。ロッキード社の主張は著しく誇張されたものである可能性が高いと婉曲に言ったものと思われる。

核融合に関して過度の約束をしてそれを果たしていない会社は、ロッキード・マーティンだけではない。二〇〇九年、例の現実離れしたSF的な核融合企業ゼネラル・フュージョンは、機能する発電所を一〇年以内に建設すると言った。これは実現していないが、その勢いは少しも衰えていない。一〇年が経ち、発電所はできてないが、新しいCEOと大型の装置は誕生した。今のところ、新CEOのクリストファー・マウリーは二〇二三年までに建設することを目指している。[16]

LPPフュージョン（旧ローレンスヴィル・プラズマ・フィジックス）も、核融合界の自信に満ちたプレイヤーだ。CEOのエリック・ラーナーはとかく議論を巻き起こす人物で、科学者のあいだの圧倒的なコンセンサスに真っ向から反駁し、ビッグバンは起きなかったと信じる理由を詳述した著書を上梓している。[17] 彼の会社は、一九五〇年代に誕生したパルスパワー装置である高密度プラズマフォーカスを使って核融合を実現しようとしている。この装置は、円柱形の伝導体の端の上で、線状やリング状ではなく小塊状のプラズマを使ってピンチ効果を生じさせる。LPPの装置は非常に小さく、それに伴って長さは一センチメートルほどしかない。高密度プラズマフォーカスはこのように小さく、それに伴ってコストが抑えられるおかげで高エネルギー中性子の発生源として完璧で、実際に通常その用途で使われている。

私が取材したスタービルダーたちは、LPPが使っているタイプの高密度プラズマフォーカスではビームとターゲットによる核融合のみしかできず、それ以外の方法ではほぼ確実にできないと指摘した。これは状況によっては役立つが、発電を目的とする場合には役に立たない。ビーム - ターゲット核融合は、ラザフォード、オリファント、ハーテックが核融合を発見したときにやった方法と似ている。数個の粒子を衝突させて融合させることによって中性子を発生させるが、発電所の大きさまでスケールアップすることはできない。違いは温度にある。前に用いた比喩を再び使おう。高温のプラズマは校庭を走り回ってぶつかり合う子どものようなものであるのに対し、ビーム - ターゲット核融合は彫像のようにじっとしている子どもたちのあいだを一人だけが一瞬走り抜けるようなものだ。走り回る子どもがじっとしている子どもにぶつかったら、なんらかの核融合は達成できるかもしれないが、大きなエネルギーは得られない。このため、ほとんどのスタービルダーがやっている高温の核融合は、ビーム・ターゲット核融合と対比して「熱」核融合と呼ばれる。ビーム・ターゲット核融合と熱核融合との違いは、金色の黄鉄鉱と本物の金の違いのようなものだ。区別を誤ってしまうというのが、多くの核融合スキームの失敗の原因だった。この領域の頂点に君臨する科学者がやっている場合でもそうだ。さらに厳しいことに、LPPフュージョンはTAEと同じく、中性子の関与しない水素とホウ素の核融合というもっとトリッキーな反応を一途に目指している。[18]

では、LPPのお騒がせCEO、エリック・ラーナーはどんな約束をしているのか。二〇一四年、彼はLPPが世界のどの核融合会社よりも手ごろで無限で超クリーンなエネルギーに迫っていると主張した。その時点で、LPPはすでに三〇〇万ドル以上の資金を確保していた。ラーナーはFortune.comに対し、この資金を使って小型核融合装置の大量生産をライセンスするつもりだと言った。そのときの彼の言葉に従えばすでに実現しているはずだが、今のところ実現に至っていない。

LPPはクラウドファンディングのプラットフォーム〈インディーゴーゴー〉を使い、機能する装置の建設を助けるために市民から少額の出資を募った。目標とした二一万六〇〇〇ドルには届かなかったものの、クラウドファンディングのキャンペーンとしてはめずらしく、集まった資金はすべてLPPフュージョンのもとへ行き、キャンペーン中に変動できるように目標額は「フレキシブル」とされた。結局、LPPは一九万ドル以上を集めた。そのころ、LPPは二〇二〇年までに機能する装置を実現させるだろうとする記事が出た。しかしそれが今までに実現したとすれば、世界のメディアは奇妙な沈黙を守っていることになる。二〇二〇年の時点で、LPPフュージョンは株式投資型クラウドファンディングサイト〈ウィーファンダー〉を通じてさらに六〇万ドルを調達している。サイトで公開されている動画では、LPPは正味のエネルギー利得へのレースでJETに次いで二位につけていることになっているが、公表されているデータによれば、「入力エネルギー対出力エネルギー」においてローレンス・リヴァモアの擁するＮＩＦの一〇〇分の一にも達していない。名誉のために言えば、ＬＰＰは少なくとも自らの進捗状況についてのデータは公開している。すべての核融合スタートアップがそうしているわけではない[19]。

尋常ならざる主張をするには、尋常ならざるエビデンスが必要だ。核融合スタートアップはたいてい、自社の第一世代発電所がどんなものになるかを示すアニメーション動画を掲載したスマートなホームページを公開しているが、未来派テクノロジー主義的な安っぽい思想と派手なウェブサイト以外に表に出せるものがないというスタートアップもあるのではないかと心配になる。一部の主張に対して批判的な人から見れば、突っ込みどころに事欠かない。

多数のスタートアップが自社の科学者を学会に派遣して自社の業績を発表させたり、査読のある学術誌に研究の成果を掲載したりしている（もちろん秘密をすべて公表するわけではない）。彼らの活動には、ある程度の透明性や公開性はある。しかし他の者から見れば、公にされている事柄はほんのわずかにすぎない。だから、正味のエネルギー利得やそれよりさらに手ごわい商用化という目標を達成できるのがいつごろかについて、彼らの野心的な言葉を信用するのは難しい。投資家も科学者も、正味のエネルギー利得に向かって企業がどこまで進んでいるのかを判断するには透明性を必要とする。

いくつかのスタートアップが過度に楽観的な主張や、さらにひどい場合には紛れもない虚偽の主張のせいで、自滅するリスクは高いと思われる。私は核融合業界の情報通に取材したことがある。彼は率直に、はったりとしか言いようのないスキームをもつ核融合企業が少数ながらあると認め、しかしその多くは投資家に対する意図的な操作というよりも、夢をあきらめきれないことが原因だと語った。核融合は複雑な事象で、投資家も一般人もだまされるリスクがある。なにしろそれを専門とする科学者でも、しょっちゅう思い違いをしているのだ。初期のスタービルダー、ジョン・コッククロフトに率いられたイギリスの科学界は、一九五八年に彼らの「ZETA」装置が熱核融合ではなくビーム‐ターゲット核融合をしていると明らかにされて面目をつぶされた。これは故意ではなかったが、防げたはずの誤りだった。ソヴィエト人やアメリカ人はZETAで得られた結果をはなから信じていなかった。一九八〇年代、核融合コミュニティーがいわゆる「常温核融合」にしばらくだまされていた時期に、明らかに悪質な科学研究のせいでもっと重大な事件が起きた。常温核融合では高温とプラズマを使わず、触媒を使って重水素と三重水素を常温で融合させることを目指した。当初の結果は有望に思われ、エドワード・テラーはその発見者たちに祝福の電話までかけた。ところが、常温核融合はでたらめだった。大きな約束が果たされなかった場合、プロの投資家や一般市民が資産を失うだけでなく、政府系研究所やまともな民間の核融合スタートアップの資金調達にまで悪影響が及ぶおそれがある。

もっと一般的な核融合装置を追求していて、さほど思い切った約束をしないタイプの科学者も、こうした突拍子もない主張に悩まされたりするのだろうかと私は思案した。驚いたことに、もっと広く受け入れられているアプローチを追求する科学者の多くは、自分より先を行く競争相手を認めていた。少なくとも初めはそう感じられた。

「核融合にはイノベーションが必要です。新しいアイデアが必要です。私は誰の邪魔もする気はありません。今日にでも核融合を実現できるなら、私にとってそれに勝る喜びはありません」と、NIF所長のマーク・ハーマン博士が私に語った。イギリス原子力公社を率いるイアン・チャップマンも同じ考えだった。「簡単に言うと、官民を問わず核融合への投資が増えて、核融合に取り組む優秀な人材が増えれば、それだけ早く解決に至るのです」と彼は言って口をつぐみ、それからもっと前向きな姿勢を示した。「市場が核融合に関心を示しているのはよい徴候です」

ＮＩＦの診断者グループのリーダー、ルイーザ・ピックワース博士もポジティブな言葉から語り始めた。「個人的に、携わる人が多いほうが盛り上がると思います。切り開く方法は、たぶんたくさんあります」と彼女は私に告げた。

私がさらにたたみかけるとルイーザは、核融合スタートアップへの投資家がリターンを得られず、それによってやがて人々の気持ちが離れてしまったらどうなるかについては気がかりだと認めた。イアン・チャップマンは競争を歓迎するが、スタートアップが競争に必要なものを備えているとは思っていない。「私の見たところ、世界最大の民間の核融合会社でも社員は二〇〇人しかおらず、完全な統合システムを設計することなどとうてい無理です。これが核融合の抱える最大の問題なのです」

イアン・チャップマンは、核融合をスケールアップして真の電力源とするには何十億ドルもかかるので、民間企業はそのリスクをとりたがらないだろうとも強く思っている。最終的に、彼は民間企業が約束を反故にする可能性が問題になり得ると認めた。

「そうですね、まあ、核融合はすでに五、六十年もＺＥＴＡや過大な約束にひどく苦しめられてきましたから。……民間企業が誇大な宣伝や派手な誇張をすれば、また約束が守れず、核融合コミュニティーがまた空振りに終わるというリスクがあります」と彼は私に言い、さらに続けて、公共セクターはおそらく自らの成功についてあまりにも保守的だったと語った。

「誰かがうまいアイデアを思いつく可能性を、私は否定したくありません」と、ＮＩＦに所属する宇宙飛行士のジェフ・ウィソフ博士が話してくれた。「しかしすでに長年にわたって考えられてきたとおり、私もガレージサイズの装置についてはかなり懐疑的です」

ふだんはバランスのとれた見方をするシビル・ギュンター教授も、強い口調で見解を述べた。彼女は、株主に手っ取り早いリターンを約束するようなスタートアップなど認めない。「企業秘密を盾に科学的な概念や成果の詳細を社会から隠して、株主との関係をおそらく損ねてしまうような的を射た批判を逃れようとする会社もあります」と言い、「まったく非現実的なタイムスケールを約束するのです」と辛辣な言葉を続けた。

ギュンターはさらに、今もなお磁場閉じ込めを用いるトカマクに代わるものを探究しているスタートアップのなかで最もすぐれた会社でさえ「数十年前のトカマクの性能に相当する程度のプラズマの条件のもとで活動」しているか、あるいはトカマクでは起きたことのない問題を抱えていると指摘した。しかし彼女が最も厳しい批判を向けるのは、重水素と三重水素を使わない核融合反応を追求するスタートアップだ。「差し当たって、といっても私はおそらく一〇〇年のタイムスパンで話していますが、彼らはまったく非現実的です」と彼女は言った。レトリックと現実のあいだにこれほどのギャップがあるということは、核融合をめぐるあらゆる取り組みにとって脅威かもしれない。

核融合スタートアップの側では、おおっぴらに約束を破るリスクについてどう考えているのだろう。トカマク・エナジーのデイヴィッド・キンガムは、利益がリスクをはるかに上回ると考えていた。「民間の核融合が市場のパイを成長させるのです」と彼は言った。だからといって、まったく懸念を抱いていないわけではない。「常温核融合のようなアイデアが出現するリスクはあります。実際、ときおり現れています。核融合はエキサイティングで複雑なので、実体のないベンチャーや、詐欺をはたらくベンチャーが出現するリスクもあります。核融合の業界団体への加盟が許されていない会社も現に一、二社ありますよ」

デイヴィッド・キンガムは、具体的な社名を言おうとはしなかった。彼はトカマク・エナジーのスポンサーがひどい目に遭う心配はしていない。「弊社への投資家は見る目がありますから」と彼は言う。ニック・ホーカーもまったく同じことを言う。「一部の投資家を落胆させる派手な失敗があったかと言えば、それはイエスです」と彼は認める。「しかしありがたいことに、弊社の投資家はちゃんとわかってくれています。バブルをくぐり抜けた経験もありますから」

競争の激しさゆえに、彼らはみな自分たちだけが核融合をしかるべきタイミングで実現でき、それも政府が支出している金額をはるかに下回るコストでやり遂げられると信じている。

政府はレースにとどまるためにスタートアップと同じようにふるまっている

といっても、まだ政府系研究所を考慮から外すわけにはいかない。政府系研究所も状況に適応しつつある。初期の磁場閉じ込め核融合炉の一つで、もうだいぶ前に人気を失ってしまったステラレーターが、シビル・ギュンター教授を科学ディレクターとして擁するマックス・プランク・プラズマ物理学研究所のプロジェクトのおかげで核融合レースに復帰している。ここのスタッフが、世界最先端のステラレーター、ヴェンデルシュタイン７‐Ｘ（Ｗ７‐Ｘ）を建設したのだ。

ステラレーターは、プラズマ中の粒子がねじれて閉じ込めから外に逸脱してしまうという問題を解決できる。外部から適用する磁場とプラズマ中で生成される別の磁場を用いてチューブ内を巡る粒子の軌道をねじるのではなく、外部から適用する磁場の組み合わせをねじり、これを使ってチューブ内のプラズマを誘導して、らせん状のねじれを生じさせる。磁場のねじれを細かく調整して、いずれかの壁面に向かう粒子の逸脱を打ち消す。

「ステラレーターのコンセプトは絶望的だとずっと考えられていました。実験では粒子があまりにもすぐ消失し、つまりエネルギーがすぐさま消失してしまいましたから」とシビルが言った。しかし彼女によれば、プラズマに関する理論的な理解が進んだことで、閉じ込めの喪失が起きない条件があるということが明らかになった。そして原理的に、その条件に合う仕様をもつ装置が建設できるということもわかった。それでも完璧なねじれた磁場を生み出すこと（そしてその磁場を生成するエネルギーに飢えたコイルをうまく組み込むこと）は、理論上は可能でも現実には困難を極める。装置を機能させるには、磁場を完璧なものにして、粒子の逸脱を一〇万個につき一個以下に抑えるようにする必要がある。[20]

ステラレーターは、スチールとコンクリートで復活した。二つの技術のおかげで、不可能と思われていた条件が手の届くものになったからだ。スーパーコンピューターの急速な発展により、スタービルダーは粒子を軌道上に保つのにぴったりな磁場のねじりやひねりを備えた核融合炉の設計とシミュレーションができるようになった。さらに超伝導技術のおかげで、大量の電力を使わずに巨大な磁場を生み出すことも可能になった。

シビルは、二〇一五年に完成した装置の設計についてさらに教えてくれた。「W７-Ｘは、ステラレーターがトカマクと同様の閉じ込め特性を達成できることを示すのに十分なサイズをもつ、初の最適化されたステラレーターです」と彼女は言う。トカマクの閉じ込め特性は、正味のエネルギー利得を達成するのに必要なものに近い。トカマクとは異なり、W７-Ｘでは外部コイルだけで磁場閉じ込めをもたらし、プラズマ電流は不要だ。液体ヘリウムで冷却される高さ三・五メートルのニオブ・チタン製の超伝導コイル五〇個が、らせん状にねじれた核融合炉のトーラスを取り囲み、磁場をもたらす。この装置は直径がおよそ一六メートルなので、小型とは言えないが巨大でもない。シビルによれば、ステラレーターは安定で制御しやすいものとなる可能性がある。これはトカマクについては耳にすることのない意見だ。

この（やや）小型のスターマシンは、ドイツ政府、ＥＵ、アメリカの国立研究所による共同事業よりも、核融合スタートアップが生み出しそうなものだ。ほんの数年間稼働しただけで、あの有名なローソンの方程式から正味のエネルギー利得に必要と予想される温度、密度、閉じ込め時間の六パーセントにあたる結果を出し、それまでのステラレーターによる核融合条件の記録を打ち破った。当時のソ連がトカマクで成功を収めて以来、世界からおおむね見捨てられていた技術にしては、めざましい躍進だ（当時アメリカで最高のステラレーターだったモデルCは、不面目にもトカマクに切り替えられた）[21]。

W7‐Xは政府が運用する装置だが、その成功から、民間の核融合が無視できない存在である理由が見て取れる。新しい技術は、かつて永久に勝ち目がないと思われたスキームを再び競争に参加させることができる。W7‐Xも、小型の装置が数十年分の進展に追いつけることを証明している。

政府系研究所から新たに注目を集めている装置は、ステラレーターだけではない。トカマク・エナジーは、通常のトカマクをもっとずんぐりしたリンゴのような形にした球状トカマクと呼ばれる核融合装置を使用している。これは政府の核融合プログラムから生まれたもので、国の支援を受ける科学者のあいだでにわかに再び人気を集めている。科学者で公務員でもあり、礼儀をわきまえながらフランクな態度を示し、核融合がもたらす恩恵について揺るがない信念をもつイアン・チャップマンに、EUかイギリス政府から「核融合の進展を加速したい。あなたに資金を提供したら、何をしてくれるか？」と尋ねられたらイギリス原子力公社のCEOとして何と答えるか、私は訊いてみた。

「本当にやりたいのは、核融合炉の経路として球状トカマクについて調べ、正味電力を生み出すJETくらいの規模の装置を建設することです。JETの建設には、現在の金額に換算しておよそ二〇億ポンドの資金と四年の時間がかかりました。これと同じ規模で球状トカマクを作ろうとすれば、二〇億ポンドでは足りません。といっても二〇〇億ポンドには至りませんが。［設計が完成したら］一〇年以内に作れるでしょう。……もっと小さく安価でコンパクトな核融合炉を試すのはわくわくするでしょうね」

これは、トカマク・エナジーが目指していることとほぼぴったり重なる。ただし同社は「わずか」七億ポンドでできると考えている。磁場の強さに関して費用対効果が大きい球状トカマクは、JETが発案された当初には存在しなかった。イアンによれば、一九九〇年代初頭から政府が目指していた核融合における低リスクで低コミットメントの資金提供は、常にスタービルダーが従来型のトカマクを堅持することを意味してきた。すでに十分に検証されているからというのが、その理由の一つだ。しかしカラムは、摂氏一〇〇〇万度に到達できる実験用の小型球状トカマクのMASTアップグレードで、すでに経験を積んでいる。球状トカマクのほうが従来型の装置と比べて明らかに閉じ込め性能がすぐれていることから、現時点でイアンは第二の装置として球状トカマクを支持している。しかしながら、球状トカマクはリスクが多い。これまでのところ、発電に使える規模に近いものさえ作られていない。そしてまさにそれがコンパクトだという理由により、核融合で生じた熱を発散するという問題がいっそう難しくなり、さらに複雑な排熱系が必要となる。[22]

私がカラム核融合エネルギーセンターの移動式プレハブのようなオフィスでイアンと話してから数週間後、まったく同じ会話がイギリス首相と彼のあいだで交わされた。イアン・チャップマンの考えは変わらず、今ではエネルギー生産用球状トカマク（ＳＴＥＰ）と呼ばれる装置の初期設計（建設ではない）の資金として、二億二〇〇〇万ポンドを確保できている。直径はちょうど一〇メートルで、ＪＥＴと比べて少し大きいが、完成したら正味のエネルギー利得を難なく超えて、およそ一〇〇メガワットの電力を送配電網に供給できるはずだ。イアンが首相から質問されたときに、回答が練習済みだったことが資金調達の成功に役立ったかどうかは定かでない。[23]

有望な新規の政府スキームとしては、ＭａｇＬＩＦ（磁化ライナー慣性核融合）もある。ニューメキシコ州アルバカーキの郊外のさらに外れに、サンディア国立研究所がある。リヴァモアと同じく、ここもアメリカの国家核安全保障局に属する。リヴァモアが高エネルギーレーザーの研究において世界の中心となったのに対し、サンディアははるか昔の一九四〇年代に初めて試みられたのと似たピンチにこだわり続けている。

リヴァモアと同じく、サンディアでも核兵器に関係した公開研究と秘密実験のために、研究所で最大の装置「Ｚ」を使っている。ＮＩＦのチーフサイエンティスト、オマー・ハリケーンは、この装置を使って技能を身につけた。ルイーザ・ピックワースがＮＩＦでの爆縮に転向する前に診断能力を身につけたのと同じタイプの装置だ。Ｚという名は、この装置のいわゆるＺピンチに由来する。Ｚはプラズマをリング状に圧縮するのではなく、垂直の円柱状に圧縮する。

サンディアの科学者は、Ｚの能力を核融合に使えると考えていた。空っぽのベリリウム製の缶（ベイクドビーンズの缶を高さ一センチメートル、直径六ミリメートルのミニチュアにしたように見える）を重水素と三重水素で満たす。これをＺの中心に設置して、一〇から三〇テスラの膨大な磁場を缶の縦方向へ一気に送り込む。これはＭＲＩ装置の少なくとも七台分に相当する。イグ・ノーベル賞的な言い方をすれば、カエル一匹を空中浮揚させるのに十分だ。* 缶の上部の窓からレーザービームを

＊　カエルは通常磁気を帯びていないが、十分に強い磁場を使うと磁気を帯びさせることができる。二〇〇〇年、物理学者のアンドレ・ガイムがこれを証明してイグ・ノーベル賞（常軌を逸した、想像性に富む、あるいはくだらない科学研究の功績を称えて授与されるブラックユーモア的な賞）を受賞した。それから一〇年後、ガイムは炭素原子をシート状にひと並べした「グラフェン」の研究で本物のノーベル物理学賞を受賞した。

缶の中に照射し、重水素と三重水素の燃料を摂氏三〇〇万度まで加熱する。核融合には足りないが、それでもかなりの高温だ。そして、ここでピンチの出番だ。一八メガアンペアの電流をベリリウム缶に流し、磁場でできた不可視の缶を外側に生成する。電流と磁場が相互作用するとピンチが作用し、一〇〇ナノ秒以上にわたり缶もろとも燃料を押しつぶす。この圧縮により缶の内部の磁場が増幅され、なんと一万テスラに達する。そしてもくろみどおり、密度と温度も上昇し、原子核の温度は摂氏三〇〇〇万度に達する。核融合が起こり（中性子が検出されている）、反応から飛び出てきた高速の粒子が磁場に捕捉されて燃料中にとどまり、燃料をさらに加熱する。[24]

これは核融合スキームのすばらしいアイデアだ。サンディアが二〇一二年に行なったシミュレーションによると、六〇メガアンペアの電流を使えば核融合によって入力エネルギーの一〇〇倍の利得が得られる。といっても、あわててはいけない。結局のところ、これはプラズマ物理学だ。サンディアにはこれを実験するのに十分な大きさの装置がないが、Ｚを使った予備実験でさえ、缶の圧縮で不安定性が大量に生じることが判明した。この世に存在するすべての核融合スキームと同じく、実践は理論より難しい。

おそろしく複雑な物理学や現実の難題を克服する必要のない核融合スキームなど存在しない。存在するのは、まだ十分に探究されていない核融合スキームだけだ。磁化慣性核融合は有望で、動きが遅いとされる政府系研究所でもイノベーションができることを示す好例だが、キンク不安定性の問題を解決するまでの道のりはまだ遠い。

むやみに競争する必要はない。強みと弱点がそれぞれ違うのだから、最良の解決策は官民の核融合部門による協働から生まれる可能性が高い。スペースＸがすぐれた成果を上げているのは、ＮＡＳＡが存在する「にもかかわらず」ではなく、ＮＡＳＡとの「関係」のおかげだ。官民双方のスタービルダーが協力して、核融合が核分裂とは違う（そしてアメリカ連邦議会が耳を傾けている）ということを認識する規制環境を創出する必要がある。[25]

イアン・チャップマンは賢明にも、官民のパートナーシップの必要性を理解している。「五年前、われわれはロールス・ロイスやそれと似たような企業に出向いて『手を組めませんか』と提案しました」と彼は言った。そのとき、企業は核融合がまだあまりにも早い段階にあると考えていたので、提案は受け入れられなかった。「ところが今では企業のほうから、どうしたら核融合の契約をもらえるかと尋ねてきます。投資には民間セクターが必要です。この一〇年で民間企業から一〇億ポンドが集まりました。ベンチャー投資家、慈善家、ソブリンウェルスファンド、そして最近では石油会社や天然ガス会社といったエネルギー企業も参入しています」

現在のところ新興のスタービルダーは、核融合による一〇〇パーセントのエネルギー利得の達成に関して政府系研究所に後れをとっている。JETの核融合エネルギーの記録や、NIFが達成した三パーセントという単一ショットのエネルギー収量の記録に迫っているところはない。また、核融合を何十年もやってきたところもないし、資金力で肩を並べることもできていない。それでも急速な前進を遂げている。少なくとも、競争を推し進め、すべてのプレイヤーにいっそうの努力を促している。

そんなわけで、恒星を作るレースで勝つのは、身近なところにひっそりと立つ倉庫で作業にいそしむ一匹狼かもしれない。

裏庭で核装置と戯れる人間がいささか危険なように感じられるという人がいるなら、その気持ちは理解できる。恒星を作るレースについて一般の人にどんなことを知ってほしいかとシビル・ギュンターに尋ねたら、即座にこんな答えが返ってきた。「難しいということ――裏庭で試したりしてはだめ」だそうだ。彼女の言うことはもっともだ。なにしろテッポウエビのはさみは武器なのだ。そこで、核をもてあそぶ隣人、すなわちスタービルダーが裏庭で何をやろうとしているのか、気にかける必要があるのか確かめてみよう。

第8章　これはちょっと危険では？

「この兵器の破壊力に限界はないという事実ゆえに、その存在自体とその製造方法に関する知識は人類全体に対する危険となる。どう考えても間違いなく邪悪なものである」

——エンリコ・フェルミとイジドール・ラービ
アメリカ原子力委員会一般諮問委員会のために作成した報告書の中で水素爆弾について
（一九四九年）[1]

一九五四年三月一日、未明。大石又七（おおいしまたしち）は第五福竜丸の甲板に立ち、穏やかにきらめく満天の星の下で髪に潮風を受けながら、太平洋の波が船の脇腹に当たっては砕けるのを眺めていた。二〇歳の彼は、漁師として働いていた。この暮らししか知らなかった。一四歳で学校を中退してからずっと漁をやっていて、彼の世界はこれがすべてだった。出漁してから五週間、彼と二二人の日本人乗組員は広々とした海を航行していたが、漁果ははかばかしくなかった。第五福竜丸は全長三〇メートルの漁船で、航海にはあまり適していない。機械類はほとんどなく、何をするにも人の手が頼りだった。仕事は厳しく危険に満ちている。今回のマグロ漁は不運続きだった。一時は船が座礁したし、延縄（はえなわ）の半分を荒れた海に引きちぎられた。

夜明け前、乗組員たちは帰港する前の最後の投縄（とうなわ）を終え、又七も彼らとともに船室の入り口近くの寝台で横になっていた。そのとき不意に、まぶしい光が一面に広がった。

「右の水平線から左の水平線まで」光が現れた、と大石又七は語った。「『サアー』と夕焼け色が空いっぱいに流れた。……そして、その光が消えないのだ。……それぞれが自然災害を思い巡らせていた」〔大石又七『これだけは伝えておきたい　ビキニ事件の表と裏』（かもがわ出版、二〇〇七年）より引用〕

船室から飛び出した乗組員はみな立ちすくみ、早々と夜が明けるのをおののきながら見守った。その光景を眺めながら、誰も一言も発しなかった。七分後、今度は音が聞こえた。大陸がぶつかり合うような低い轟音が、海の底から湧き上がってきた。乗組員たちは飛び上がって、大石を含めてみな甲板に降りた。這って船室に隠れようとする者もいたが。音が過ぎ去ると、あたりはしんと静まり返った。しかし、苦難は始まったばかりだった。

今度は真っ白な粉が、聖書に描かれている豪雨のように空から降り注いだ。粉はいたるところに落ちてきた。海にも、甲板にも、第五福竜丸の乗組員にも、そして大石の顔にも。

「危険だとは感じなかった。何も痕は残らなかったから」と大石は言う。

雪ではなかった。いったい何だろうと、大石は味を確かめてみた。すると灰だとわかった。じゃりじゃりした。不運な第五福竜丸の乗組員がまだ知らなかったのは、自分たちが浴びたのは放射能を帯びたサンゴの細片だったということだ。放射性の白い灰に覆われた船で、乗組員は延縄を引き揚げて日本に向けて針路を定め、故郷の焼津港を目指した。帰港の途上、彼らは何かがおかしいと感じ始めた。

「めまいがして、何人かは下痢を起こした。白い灰のかかった部分が腫れて、大きな水膨れがいくつも現れ始めた」

太平洋を横断する帰路は、十数日かかった。最後に停泊したのは、マーシャル諸島の端の海域だった。四日後、乗組員の髪が抜け始めた。

船が帰港するとすぐに、科学者や医師は乗組員の身に起きたことを悟った。急性放射線症候群が生じており、乗組員は全員入院した。一人は半年も経たぬうちに亡くなり、他の乗組員は回復するまで一年間入院したが、その後も長く後遺症に苦しんだ。大石も肝臓がんを患い、乗組員の多くは、この事故で寿命を縮めた。

第五福竜丸が一九五四年のその日に航行していた海域から一三〇キロほど西に、ビキニ環礁があった。マーシャル諸島の北端に位置し、細い環状をなすサンゴが海面から突き出ている。午前六時四五分、アメリカが核分裂と核融合を利用した水素爆弾を爆発させるブラボー実験を行ない、サンゴの環礁に直径一・五キロメートルほどのクレーターが生じた。この装置は、最初の化学的爆発により核分裂可能な同位体（特別なプルトニウムやウラン）を凝集させ、核分裂爆発が起きる臨界質量に到達させる。最初の核分裂段階で生じたエネルギーが、重水素と三重水素からなる小さな球体を核融合の開始に十分な温度と密度にする。この第二の核融合段階によって棒状の材料の中でさらなる核融合反応が生じ、大量の中性子が放出され、これによりさらに核分裂反応が起きる。各段階で恐ろしいほど大量のエネルギーが放出され、これが合わさって当時として人類史上最大の爆弾が生み出された。

爆発からまもなく、数キロメートル以内にあるすべてを火球が破壊し尽くした。環礁から空中に吹き飛ばされたサンゴは中性子で高度に汚染され、放射能を帯びていた。周囲の島々に放射性の細塵（さいじん）が降り注ぎ、住民はやがて避難させられた。放射性降下物の雲が一五〇キロメートルほどにわたりビキニ環礁から東へ広がり、大石又七と仲間の漁師のもとに達した。

ビキニ環礁の周囲には進入禁止海域が設けられていたが、ひどいことに広さが十分でなかった。水素爆弾の最初の設計者の一人であるケネス・フォードは、ブラボー実験を計画したチームのメンバーで、爆弾から放出されるエネルギーの収量を予想するための計算をするのが彼の仕事だった。旧式のコンピューター計算と当時利用できた核反応に関する知見を用いて、彼は七メガトンという数字を引き出した。これはトリニトロトルエン（TNT）七〇〇万トンに相当する爆発力だ。ところが、ブラボー実験の実際のエネルギー収量は一五メガトンだったのだ。これは危険な計算ミスで、一部の漁師にとっては生死を分ける違いだった。一五メガトンというのは、広島に投下された原子（核分裂）爆弾一〇〇〇個を一つの場所で同時に爆発させるのに等しい。

計算を誤ったのは、装置内のリチウム6（原子核に粒子が六個あるリチウム）と考えられていた原子の一部が、実際にはリチウム7だったからだ。フォードの考えではこれは不活性のはずだったが、じつは条件が整えば中性子を捕捉して三重水素に変わることができる。三重水素は核融合によりエネルギーを放出できる。その際に中性子が生じ、これがさらに核分裂反応を引き起こし、さらにエネルギーを放出し、といった具合に反応が続く。その結果として想定をはるかに上回る大爆発が起こり、あの悲惨な出来事が第五福竜丸の乗組員を襲った。アメリカは最終的に賠償金を払わざるを得なかった。[2]

「こんなことが可能だとは思えない。少なくとも近い将来には」と、一九二三年に偉大な核物理学者のエンリコ・フェルミは記している。「このような恐るべき量のエネルギーを放出する方法が見つかるとは思えない。それは喜ぶべきことだ。これほど大量のエネルギーが爆発したら、それを実現させる方法を発見するという不運に見舞われた物理学者の体が真っ先に粉々に砕け散ってしまうだろうから」[3]

フェルミの予想は（めずらしく）誤っていて、われわれは何十年も前に核反応を使って自らを粉々に砕く力を手に入れた。明らかに、核技術は人類を助けることも害することもできる諸刃の剣だ。本書ではこれまでのところ、核技術の有益な面をもっぱら見てきた。今度は核融合が害をもたらし得るのか考えてみよう。核技術の「刃」は非常に危険で、どんなものでも「核」という言葉がついていると嫌悪される（それゆえ、命を救う核磁気共鳴画像法（ＭＲＩ）装置でさえ、病院に導入され始めたときに名称から「核」という言葉が取り去られた）。スタービルダーは自分たちの支持する核技術、すなわちエネルギー生産のための核融合をわれわれにも支持させたがっているが、われわれとしてはリスクについて知る必要がある。核融合は現時点で存在している最も破壊的な核技術の主要な要素であるという事実を無視することもできない。

核兵器は、戦争のあり方を歴史上の何よりも大きく、そして何よりも急激に変えた。一九四五年の東京大空襲（死者一〇万人）やドレスデン爆撃（死者二万五〇〇〇人）で焼夷弾によってすさまじいほど多くの人命や財産が失われたのと違い、今ではたった一つの爆弾ですべてを滅ぼすことができる。広島と長崎で使われた原子（核分裂）爆弾は、この世の地獄を生み出した。広島では、爆心地から半径八〇〇メートル以内のすべての動物や植物がたちどころに蒸発し、黒く焦げた燃えかすだけが残った。爆心地から四キロメートル離れた場所でも、傷害が皮下組織まで及ぶⅣ度〔日本の分類ではⅢ度に相当〕の熱傷が生じ、目撃者の報告によれば被爆者の体からはただれた皮膚が垂れ下がっていた。広島市内では建物の九割以上が失われた。爆風で命を奪われなかった人は、直後に起きた火災に飲み込まれ、爆風と火災を生き延びた人も多くが原爆症で亡くなった。死者は全部で二〇万人に達したと思われる。長崎に投下された爆弾も、おそらく一五万人ほどの命を奪った。「十分に発達した科学技術は、魔法と見分けがつかない」と述べたＳＦ作家アーサー・Ｃ・クラークの言葉のとおり、これほど効果的に町全体を消滅させた核兵器は、まるで魔法のようだ。ただし、このうえもなく陰惨な魔法だが。

核兵器は、人類にとってとりわけ危険な脅威だ。十分に大規模な核戦争が起きれば、世界は核の冬に陥り、煤煙（ばいえん）や塵埃（じんあい）で日光が遮られ、気温は二万年ぶりの低温に下がり、戦争ですぐに死ななかった者もおそらく餓死する。今日、世界には一万個以上の核兵器が存在する。それらが決して使われないように、われわれはみなできる限りのことをしなくてはならない。[4]

核兵器は、核分裂を利用するもの（原子爆弾）と、核融合と核分裂の両方を利用するもの（水素爆弾）という二つのタイプに分けられる。一九五四年にビキニ環礁を消滅させたのは水素爆弾で、これは原子爆弾よりもはるかに破壊力が大きい。現在、世界の核保有国の兵器庫に蓄えられているのはこちらのタイプだ。

だが、エネルギーの供給を目的とする平和的な核融合がこれと同じ類の危険をもたらすと考えるのは、正しいとは言えないだろう。

幸い、核融合炉に手を加えても、水素爆弾のような爆発を起こすことはできない。発電を目的として設計された制御核融合炉は、水素爆弾とは根本的に異なる。核兵器の拡散には、核分裂性物質が不可欠だ。核分裂を起こす同位体（通常は特別なウランかプルトニウム）がなくては、どんな核兵器も作れない。原子爆弾では、こうした同位体の核分裂から爆発エネルギーがもたらされる。水素爆弾の場合、核分裂が最初のきっかけとなって核融合反応が始まる。しかし、核融合炉で核分裂が起きることはいっさいない。だから核融合炉がいかなる爆弾のようにふるまうこともないし、そうさせることもできない。

もっと妥当な懸念は、核兵器の材料を作るのに核融合炉が使える点だ。科学的には、ウラン238かトリウム232を核融合発電所に持ち込んで、核融合により生成した中性子に曝露（ばくろ）させれば、ウラン238からは核分裂性のプルトニウム239、トリウム232からは核分裂性のウラン233が十分に得られ、核分裂爆弾の基本的な材料が手に入る。ある研究で、何をやっているか隠す必要がなく、ウランとトリウムの前駆物質を十分に利用できる状態であれば、最短一カ月で核分裂性材料を生成できると計算されている。これはつまり、核融合エネルギーが核拡散のリスクになるということではないのかと、私はスタービルダーたちに質問した。[5]

「常にリスクではありますね」と、ＮＩＦ所長のマーク・ハーマン博士は認めた。「しかし核融合の長所は、核分裂性物質が不要だという点です」。核拡散の点で、核融合は核分裂より安全だと彼は強く信じている。私がローレンス・リヴァモアで取材した誰もが、彼と同じ見方をしていた。この研究所の主たる任務の一つは核兵器の拡散防止であることを忘れてはならない。他のスタービルダーたちも同じ考えだ。「核融合は［核分裂よりも］はるかにずっとリスクが低いです」と、トカマク・エナジーＣＥＯのジョナサン・カーリングは言った。「ウランやプルトニウムといった核分裂性物質をいっさい使いませんから」

核融合反応炉のある場所で、原子爆弾を作るためや水素爆弾のトリガーにするために使える材料を用意する必要はいっさいない。「核融合発電所に押し入って材料を盗み出し、それを使って爆弾を作ることはできないのです」と、ファースト・ライト・フュージョンＣＥＯのニック・ホーカー博士が言った。さらに、核分裂性同位体とその前駆物質は少量でも検出可能なので、存在の有無を調べるのは比較的容易だ。核融合炉で検査装置を使えば、そこで何が起きているのかはほんの数秒か数分でわかるだろう。爆弾用の同位体を生成するのに必要な物質はすべて、きわめて厳密に管理されていると、ニック・ホーカーが指摘した。

そんなわけで、スタービルダーは核拡散のリスクがあることを認めながらも、核分裂と比べれば核融合のほうがリスクははるかに低いと考えている。核分裂発電所では、爆弾一個分の臨界質量を公然と積極的に生成しても数週間かかる。これまでにいくつもの国が核分裂発電を隠れ蓑にして、核兵器用の材料をひそかに作っていたと非難されている。誰もが認めるとおり、核融合発電を兵器計画の隠れ蓑として使うのは、これよりはるかに難しい。それでも、核融合を地球の主要エネルギー源の一つとすることを真剣に考えているのなら、スタービルダーは核拡散のリスクに留意する必要があるだろう。[6]

もっとも核をめぐっては、懸念は拡散だけにとどまらない。

「人を最も不安にさせるのは何かと考えたら――」とジョナサン・カーリングが言った。「それはメルトダウンです。福島やチェルノブイリなどで起きた事故を見ると、ひどいものでした。しかし核融合発電所では、メルトダウンは起こり得ません」。すべてのスタービルダーがこれを認める。「核融合炉がメルトダウンするリスクはありません」とニック・ホーカーも言った。「反応を遮断すれば、すぐに停止するのです」

イアン・チャップマンはこんなふうに表現する。「核融合では、反応を止めたければ数ミリ秒で止められます。難しいのは、反応を持続させることです。停止させるのは簡単です。じつに簡単で、核分裂のように連鎖反応が起きるリスクもありません」

メルトダウンが起きるのは、いったん核分裂反応が始まると停止させるのが場合によっては難しいからだ。核分裂反応は連鎖して起き、各反応が次の反応を引き起こす。この連鎖を継続させるために、原子炉チャンバー内には十分なウラン燃料が入れられている。核分裂発電所では、反応が爆発的に増えたり勢いが出すぎて完全に停止したりせずに反応の連鎖を制御できるように、バランスが保たれている。パンデミックのたとえを使うなら、一人の感染者から感染が広がる人数を表す実効再生産数Rを1に保つのと同じことだ。核分裂発電所のメルトダウンでは、反応の連鎖が制御不可能になり、温度が激しく上昇し、発電所の一部が溶融することがある。

核融合炉も制御不可能に陥ることがあるのではないか、スタービルダーが意図するよりも多くの燃料を燃やし尽くしてしまうのではないかと、不安に思う人もいるかもしれない。しかし制御核融合は、反応の連鎖ではなく、温度、閉じ込め、密度に依存するので、核分裂と同じように暴走して制御不可能になることはあり得ない。核分裂とは対照的に、核融合ではプラズマの閉じ込めを維持するためにエネルギーの注入が必要とされることが多い。磁場閉じ込め核融合の場合、外部からの加熱か磁場を用いて反応を起こす。加熱や磁場の適用を急に止めると、核融合炉のディスラプションは起きるが、発電所の爆発やメルトダウンは起こらないはずだ。核融合反応は、開始させるのは難しいが、停止させるのは簡単なのだ。慣性閉じ込め核融合では、ドライバー（ＮＩＦではレーザーを使っている）を止めれば発電所全体が停止し、熱暴走は起こらない。

核分裂のプロセスとは違い、核融合炉にはどの時点においても核融合燃料はごく少量しか存在しない。そのため放出可能なエネルギーの最大量は厳しく制限される。これまでに計画されているうちで最大のトカマクでも、特定の時点に存在し得る水素は最大でも二グラム以下になるだろう。これは、核兵器に存在する量よりもはるかに少ない。磁場方式にせよ慣性方式にせよ、核融合装置に水素をこれ以上入れたら、核融合条件が達成できなくなる。核融合炉は、もともと自己制御ができるようになっている。トカマクは、一定の水素密度においてのみ稼働できる。それを超えると、高温を達成できなくなる。慣性閉じ込め核融合では、現在用いられているものよりもはるかに大きなカプセルを爆縮させられるドライバーエネルギーが存在しない。核融合で、燃料全体が炉内に保持されるのは、恒星で起きる重力閉じ込め核融合だけだ。[7]

スタービルダーは、自分たちが核融合に対してこれほど熱意を抱く理由の一つは、その安全性だと強調したがる。核融合炉が爆弾に転用されたり、制御不可能な連鎖反応を起こしたり、メルトダウンに至ったりする可能性はない。核融合反応炉では核分裂が起きないからだ。とはいえ、核分裂と核融合に放射能という共通点があるのは事実で、これが真の危険をもたらすのは確かだ。

放射能

核技術にまつわる誤解のなかで、最たるものが放射能だろう。これは多くの人が原子力発電に不信の念を抱く大きな理由であり、とりわけ核分裂への大きな不信感のもととなっている。放射能が謎と危険に満ちていると感じられる理由の一つは、肉眼では見えない点だ。人命を危険にさらすものとしては火災や洪水のほうがはるかに頻繁に起きるが、これらは少なくとも目で見て、理解し、避けることが可能だ。核融合に由来する放射能のリスクを理解するために、まず放射線とは何なのか考えてみよう。

高エネルギーの電子、陽子、中性子、その他の素粒子による粒子線というものがある。また、X線やガンマ線といった電磁波もある。放射化された物質、すなわち放射性物質には、不安定な原子が含まれていて、これがときおり崩壊して別の原子に変わる。物理学者は原子の半数が崩壊するのに要する時間、すなわち半減期という観点で放射性物質について考えることが多い。たとえば核分裂性ウラン235は、およそ七億年の半減期をもつ。

放射性原子は崩壊するときに、これらの放射線のいずれかを発することが多い。この崩壊の背後では、弱い核力が働いている。教科書に書かれている放射線は通常、高速のヘリウム原子核（アルファ線）、電子（ベータ線）、きわめて高エネルギーの光（ガンマ線）のいずれかによるものだと言われる。アルファ、ベータ、ガンマだ。だが、驚くべきことに、どんな粒子でもエネルギーをたっぷり詰め込めば、多くのダメージを引き起こせる。弾丸が破壊力をもつのは、高速で進むからにほかならない。

つまり、放射線につけられたアルファ、ベータ、ガンマという名前が特に何かの役に立つとは思えない。これらの名前が存在するのは、おおむね歴史的な理由からだ。これらは最初に発見された放射線であるとともに、最も一般的な放射線だからだ。[8]

放射線について考えるのにもっとよいのは、光の粒子か場合によっては光の小塊でできているととらえることだ。これが進みながら原子や分子を破壊するのに十分なエネルギーをもち、その過程でさらに多くの放射線を生み出す可能性をもつ。たとえば歯のエナメル質に含まれる炭素14は、原子核内の中性子が陽子になる崩壊を起こし、そのときに電子（ベータ線）を放出する。核融合反応で生じる高速の中性子も、原子を変化させて放射能を生じさせることができる。

多くの人には驚かれるかもしれないが、放射線というのは完全に自然なものである。低線量の放射線は危険性がほとんどないが、避けることもできない。本書を読んでいる読者にも、放射線が襲いかかっている。毎日毎秒、太陽系の外で生じた放射線である高エネルギーの「宇宙線」が何百種類も、地球上にあまねく降り注いでいる。宇宙線が高エネルギーを保持してはるか彼方から地球に到達する仕組みについて、科学者はまだ一〇〇パーセント解明できてはいないが、宇宙線がわれわれの宇宙を構成する正常な一部であることは確かだ。上層大気にぶつかると、炭素14などの放射性同位体のカスケードが生じることもある。[9]

放射性物質は、地球の内部にも存在する。マリー・キュリーやアーネスト・ラザフォードといった初期の放射能研究のパイオニアが最初に行なった実験では、そうした地中の放射性物質を扱った。それらの鉱石はもともと超新星で生み出され、宇宙から飛来したものだ。これらの原子が不安定で、超新星で形成されたのなら、なぜまだ完全に崩壊し尽くしていないのかと不思議に思う人もいるかもしれない。こうした「不安定」な原子のなかには、その不安定性がわれわれの日常生活で認識されるような不安定性とは違うものがある。原子は想像を絶するほど長い時間をかけて崩壊する。二〇〇〇京年もかかったりする。[10]

放射性物質の放つ放射線のもつ、われわれ自身のような生物に対する危険度を示すには、放射線が透過するときに体内に残していくエネルギーの量を表す「線量当量」という尺度を使う。測定にはシーベルト（Sv）という単位を用いる。どんなものが放射性をもつか、あるいはどのくらいの放射性をもつかは、意外性に満ちている。たとえばバナナはカリウムを含んでいるため、一〇〇〇万分の一シーベルトの放射線をもつ。胸部レントゲン検査は、一回でおよそ一〇〇万分の二〇シーベルトだ。ロンドン発ニューヨーク着の八時間のフライトで浴びる放射線は、一〇〇万分の四〇シーベルトになる。たいていの人は、天然の背景放射能や医療用スキャンだけで年間四ミリシーベルト（mSv）前後の放射線を浴びる。これはロンドン発ニューヨーク着のフライト一回の一〇〇倍に相当する[11]（「ミリ」はたとえばミリメートルのように、一〇〇〇分の一を表す）。年間被曝線量の一〇パーセントが宇宙線に由来する。この線量では、放射線は危険でない。これよりはるかに大量の放射線を浴びるか、あるいはこの線量を短期間で浴びない限り、健康リスクは生じない。意外に思われるかもしれないが、核分裂発電所の近くで浴びる放射線さえ、通常時に安全に運転している限り、無視して大丈夫な程度だ。たとえばイギリスでは、核分裂発電所の作業員が業務で被曝する線量は年間〇・一八ミリシーベルトにすぎない。[12]

年間一〇〇ミリシーベルト以上の線量は、発がんリスクの増大と結びつく。放射線宿酔（短期間に高線量の放射線を被曝した際に起きる吐き気や倦怠感などの症状）が起きるのは、通常、短期間に数百ミリシーベルトの放射線を被曝したときだけだ。これらの数値を大局的にとらえると役に立つ。核分裂発電所の事故としてとりわけよく知られているのが、スリーマイル島原発事故と福島原発の原子炉溶融事故だ。スリーマイル島の事故では、数人が一ミリシーベルトを被曝した。福島では、メルトダウンが起きてから二週間の立ち入り禁止区域の線量が二ミリシーベルト程度だったと考えられる。いずれも、発がんにつながるとされるレベルをはるかに下回っていた。それでも福島原発では、作業員六人がこのレベルを超える線量を被曝した。痛ましいことにそのうち一人が死亡し、放射線が直接の原因だったと考えられている。とはいえこれらの線量は、世界最悪のメルトダウンが起きたチェルノブイリでの被曝線量と比べればかすんで見える。チェルノブイリでは、三〇人が致死線量とされる八シーベルト以上を被曝した。発がんリスクの年間上限線量の八〇倍、そしてスリーマイル島での線量の八〇〇〇倍に相当する線量だ。しかし、放射能と結びついているのは原子力だけではない。石炭火力発電所は、燃料を燃やす際にウランとトリウムを大気中に放出する。ある分析調査で、石炭火力発電所から出る灰は、同量のエネルギーを生産する原子力発電所が安全に稼働している際に放出する量と比べて一〇〇倍の放射線を環境に放つと推定されている。[13] このように放射線はいたるところにあり、その量や引き起こす害の度合いはさまざまだ。

これはひどく気がかりな話に聞こえる。しかし、放射線は悪いことばかりをするのではない。それは大きな間違いで、それどころか放射線が役立つ場合もある。たとえば食品の滅菌にも広く使われているし、今この瞬間、放射線が読者の皆さんを守っている可能性も大いにある。というのは、たいていの煙検知器には、ヘリウム原子核を放出する少量の放射性物質が入っているのだ。ヘリウム原子核は陽子二個と中性子二個からなり、正電荷をもち、空気中で別の粒子にぶつかると、その粒子に電荷を与える。煙警報器内のヘリウム原子核の流れが、検知可能なわずかな電流を発生させる。空気中に煙が存在すると、ヘリウム原子核が煙に吸収され、流れる電流が減少し、警報器が作動する。

放射性炭素14は、数千年前の有機物の年代を正確に特定するのにすばらしい働きをする。動物や植物が死ぬと、体内の炭素全体に対する放射性炭素14の比率が一定の値で固定する。動物の歯を調べて年齢を特定するのと同じように、時代をさかのぼって動物や植物が死んだ時期を特定することができる。この方法は五万年ほど前まで使える。それより昔になると、炭素の放射能が弱すぎて測定できない。放射年代測定によるエビデンスは、人類の先史時代に関するわれわれの理解をさまざまな形で変革している。非常に長寿命の放射線源のおかげで、ラザフォードは一九〇四年の講演で、地球が誕生してから数十億年経っていると主張することができた（地質学者はすでにそのことに気づいていたが、物理学者はまだ確信していなかった）。ジルコン結晶中で起きるウランから鉛への崩壊を利用する最新の放射年代測定によれば、地球は少なくとも四三億八〇〇〇万歳に達している。[14]

医療では、さまざまな病気の診断や治療に放射線が利用できる。この技術のパイオニアとしてノーベル賞を受賞したのが、ローレンス・リヴァモア国立研究所にその名を残したアーネスト・ローレンスだ。がん治療に使用する放射性同位体の価格は、一九二一年には一グラムあたり一〇万ドルだったが、彼の開発した技術のおかげで一九三五年にはほんの数ドルまで下がった。これは、放射性同位体を作る材料として装置に投入する塩の価格だ。[15]

非常に有用な核診断法として、患者に放射性同位体を摂取させる方法もある。体内に吸収された同位体はX線かガンマ放射線を放出するので、体のどこにあるかわかる。多くの技術と同様、放射能もツールとして役立つこともあれば、恐怖をもたらすこともある。

恐怖のほうがニュースになりやすい。不運にもビキニ環礁の爆発実験場に接近しすぎてしまった第五福竜丸の場合、被害をもたらしたのは爆発そのものではなく、放射能雨だった。大規模な放射線被曝というのは、幸いなことにめったに起こらない。メルトダウンもしょっちゅう起きるわけではない。

放射能や原子力といえば、多くの人が原子力発電所の中に入っていくものについて懸念していて、それは当然だ。そして発電所から出てくるものについて懸念するのは、なおさら当然だ。

核分裂では、原子炉に入れるものと出てくるものはどちらも放射性物質だ。まずは「材料」を見てみよう。最も核分裂しやすく大量に存在する同位体は、ウラン235だ。これは放射性物質であり、ヘリウム原子核を放出することで崩壊してトリウムになる。半減期が長いので、一秒あたりの崩壊原子数はあまり多くなく、だから決して最も危険な放射性物質というわけではないという点が重要だ。

核分裂の原子炉から出てくるものは、もっと厄介だ。出てくる放射性廃棄物のなかには、何百万年も放射性を維持するものもある。核分裂では、ウラン235のように大きな核が分裂すると、ガンマ線、高エネルギー中性子、大量のもっと小さな原子（それ自体が不安定であることが多い）が生じる。フランスの核関連企業ＥＤＦエナジーの推定によると、フランス（電力の七五パーセントを核分裂で生産している）では国民一人あたり年間一キログラムの核廃棄物が発生している。重量比で言えば廃棄物は化石燃料を燃やす場合よりもはるかに少ないが、発生するもの自体は核分裂のほうが問題が多い。核廃棄物一キログラムの大半は、比較的短期間で安全なものとなる低レベル廃棄物だ。真に危険なのは三パーセントを占める高レベル廃棄物で、これは放射能が非常に強いので、生じてから四〇年間は能動的に冷却しなくてはならない。それから少なくとも一〇〇〇年間は、慎重に格納して保管する必要がある。一〇万年後にようやく、この廃棄物はウラン鉱石と同程度の放射能レベルに達し、手袋を着用すれば扱える程度となる。[16] 世界各国は今もなお、この長寿命廃棄物の格納場所の問題に取り組んでいる。今のところ、廃棄物のほとんどはそれが発生した発電所の近隣で保管されている。[17]

原子力発電で少量だが危険で長寿命の廃棄物が生じることに、不安を抱く心情は理解できる。だが、核融合は核分裂とは違う、放射能についても違うのだ、とスタービルダーは訴える。仮に核融合廃棄物が核分裂廃棄物と同程度に危険だとしても（実際のところどうかについては、あとで再び触れる）、核分裂発電で生じる放射能に人が被曝した事故のなかで特に重大なものは、すべてメルトダウンが原因だった。一方、核融合発電所ではメルトダウンは起こり得ない。

投入する材料についても、核融合のほうが核分裂より安全だと言える。重水素には放射性がない。しかし、核融合反応で使うもう一つの材料である三重水素には放射性がある。半減期はおよそ一二年で、崩壊するとヘリウム3になる。とはいえ三重水素の放射能は非常に弱く、崩壊時に放出される電子は皮膚表面の死んだ細胞の層すら透過できない。このため、三重水素には興味深い用途がいくつかある。その一つは、放射能で稼働してバッテリーが不要なライトだ。三重水素は、非常口のサインの照明にも利用されている。建物内で停電が起きても、三重水素は放射性の光を発することができる。三重水素は放射性物質としてはかなり安全だが、それでも取り扱いには注意を要する。

核融合炉施設に保管されている三重水素が人にリスクをもたらす可能性はないのかと、私はスタービルダーたちに尋ねた。カラム核融合エネルギーセンターで働くローン・ホートンは、JETの核融合燃料については放射線リスクは低いと言う。「われわれが扱っているのは産業用レベルです。人が日常生活をするなかで日々浴びるよりも低い線量ですし、飛行機に乗ったときに浴びる線量より低いのは間違いありません。私の浴びている線量は、測定できないほど低いです」

カラムの住民はJETの扱う三重水素が施設から漏出することを心配しているのではないかと、私はイアン・チャップマンに問うた。

「重大な事故が起きて格納が破綻した場合の放射線被曝については、三重水素が数十グラム程度漏出すると想定しています。住民にとっては無視して大丈夫なリスクです。施設では三重水素を一〇〇グラムほど保有していますが、われわれは原子力のライセンスを受けているわけではなく、環境庁の監督下で施設を運用しています。三重水素は格納容器の中にあり、これがさらに別の格納容器の中にあって、これがコンクリート製のバイオシールドの内部に設置されています。三重水素がこの三つすべてを突破したとしても、排気脱三重水素化装置に入って捕捉されます。同時に溶けて大気中に出ていったとしても、量が非常に少ないので、リスクはやはり無視できるレベルです」

このようにリスクが低いので、核分裂発電所とは違って核融合発電所では周囲に立ち入り禁止区域を設けていない。核融合スタートアップの安全性手順のレベルは、重水素 - 三重水素核融合を行なう段階に達しているかによって異なる。現在のところ、ほとんどはその段階に達しておらず、三重水素を（まだ）必要としていない。現在計画されている世界最大のトカマクは、機能する核融合発電所と同程度の規模になる可能性が高いが、これについても地域住民の避難が必要となるシナリオは存在しない。運転中の発電所から生じる放射線のレベルは天然の背景放射の一〇〇〇分の一程度になるだろう。[18]

「電離放射線を扱う作業に関する規制には禁止事項が多いですが、われわれはそのすべてを遵守しています」とニック・ホーカーが断言する。「エネルギー利得実験のためにわれわれが保有する予定の放射性物質全体のなかで、三重水素はほんの少しになるはずです。ほぼゼロと言っていいでしょう。発電所では三重水素を使うことになるので、これが最大の懸念になると思います。三重水素には一定の放射能がありますし、拡散性もありますから」と言い、三重水素の安全性基準は核分裂燃料に関する基準と比べてはるかに単純だと説明する。

重水素と三重水素の核融合では、高速で運動する中性子とヘリウム原子核が直接生じるが、その量はごくわずかだ。核融合で生じたヘリウム原子核は、核融合炉から電力が取り出されるとすぐに再び電子と結合する。したがってこの場合、放射能の問題は生じない。じつのところヘリウムは有用で、供給が不足している。

核融合反応における最大の放射線源は、炉の稼働中に生じる中性子だ。そのため、ＮＩＦやＪＥＴ

の炉心付近で作業する人は全員、放射線の被曝量を調べる線量計を装着しなくてはならない。

ＮＩＦ運用責任者のブルーノ・ヴァン・ウォンターヘム博士は、私に施設内を見せて回りながら、中性子による人への被害を防ぐためにとっている対策のいくつかを指摘した。レーザーが核融合燃料に照射されるＮＩＦのアルミ製ターゲットチャンバーは、厚さ一・八メートルのコンクリート製の円筒で囲まれ、厚さ一・二メートルの扉で閉ざされた出入り口を通らなければたどり着けない。この円筒はさらに別のコンクリート製の壁で囲まれていて、その外側はさらに遮蔽されている。ショットの最中、核融合反応で生じる一京個の中性子のほとんどが、ターゲットチャンバーから漏出する。ＪＥＴと同様、装置を取り囲むコンクリートの壁には、中性子を安全に吸収するホウ素が配合されている。大量のホウ素を含むコンクリート壁は、漏出する中性子の数を一〇〇〇分の一に抑えることができる。

「高収量ショットの場合、ターゲットベイ［スチール製のターゲットチャンバーのすぐ外側のスペース］の中性子の線量はおよそ八万ラドになり、致死線量を上回ります」とブルーノが静かに言った。ラドとは体に吸収される放射線の量（吸収線量）の尺度だ。シーベルトでも、エネルギーの大きさが同じであっても放射線の種類によって与えるダメージの大きさには差があるという事実を考慮する。核融合で生じる高速の中性子の場合、八万ラドは八〇〇シーベルトに相当する。わずか五シーベルトでも命にかかわるので、この線量はただごとでない。核融合炉チャンバーからわずか二〇メートルのところに十分な遮蔽が施され、中性子の数を一〇〇万分の一に減らし、線量をさらに減らしているのには理由があるのだ。ターゲットチャンバーを何重にも取り囲む遮蔽により、線量は誰にとってもリスクのないレベルまで減少する。私が近くの制御室からショットを見守っていたとき、着けていた線量計でそのことは確かめられた。さらにブルーノは、ターゲットチャンバーは核融合でＱ値六〇（入力エネルギーの六〇倍のエネルギーが出力される）に対応するのに十分な遮蔽を備えていると言った。

私たちはスチール製の枠にやはりコンクリートが詰め込まれている分厚い扉を通り、放射線管理区域に入った。そこからターゲットベイに入る。中心には核融合炉チャンバーがあり、その中でレーザービームがホーラムに照射する。致命的な放射線の大半はショットの最中に生じるが、中性子に惹起(じゃっき)された放射能は滞留する場合がある。その場所がつい最近に致死量を超える放射線を浴びたばかりというときに、ターゲットチャンバーのすぐ外を歩き回れるということに私はすっかり驚愕した。ブルーノは私に、どこにも手を触れないようにと念を押した。適切な服装に身を包んだエンジニアたちが、放射線を浴びたばかりの装置をあちらこちらへ動かしているが、不安の色は見えない。私がそう口にするとブルーノは、各ショットのあと数時間から数十時間で、誰もが日常的にさらされている背景放射レベルまで放射能が下がると説明してくれた。

私はスタービルダーたちに、典型的な核融合実験で生じる放射線はどの程度のリスクをもたらすのかと質問した。

「大したことはありませんよ」とマーク・ハーマンがＮＩＦについて答えた。「チャンバーは非常に広いですし、扉は高収量実験に備えて二、三メートルの厚さです。扉は二組あります。高収量ショットのときでも、制御室にいて大丈夫なのです」

マークが自信たっぷりにこう言えるのは、必要な場合に放射線を止める方法がわかっているからだ。核融合で生じるヘリウム原子核は高速で進む弾丸の二万五〇〇〇倍ほどの速度で運動するが、紙一枚で止めることができる。厚さ数ミリメートルのアルミの板を使えば高速で運動する電子を止められるが、ガンマ線や中性子は鉛など高密度の物質の大きな塊を使わないと止められない。核融合で格別に手ごわい問題は中性子だ。ＮＩＦやＪＥＴでコンクリート製の壁が何層も設けられているのはこのためである。

しかし、放射線の影響を受けるのは、人間に限らない。長期的には、中性子の爆撃に何度も見舞われる核融合炉チャンバーにも影響が生じる。高速で運動する中性子が原子核にぶつかると、原子核が放射能をもつ場合がある。これが起きるかどうかは、衝突される原子の種類によって決まる。スタービルダーは中性子による放射化を最小限に抑えるため、核融合炉を建設する際には材料を入念に吟味する必要がある。どれほど強靭な材料を使ったとしても、長年にわたって中性子の猛攻を受け続ければ、材料の一部は放射化するだろう。つまり、核融合を行なえば放射性廃棄物が生じるということだ。といっても、核分裂の原子炉で生じる廃棄物とはまったく違う。[19]

「核分裂発電所では、プロセス本来の要素として廃棄物が生じます」とジョナサン・カーリングが教えてくれた。「核融合発電所で出る廃棄物は、中性子が衝突することで発電所の施設から生じる、比較的放射能の弱い廃棄物だけです」。核分裂では、使用済み燃料と原子炉が放射能をもつ。一方、核融合で放射化するのは核融合炉チャンバーだけで、これについては発電所の寿命が終わるときに対処することになる。

核融合炉が寿命を終えたあと、その場所を除染するのはどのくらい容易なのだろうか。JETは一九八三年から運転しており、中性子を生み出す重水素と三重水素を使っている。これはわれわれが今までに到達したなかで実用的な核融合炉に最も近いものであり、今後を予想するうえでよいモデルとなる。

「JETを閉鎖したら、一〇年以内にそこを緑地化する計画です」とイアン・チャップマンが説明してくれた。「ロボットを送り込んで第一壁〔核融合炉でプラズマに直接さらされる、真空容器の内壁〕を撤去し、壁から三重水素を除去します。……三重水素を保管し、それ以外のものは大型のごみ容器に入れて廃棄します。残留する放射能は、無視できる程度です。三五年から四〇年にわたり運用してきた施設を一〇年で緑地化すると言えば、わかってもらえるでしょうか」

核融合炉が寿命を終えたときに放射性廃棄物がどのくらい生じるかは、核融合炉チャンバーの材料や運用期間によるが、最も正確と思われる推定では、一〇年後には、入力エネルギーの一〇倍のエネルギーを出力してきた核融合反応炉チャンバーの放射能はウラン鉱石と同程度になると見込まれている。一〇〇年後には、放射性がまったくなくなるはずだ[20]。

「崩壊するまで中間廃棄物用の密封容器に入れておいて、それから処分すればよいのです」とイアン・チャップマンが説明する。「核分裂のように廃棄物が残るわけではないのです」

放射能は善にも悪にもなり、ありふれたものでありながらまれでもあり、危険と安全のどちらにもなり得る。すべては状況しだいだ。スタービルダーには、核融合炉が核分裂発電所よりも放射能リスクが低く、持続する放射性廃棄物を残すことはないと信じるべきもっともな理由がある。

核融合炉の真の危険

放射線ではなく、核拡散でもなく、メルトダウンでもないならば、スタービルディングにおける重大な問題とは何なのだろう。

「最大のリスクは――」と、ＪＥＴの利活用マネジャー、ローン・ホートンが教えてくれた。「人間の転落です」。彼の言葉は額面どおりだ。さらに、大量の電力供給と強力な磁石のそばにいるリスクもある、と彼は続けた。彼の考えでは、放射線のリスクは二位から大きく水をあけた三位だ。ファースト・ライト・フュージョンでは、安全性に関する最大の懸念は高所での作業だと、ニック・ホーカーもこちらから促されることなく語った。

「われわれが一般市民に危険をもたらすことはありません。適切な手順を定めているので、それを守れば、チームが危険にさらされることもありません」

発電用の核融合炉がどのくらい安全なのかは、じつのところ実際に建設するまでは知りようがない。機能する核融合炉が核分裂発電所よりもいくらか安全である可能性が高いということはわかっている。核融合炉ではメルトダウンが起こり得ないし、放射能によるリスクも少ないからだ。だが、核融合と核分裂という二つの技術には、類似した点もある。どちらも厳しく規制され、核エネルギーがきわめて高効率なおかげで使用する燃料はごくわずかだが、狭い場所で複雑なインフラを大量に必要とする。

核融合が電力源としてもたらし得る危険性の上限として、私はその親戚である核分裂について考えたらおもしろいのではないかと考えた。その結果として至った発見は、多くの人に大きな驚きとして受け止められるかもしれない。

核分裂発電所は、地球上で最も安全な大規模エネルギー生産方式だ。核分裂で生産されるエネルギー一エクサジュール（アメリカだけで年間九五エクサジュールのエネルギーを消費していることを思い出そう）あたりの死者数は、二〇人ほどである。他と比べるなら、石炭では一エクサジュールで六八〇〇人の死亡に至る。単純に計算すれば、核分裂は石炭と比べて三四〇倍安全だということになる。これは最初に受ける印象よりも、じつは理にかなっている。ウランならわずか二グラムで化石燃料一六キログラムに相当する。これは、化石燃料発電に伴う格別に危険な作業である鉱石の採鉱と抽出を大幅に削減できることを意味する。

どんな電力源にも、リスクはつきものだ。再生可能エネルギー源でも、それは変わらない。水力発電では、一エクサジュールあたり三三〇人が死亡する。この数字は、一九七五年に起きた中国の板橋（ばんきょう）ダム決壊という一件の悲惨な事故の影響が大きい。この事故では二〇万人が死亡したと推定されている。核分裂では一エクサジュールあたり二〇人が死亡するとされているが、ここにはチェルノブイリ原発事故が含まれている。＊ウラン抽出はともかく、一九九〇年以降に目を向けると、核分裂は一エクサジュールあたりの死亡がわずか三件だ。風力では一エクサジュールあたり一〇人、太陽光では五人が死亡している。これは、太陽光エネルギーがエネルギー危機の解決策として有望視されるさらなる理由となる。[21]

原子力事故が大ニュースになるのは、まさにそれがめったに起きないからだ。これは航空機事故と自動車事故の関係と同じことだ。アメリカでは自動車事故で毎年何万人もの人が亡くなっている。一方、航空機の墜落事故で亡くなるのは通常、世界全体で年間二〇〇〇人にも達しない。それなのに、航空機事故のほうが頻繁にニュースで取り上げられる。この不均衡により、誤った政策の選択がなされるおそれがある。福島原子力発電所でメルトダウンが起きたあと、ドイツは国内にあるすべての核分裂発電所を段階的に廃止すると決めた。

こうして、ドイツは原子力発電を化石燃料による火力発電に切り替えることを余儀なくされた。その結果、何が起きたか。二〇一一年から二〇一七年にかけて、死者が四六〇〇人、二酸化炭素の排出量が三〇〇メガトン増加したと推定されている。日本でも、福島原発事故の直後には国内のすべての原子力発電所が運転を停止した。これによりエネルギー価格が高騰し、国民は冬季にエネルギーの購入量を抑えることで対応した。結果として、エネルギーの貧困のせいでさらに多くの人が亡くなった。じつのところ、この影響による死者数は原発事故そのものによる死者数を上回った。直感だけに頼って政策を全面的に改める前に、エビデンスを入念に調べるべきなのだ。[22]

＊　福島原発事故は、この研究の発表後に起きたので含まれていない。

核分裂は、それよりも危険な電力源と置き換われば、命を救う可能性がある。その利用の歴史を通じて、核分裂発電は大気汚染による死亡一八〇万件を防ぎ、化石燃料を燃やしたら生じたはずの二酸化炭素六四ギガトンに相当する温室効果ガスの排出も回避したと推定されている。[23]

繰り返しになるが、どんな発電方法にもリスクはつきものだ。リスクは避けられない。社会の中で、エネルギーを使えば必ずトレードオフが生じる。死亡や病気のリスクが、そのエネルギーのもたらす利益に値するかどうかをわれわれは判断する。今日われわれの最大の電力源である石炭は、劣悪なトレードオフをもたらす。頻度は低いとはいえ甚大な被害をもたらす原子力事故に加え、放射能に伴うリスクがあるものの、核分裂のもたらすトレードオフはさまざまなトレードオフのなかで最良の部類に属する。

核融合は核分裂よりもはるかに安全だと、スタービルダーは考えている。核融合発電所ではメルトダウンが起こり得ないし、長寿命の高レベル放射性廃棄物が生じないからだ。そして何よりも大事なのは、核融合は核分裂で必要とされるよりも著しく少量の燃料で大量のエネルギーを生産できる点だ。スタービルダーの考えが正しければ、核融合は実用可能になった暁には、地球上で「最も安全」ではないにしても安全性の高い大規模電力源の一つになるだろう。最終的には、核融合は第五福竜丸のような不幸な出来事とは違い、幸福につながる安全な技術となるのかもしれない。

第9章　核融合レースのゴール

「どれほど熱意を注いでいるかにかかわらず、科学者が重大な助けを受けずに一人で大きな進歩をなし遂げられたのは過去の話です。……原子核へのアタックに必要なのは、試験管やワイヤの切れ端やさまざまながらくたでいっぱいの屋根裏部屋ではなく、工学スケールの巨大な装置の開発と建設でした」

——アーネスト・ローレンス　一九四〇年のノーベル賞の晩餐会で行なったスピーチ[1]

「核融合はいつまでも三〇年先の未来にある——私は講演に行く先々でこの言葉をぶつけられていま す」。スタービルダーが三〇年前よりも正味のエネルギー利得の達成に近づいているのかと私が尋ねると、カラムのイアン・チャップマン教授が言う。「実際には大きな進歩がなし遂げられているのに、それは無視されているのです」

イアンは失敗について率直に語りつつも、われわれがこれまでになくスタービルディングに近づいていると信じている。その信念を裏づけるデータもある。一九五七年から二〇一八年のあいだに、温度、密度、閉じ込め時間の組み合わせによってスターマシンが達成した数値は一〇〇万倍に向上した。

ＪＥＴは一九九七年に短時間だが一六メガワットの発電と六七パーセントというQ値を達成したことで、進歩を最も大きく推し進めた。ゴールまであと少しというところまで近づいたのだ。ほとんどの装置は、一パーセントの数分の一を達成するのがやっとだった。

ＪＥＴの記録はまだ破られていないが、問題の一部については急速な進展が続いている。まさに最初の装置が数マイクロ秒間のプラズマ制御に成功した。一九五〇年代の終盤には、ジョン・コッククロフトのＺＥＴＡ装置がそれを一〇〇〇倍上回る結果を出した。一九八四年に建設されたＪＥＴは、数秒間稼働する。これはさらに一〇〇〇倍の改良だ。しかし現在では、数分間にわたって核融合プラズマを制御できるようになった。二〇〇三年、フランスのトーレ・スープラのトカマクは、六分三〇秒にわたりプラズマを制御することに成功した。ほかにも数々の成果が上がっていて、今では多くのトカマクが一億度を超える温度に達することができる。中国のＥＡＳＴトカマクは、五〇〇〇万度の高温と一〇〇秒という持続時間を同時に達成した。ＥＡＳＴとフランスのＷＥＳＴの両トカマクは、一五分以上にわたってプラズマを制御することを目指している。記録は次々に破られている。二〇二〇年には、韓国超伝導トカマク先端研究施設（ＫＳＴＡＲ）が一億度以上の温度を二〇秒間維持した。[2]

ＪＥＴが利用し、将来のトカマクの土台となるであろう進歩のほとんどは、装置の大型化、チームの大規模化、そしていくらかの幸運な偶然によってなし遂げられた。「核融合の現状は、主に多大な試みとひたむきな尽力の成果ですが、コミュニティーが受け入れるのに時間を要するほどのうれしい驚きをもたらす成果は、まれにしか得られていません」と、マックス・プランク・プラズマ物理学研究所の科学ディレクター、シビル・ギュンター教授が語った。

シビルの挙げる数々のブレークスルーの先陣を切ったのは、ロシアのＴ３トカマクだった。これが一九六九年に世界の舞台に登場すると、磁場閉じ込め核融合研究の方向性は一変した。彼女は一九八二年に自身の研究所でなされた発見についても語る。ガルヒングにあるＡＳＤＥＸトカマクで働いていたフリッツ・ヴァーグナーという研究者が、閉じ込め時間とプラズマ密度の両方を二倍にするという、魔法のような装置設定を発見したのだ。この発見がなかったら、トカマクは現在の二倍の大きさが必要だっただろう。[3]

理論や計算から得られた進歩もある。現実的なシミュレーションができるなら、実験は二六億ドルのスターマシンよりも、コンピューターでやったほうがはるかに簡単で安上がりだ。コンピューターのハードウェアもソフトウェアも進歩しているので、シミュレーションは現実に至るガイドとして、以前よりもすぐれたものとなっている。最近、ＪＥＴの研究者が機械学習を使い、ディスラプションが起きる数十ミリ秒前にそれを予測してプラズマを調整する時間を確保し、蓄積したエネルギーと力を散逸させるようにした。幸いなことに、これらの知見は他のトカマクにも応用できる。このようなブレークスルーは、もっと信頼性の高い核融合炉へ向かう一歩となる。[4]

イアン・チャップマンは、こうした改良によって、建設から数十年が経ったＪＥＴにも、重水素と三重水素を使った実験を新たに始める際に、核融合エネルギーの世界新記録を樹立するチャンスがあると考えている。「一九九七年にＪＥＴで重水素と三重水素の実験を最後にしたときのことです。パワーが急激に上昇し、燃料の制御が失われ、実験は一ミリ秒で終わりました。われわれはこの実験をまた行なうつもりです。でも今回は、パワーを上げて維持し、それから制御しながら下げていきます。……二〇年前よりもプラズマのことはよくわかっていますから」[5]

磁場閉じ込め核融合装置はゴールに少しずつ近づいている。磁場閉じ込め核融合のスタービルダーが温度、密度、閉じ込め時間を組み合わせた数値で現状の一・八倍に到達できれば、点火に至るはずだ。このとき、彼らのプラズマが正味のエネルギー利得を達成するばかりでなく、核融合によって十分なエネルギーが生産され、外部加熱が不要となる。[6]

温度、密度、閉じ込め時間のトリオを同時に達成するレースで大きく先行しているのが、国の支援を受けている三つのトカマク、すなわち日本のＪＴ‐60、韓国のＫＳＴＡＲ、欧州合同トーラス（ＪＥＴ）だ。ステラレーターのヴェンデルシュタイン７‐Ｘ（Ｗ７‐Ｘ）も大きく引き離されてはおらず、別の技術を利用した比較的新しい装置にしてはめざましい成果を上げている。[7]

今のところ、民間の核融合企業は後れをとっているようだ。といっても、進捗状況の詳細を秘密にしている企業もある。レースの集団の後方には、重水素と三重水素を使わない核融合反応を目指す企業もいる。そのような反応で求められる条件は従来のやり方よりもはるかに極端なので、これらの企業が進むべき道のりはまだまだ長い。その一方で、多くの民間のスタービルダーがめざましい追い上げを見せている。これらの企業にとって真の疑問は、急速な前進を続けて、いずれ先行するライバルを追い越すことができるかということだ。[8]

磁場閉じ込め核融合装置がなし遂げた大きな進歩は、正味のエネルギー利得が手の届くところまで近づいたことを意味する。JETがゴールに到達できないとしても、別の装置がいずれ到達することはほぼ確実である〔JETではその後、重水素 - 三重水素プラズマを用いた実験が行なわれ、二〇二一年に五秒間のパルス運転で核融合出力五九メガジュールを、二〇二三年に六秒間のパルス運転で核融合出力六九メガジュールを記録した。JETは二〇二三年末に運転を終了した〕。

もっと大きなトカマクが必要になる

現在の磁場閉じ込め核融合装置には、前進を阻んでいる一面がある。それは核融合において繰り返し学ばれてきた教訓であり、ビッグバン、恒星、超新星、核兵器が常に語ってきた教訓でもある。それは、核融合は大規模でこそうまくいくということだ。従来のトカマクでは、装置が大きいほうがプラズマの閉じ込めはうまくいく。半径三メートルのJETから、その二倍の大きさのトカマクに移行すれば、閉じ込めは四倍向上するだろう。[9]

二〇〇六年、重水素と三重水素で稼働でき、正味のエネルギー利得を超えるのに十分な規模の装置が必要であることを認識した三五カ国が集結し、エリゼ宮で四〇〇人の参列のもとでセレモニーを開き、南フランスのマルセーユに近いカダラッシュに巨大なトカマクを建設するという協定に調印した。この核融合クラブの参加国は、中国、EU諸国、インド、日本、韓国、ロシア、アメリカで、費用の大部分はEUが負担している。この国々は世界人口の半数以上を占める。新しい装置ITERの建設に関する合意に至るまで、計画、議論、設計、準備に二二年がかかった。

完成したら、ITERは世界最大のトカマクとなり、正味のエネルギー利得を実証することがその主要目的の一つとなるだろう。これは巨大な施設だ。その多くはJETで検証された原理にもとづいて設計されているが、稼働に使用するプラズマの体積はJETの一〇倍以上だ。通常、プラズマの体積が増えれば、安定性が高まる。ITERでは、半径が三メートルではなく六メートル以上のトーラスを採用する。

ITERの工学は、これまでに建設されたどんな装置よりも複雑だ。トカマクの超伝導磁石は、長さ一〇万キロメートルのニオブスズ製ワイヤを使って作る必要があるだろう。完成した磁気コイルは、高さ一七メートル、幅九メートルで、絶対温度で四度まで冷却される。このコイル一八個をトカマクの周囲に配置して、一三テスラ（地球の磁場の三〇〇万倍）の磁場を生成し、数万メガジュールの磁気エネルギーを蓄積する。ITERは一八〇ヘクタール（サッカーフィールド二五〇個に相当）の敷地を占め、この構造物は完成するとエッフェル塔三つに相当する重量となる。

ITERは南フランスにあるが、それにかかわる活動はまさに国際的だ。世界各地に一五カ所以上のサテライトサイトがあり、専門知識や部品を提供している。プロジェクトの機構長を務めるベルナール・ビゴ博士〔二〇二二年五月に死去〕は、ITERを「常軌を逸した人間の冒険」と言い表したことがある。この言葉は、ITERを運用するのに必要となる三〇〇〇人ほどのスタッフだけを指していたのではない。ＩＴＥＲは地球のために行なわれる核融合実験なのだ。[10]

うまみのある契約が得られる複雑な大規模国際共同事業にありがちで、ＩＴＥＲの建設は遅延に悩まされている。当初の計画では装置は二〇一六年に運用を開始するはずだったが、この目標には間に合わず、ファーストプラズマ（運転開始）は二〇二五年に予定されている。重水素と三重水素の実験が始まるのは、それより後の二〇三五年となる予定だ。二〇二〇年の初めの時点で、建設は三分の二まで完了していた[11]〔二〇二四年七月に新たな計画が示された。実験開始は二〇三四年を予定している〕。

ＩＴＥＲは、スタービルディングのレースで勝つことを目指して設計され、プラズマＱ値で五、つまり入力エネルギーの五倍の出力エネルギーを目標としている。さらに、数百秒間にわたりＱ値で一〇を達成することも目指すだろう。五〇メガワットのエネルギー入力に対して、五〇〇メガワットの出力を目指すのだ。プラズマの温度は摂氏一億五〇〇〇万度に達するだろう。エネルギー利得は商用炉としては不十分で、ＩＴＥＲが送配電網に一ワットたりとも電力を送り込むことはない。それでも、核融合発電が可能なことを示すには十分だ。これがうまくいけば、ＩＴＥＲは核融合を空想から現実の電力源へと変えることになる。[12]

もっと大きなレーザーが必要になる

慣性閉じ込め核融合でも大きな改良が実現しており、そのなかでＮＩＦは他を大きく引き離している。二〇一〇年に完成したとき、多くの人はＮＩＦが点火を達成すると期待していた。レーザーがすぐれた成果を上げた。ＮＩＦのレーザーショットの主眼である核兵器備蓄計画に関する実験は、成功したと言われている。惑星や超新星の物理的条件を調べる科学実験もうまくいっている。しかし慣性核融合エネルギープログラムでは、当初はなかなか進展が見られなかった。二〇一一年から二〇一二年にかけて、爆縮はさまざまな不安定性に悩まされた。中性子が生成されてエネルギーは放出されたものの、その結果は極端に控えめな数理モデルや単純なコンピューターシミュレーションから得られる予想を何桁も下回っていた。[13]

連邦議会とエネルギー省から厳しく批判されたことを受けて、ＮＩＦの科学者は方針を転換し、爆縮の際にどんな不備が生じているのか、そしてシミュレーションどおりにいかないのはなぜかを明らかにしようとした。新所長のマーク・ハーマン博士と新チーフサイエンティストのオマー・ハリケーン博士を含む新しいスタッフが着任し、計画が刷新された。新しいアイデアのもとで、ＮＩＦは勢いを取り戻した。実験は慣性核融合の記録を打ち破っており、ＪＥＴが出したエネルギー収量の世界記録もはるか彼方ではなくなっている。

二〇一一年から二〇一九年のあいだに、ＮＩＦの最良のショットで放出される核融合エネルギーは六〇倍に増大した。二〇一八年、ＮＩＦは初めて三パーセントのエネルギー収量に達した。さらに二〇二〇年には、ＮＩＦの科学者がこれを超えたと発表した。この核融合は、レーザーによるエネルギーのみから生じていると考えるには大きすぎる。火のたとえを用いるなら、熱がマッチだけから生じているのではないという確固たる証拠だ。苦難に満ちた年月を経て、ＮＩＦはレースに戻ってきた。[14]

磁場閉じ込めを用いるスタービルダーの場合と同じく、ＮＩＦの成功においてもコンピューターが重要な役割を果たした。二〇一八年、リヴァモアのスーパーコンピューター〈シエラ〉が処理速度で世界第二位となった。計算能力の向上は、プラズマが示す複雑な予想外のふるまいをもっとたくさんシミュレートしたり、機械学習を用いて実験を導いたりできることを意味する。[15]

しかし最も重大な進歩をもたらしたのは、核融合燃料のカプセルを格納した金製の箱〈ホーラム〉の内部で生じるレーザーとプラズマの相互作用に対する制御の改善だった。プラズマの奇妙な波動や不安定性が、エネルギーをあるビームから別のビームへ移行させたり、ホーラム内のプラズマを鏡に変えたりする可能性がある。一九二本のビームのあいだでエネルギーの分配に細心の注意を払うことによって、ＮＩＦの科学者たちはレーザーとプラズマの相互作用をある程度手なずけることに成功している。彼らは実験を通じて、ホーラムとカプセルのあいだにあるガスの密度を少し下げると、金の内部に進入するレーザービームのエネルギーが増えることを発見した。つまり、カプセルに入るエネルギーが増え、爆縮がもっと強力に推進されるようになる。現在ではカプセルは通常、秒速四〇〇キロメートルほどで爆縮している。これは地球の脱出速度の三〇倍以上だ（ＮＩＦの科学者で宇宙飛行士のジェフ・ウィソフ博士がスペースシャトルの発射時に示した速度よりもさらに速い）。

ＮＩＦが点火を達成したら、つかの間の火花から核融合プラズマの燃焼へと一気に飛躍することになるだろう。マーク・ハーマンの言葉を借りれば、「シミュレーションでは、これはまさに崖っぷち」なのだ。三パーセントから一〇〇パーセントへのギャップは大きいと感じられるかもしれないが、二〇一一年以来ＮＩＦが達成してきたエネルギー収量は五、六倍に増えている。ＮＩＦの科学者が正味のエネルギー利得に到達するまでに、それほどたくさんの改善が必要なわけではない。

オマー・ハリケーンは、実験が点火にどれほど近づいているかを測るのに、プラズマの条件はエネルギー収量単独よりもはるかにすぐれた指標になると私に語った。「注目すべき指標は、じつは圧力、閉じ込め時間、または温度です。あるいは［燃料カプセル内のホットスポットの］〈密度〉×〈半径〉の値を調べるのもよいでしょう。収量自体はゴールにどれほど近づいているかについて正しい印象を与えてくれません。収量がよくても安全な状態であるとは限りませんから」

さまざまな慣性核融合実験を互いに比較するのは、磁場閉じ込め核融合実験の場合よりも難しい。サンディア国立研究所で行なわれているＭａｇＬＩＦ実験では、重水素‐重水素反応で大量の中性子を生成しているが、三重水素は使っていない。[16] 興味深いことに、ファースト・ライト・フュージョンは二〇二〇年に重水素と三重水素を使った実験を始めたところだが、エネルギー収量の成績や到達している条件についてはまだ公表していない。これらのことはすべて、ＮＩＦが依然として慣性核融合によるエネルギー利得においてはトップに位置することを意味する。

ＮＩＦは長足の進歩を遂げているが、さらにもう少し先へ進むには、カプセルのホットスポットにもっと多くのエネルギーを注入して核融合反応を促進する必要がある。ホットスポットに注入するエネルギーが二倍になるごとに、出力エネルギーはおよそ一〇倍になる。ハライト＝センチュリオンの極秘実験から、十分に大きなレーザーさえ作れれば、正味のエネルギー利得は物理的に達成可能だということを、慣性スタービルダーは理解している。それらの実験から、核融合燃料カプセルに五から一〇メガジュールのエネルギーをぶつければ正味のエネルギー利得が生じることが示唆される。しかし今のところ、ＮＩＦが操っているのは一・八メガジュールまでである。

そんなわけでＮＩＦの科学者は、すでにとてつもなく巨大なレーザーからさらに数ジュールを絞り出そうと考えている。ジェフ・ウィソフが私に話したところによれば、レーザーにエネルギーを追加するのは費用がかさむので、まずはそれ以外のことをすべて試さなくてはいけない。それでも「そこのアップグレード」ならできるかもしれないそうだ。長年にわたりＮＩＦの設計に携わり、血管のようにスチール製の管が張り巡らされた施設を案内してくれたブルーノ・ヴァン・ウォンターヘム博士は、自分たちがしてきたことをよどみなく語り、改良について説明してくれた。「しかし究極の改良は、もっと大きなハンマーを作ることです」。つまり、レーザーをさらに大きくするということだ。ブルーノは、ＮＩＦにはレーザーのエネルギーを五〇パーセント増やす余力があると言って、かすかな笑みを見せた。レーザーを大幅にアップグレードするためのコストについて質問したところ、それはＮＩＦの資本経費においてはごくわずかだというのがリヴァモアの答えで、ブルーノはそれがＮＩＦの運用予算よりもはるかに少ないはずだという印象を与えた。エネルギー省内のＮＩＦの出資者がそれを目指せば、一年ほどで実現できるとブルーノは考えている。点火するにはそれで十分かもしれない。[17]

「世界を見回して――」とジェフ・ウィソフが私に言う。「これから一〇年以内に点火を達成しそうなのはどこでしょうか？　最も可能性が高いのはＮＩＦだと私は思うのです」。当然ながら、ＮＩＦ所長のマーク・ハーマンも同じ考えで、点火についてこう語る。「それなりの規模、エネルギー、圧力が必要です。今後一〇年でそれができると見込めるのは、ＮＩＦしかありません」（二〇二二年、ＮＩＦは二・〇五メガジュールのレーザーを用いて三・一五メガジュールのエネルギーを生成したと発表している）

正味のエネルギー利得を目指すレースにはまだ参戦できる

ＪＥＴやＮＩＦなどの装置は、ゴールに迫りながらもそれぞれなんらかの点で制約がある。ＩＴＥＲが正味のエネルギー利得を目指すのは、二〇三五年だ（前述のとおり二〇二四年七月に、実験開始を二〇三四年とする新たな計画が発表された）。この状況で、別の装置が不意に名乗りを上げてレースの勝者となる可能性もある。[18]マーク・ハーマンは、ＮＩＦが他国の取り組みに後れをとらないように、自分が多くの時間を費やしていると言った。正味のエネルギー利得の達成を目指す国際的な競争は、熾烈さを増していくと思われる。レーザー核融合装置の建設を計画している国、あるいはすでに建設した国はほかにもある。これらの国はＮＩＦから学ぶことができる。とりわけ、ＮＩＦが正味のエネルギー利得で三パーセントを達成していることから、一〇〇パーセントを達成するのに一・八メガジュールよりはるかに大きなレーザーはおそらく不要だということを知っている。

フランスのレーザー・メガジュールは、二〇一四年に完成した。私はそれがまだ建設中だった二〇一一年にそこを訪れた。NIFと同様、放射線を遮断する分厚い壁が、入り組んだ地下墓地のように球形のターゲットチャンバーを囲んでいた。そこはまだ最初の実験の放射線を浴びていなかったので、私は音がよく反響するぴかぴかのチャンバーに頭を突っ込むことができ、誤差一ミリメートル未満の精度でありながら無数の高エネルギー粒子の襲撃に耐えられる設計に驚嘆した。現在、レーザー・メガジュールが扱うエネルギーはNIFよりもやや小さく、あまり実証されていない直接駆動法（ホーラムを使わない）でのみ稼働するが、この先の進展を見守る必要がある。

ロシアの科学者たちは、トカマクを発表することで磁場閉じ込め核融合に革命を起こした。今、ロシアにはレーザー核融合を目指す計画があり、一九二本のビームを用いるUFL‐2Mというレーザー施設を建設している。エネルギーは二・八メガジュールだが、光の色はNIFの赤外線ビームと比べて有効性が低い。そのうえロシアは、このレースにおけるダークホースも擁している。核分裂と核融合のハイブリッド反応炉だ。このタイプのハイブリッドは核融合単独の場合に得られるメリットの多くをもたないとして、これを嫌うスタービルダーもいる。しかし、正味のエネルギー利得をもっと手の届きやすいものにして、核融合技術をもっと迅速に開発するためのもっと確実な足がかりとして、ハイブリッド反応炉を熱心に支持するスタービルダーもいる。[19]

核融合に関して、どの国よりも野心的なのはおそらく中国だ。イアン・チャップマンによれば、「二、三種類のコンセプトを実行して、リスクをもう少しとる覚悟ができていれば、もっと速く進める……と、中国は言っています」。中国が自らの計画を遂行すれば、一〇年以内にトカマクとレーザー核融合の両方で先頭に立ち、ヨーロッパやアメリカは置いていかれてしまうだろう。中国はすでに〇・二メガジュールのレーザーである神光Ⅲ号や、二〇一八年に摂氏一億度を達成したトカマクのE

ASTを保有している。それに加えてNIFやITERと比肩するか、あるいはそれらを超える点火装置を建設する計画もある。「ずいぶん野心的ですが、考えられないことではありません」とイアンは言う。「中国にとって、これは現実的な話なのです。資源を注ぎ込む準備はできていますから」

現在は、潤沢な資金と核に関する豊富な専門知識を有する政府が核のイノベーションを推し進める、エキサイティングな時代だ。核融合を目指すヨーロッパ諸国の組織〈ユーロフュージョン〉も、正味のエネルギー利得に至る手立てとしてステレーターを考えている。W7‐Xが収めためざましい成功による影響が大きい[20]。

民間の核融合企業は、データによれば今のところ自分たちは後れをとっているが、大規模な研究所に追いつこうと努力していると主張する。ほとんどの企業は、二〇二〇年代か三〇年代の早いうちに、ITERよりもずっと早く正味のエネルギー利得（少なくとも正味のエネルギー利得の条件）に到達することを約束している。ゼネラル・フュージョンとトカマク・エナジーは二〇二二年までに、ロッキード・マーティンは二〇二〇年代（二〇一七年から変更）までに、ファースト・ライト・フュージョンは二〇二〇年のうちに、それを達成するつもりでいる。TAEテクノロジーズは順調に進み続けるために、二〇二四年までに正味のエネルギー利得を達成し、なおかつその技術を商用化する必要があると考えている。これらの見込みを真剣に受け取るなら、正味のエネルギー利得を目指すスタービルダーたちのレースはゴールに近づいている。しかし、新たに参入する余地もまだたっぷりある。

歴史の流れ、これまでになし遂げられた進歩、そして各方面から出された約束を見ると、核融合による正味のエネルギー利得が達成可能で、実際に達成するのは確実だと思われる。それは今年かもしれない。あるいは来年かもしれない。はたまた例の核融合をめぐるジョークのように、三〇年後かもしれない。私の考えとしては、それより早く達成できると思う。

ジョン・ローソンは、正味のエネルギー利得が理論的に可能であることを示した。磁場スターマシンから推定し、秘密の核実験から推測すると、正味のエネルギー利得は実験においては可能であることがわかる。いつ達成できるかは、各国や企業がそれをどれほど強く望むかにかかっている。いずれにしても、ゴールに近づいているのは間違いない。

ゴールのあと

最新のスターマシンは、核融合反応による正味のエネルギー利得の実証まであと少しだ。ここで思考実験をしてみよう。正味のエネルギー利得が達成できたとする。一パーセントくらいの小さな利得ではなく、三〇パーセントかそれを上回る大きな利得だとしよう。発電所を建設するのに必要な大きさに迫る利得だ。それを実現したのはＮＩＦかもしれないし、スタートアップが今建設している装置のいずれかかもしれないし、あるいは完成したＩＴＥＲかもしれない。この思考実験では、誰がそれをなし遂げたかは問題でない。考えてほしいのは、次の問いだ。それから、どうなるのか？

これはスタービルダー自身が考えるようになってきた問いでもある。核融合を実験室から発電所へ移行させるには、どうしたらよいのか？

私を研究室に迎えたカラムのイアン・チャップマンは、トカマクで送配電網にエネルギーをうまく供給するには何が必要かを説明する。「大きな課題が五つあります」。一つ目は、太陽の中心よりも一〇倍熱いプラズマだ。「ＪＥＴは一億五〇〇〇万度で稼働しています。ですからそのやり方はわかっています」。この目標は達成できた。正味のエネルギー利得を達成する装置は、すべてこの目標を達成しているはずだ。通常、慣性閉じ込め核融合で用いる温度はこれより低く、ＮＩＦは正味のエネルギー利得に必要な温度には到達していない。イアンは片手を広げて親指を折る。課題はあと四つだ。

「二つ目の課題は、中心で乱流が起きている巨大なガスの塊から、どうやって熱を取り出すかです」。正味のエネルギー利得が実証できたら、生産されるエネルギーを取り出して、それを使って水を蒸気に変えなくてはならない。この蒸気がタービンを動かして発電する。スタービルダーはこのための方法についてさまざまなアイデアをもっているが、それを試すことのできる正味のエネルギー利得炉がなければ前進するのは難しい。トカマクでは、熱エネルギーを取り出す第一段階が最も難しい。「ＩＴＥＲでは熱を集めて、装置の下部にある犠牲層に送ります」とチャップマンは続ける。これはダイバーターと呼ばれ、スペースシャトルが大気圏再突入時に受けるよりも激しい打撃を受けるように設計された、トカマクの部品だ。トカマクのサイズが大きくなればなるほど、熱が強烈になる。ＩＴＥＲは従来型のトカマクの内部で固体の材料が耐えられる物理的限界のぎりぎりのところで設計されている。慣性閉じ込め核融合では、核融合炉の構造ははるかに単純で、排熱も簡単なので、これはさほど問題ではない。イアンは指をもう一本折って、熱をリストから外す。

「三つ目の課題は中性子です。われわれは地球上で最も強烈な中性子の発生源をもつことになります」。エネルギー利得の高いスターマシンが放出する中性子の数とエネルギーに対して装置の表面がどのように反応するかは、誰にもわからない。十分な数で十分なエネルギーをもつ中性子を生成するには、実際に装置を作るしかないのだ。中性子の襲撃が激しすぎたら、どれほど頑丈な材料も崩壊する可能性がある。その場合、不適切な材料に中性子が吸収されたら、過剰な放射能が生じるおそれがある。イアンは、核融合炉に適した材料を選ぶことが、発電所が四年間しかもたないか四〇年間もつかの分かれ道になると言う。中性子によるチャンバーの放射線被曝のため、修理をするのは非常に難しいだろう。修理をするとなれば、炉は長期にわたって閉鎖されることになるかもしれない。

「四つ目の課題は、三重水素の生成です」。三重水素は半減期が一二年と短いので、自然界では長く存続しない。三重水素はリチウムから作る必要がある。リチウムが中性子一個を捕捉すると三重水素になる。リチウムはバッテリーなど別のさまざまな用途で役立つが、イアンによれば、核融合ではとてつもなく高いエネルギー密度が生じるので、三重水素の生成に大量のリチウムは必要でない。「私がこれから生きていくあいだに――」と、イアンは自らが生涯に使うエネルギーを引き合いに出す。「バスタブ一杯の水とノートパソコンのバッテリー二個分のリチウムがあれば足ります」。つまり問題は、リチウムの調達ではない。核融合の中性子とリチウムから三重水素を必要な規模で実際に生成した者がいないことである。試すのに十分な量の中性子を生成する核融合炉は、これまでに存在していないのだ。数年間の運転後、ＩＴＥＲは核融合炉チャンバーの周囲にリチウム・ブランケット〔チャンバーを構成する装置の一つ。熱の輸送、中性子の遮蔽、燃料の生成を担う〕を設置して試験する計画だ。これは実用的な三重水素生成の第一歩だが、発電段階のシステムではないだろう。イアン・チャップマンはすでにほとんどの指を折り曲げ、残る指はあと一本だ。核融合における五つ目で最後の課題については、のちほど触れることにしよう。[21]

今日のスタービルダーは、先行した者たちが必要としなかった形でこれらの課題を克服する方法について考えている。ほとんどのスタービルダーが一五年（三〇年ではない！）以内に正味のエネルギー利得の達成を約束しているなかで、核融合発電所に伴う工学的な課題への解決策の必要性に関心が集まっている。

イアン・チャップマンは、これらの課題をたいそう深刻に受け止めている。カラムで現在使っている球状トカマク〈ＭＡＳＴアップグレード〉は、先端的なトカマクでプラズマの最も高温の部分からエネルギーを安全に運び出すであろう、高温プラズマの排気の物理学を調べるのに使用されている。カラムには、核融合炉内で生じる極限条件、とりわけ中性子による絶え間ない襲撃のもとで物質が示すふるまいを調べるという任務を負った新しい物質研究施設がある（日本とEUが出資する同様の国際共同施設もある）。カラムではさらに、核融合技術施設が核融合によるその他のあらゆるストレス（電磁ストレス、機械的ストレス、熱ストレス）のもとでさまざまな物質をテストし、最もうまくいく条件を探る予定だ。また、三重水素の取り扱いと生成という課題に特化した三重水素先進技術センターのために、数千万ポンドが割り当てられている。同様の施設が、世界各地でスタービルダーによって開設されている。すでにJETでは、放射線を被曝した物質を遠隔処理するために、ロボットアームを使用している。これを支援するために、この技術の拡張と改良を目指す専門のロボット工学研究施設が新たに設けられた。核融合炉の中に入って問題をすばやく解決できるロボットは、長期の閉鎖を避ける助けとなる。[22]

専門施設でこれらの課題を個別に克服するのと、稼働している高エネルギー利得の核融合炉の中でこれらの課題をいっせいに克服するのは、まったく別の話だ。

磁場閉じ込め核融合スタービルダーはすでに、ITERに続いて商用化への最終的な障壁を克服して実証用の発電所として機能するトカマクを新たに建設する計画を立てている。これはエネルギーを送配電網に供給するだろう。これを実現するのに必要なのは、熱の取り出し（最終的にタービンを動かすため）、三重水素の生成、ロボットによる保守、中性子と親和性のある材料だけだ。送配電網に電力を供給する実証用の核融合炉は、DEMO（原型炉）と呼ばれることになるだろう。

DEMOは確実なものというより一つのアイデアであり、その設計が現在進められている。スタービルダーはITERの運用開始からの数年間を見たうえで、DEMOで何を残し何に手を加えるかを決めるつもりだ。ほとんどの設計を見る限り、ゴーサインが出た場合、DEMOは中規模の核分裂発電所に匹敵する五〇〇メガワットを発電し、注入されるエネルギーに対して少なくとも三〇倍の利得を実現すると考えられる。

DEMOは多くの課題に直面している。おそらく、ITERより少し大きくなくてはいけない。ITERより高密度のプラズマで稼働する必要がある。連続して数時間稼働しなくてはいけないので、ディスラプションの制御が必須だ。そして三重水素の完全な自給も必要となる。[23]

レーザー派のスタービルダーも、原型炉について考えている。慣性核融合は磁場閉じ込め核融合とおおむね同じ課題に直面するが、両者の大きな違いの一つは、慣性核融合炉は高速で反応を繰り返さなくてはいけないという点だ。ニック・ホーカー博士はこれを、ファースト・ライト・フュージョンにとって最大の課題だと言った。五秒ごとという高頻度でショットを放つことが必要になるだろう。

現在、NIFのレーザーは年間に四〇〇回のショットを実行している。経済的な面を考えると、エネルギー生産を目的としたレーザー核融合は、おそらく毎秒一〇ショットで運転する必要がある。反応を頻繁に繰り返すことが必要な理由は、NIFではカプセルが爆発するたびに大量のエネルギーが放出されるわけではないことだ。発電のためには、一秒あたりに放出されるエネルギーを現状より大幅に増やす必要があり、その放出は一定のペースでなくてはならない。高速でレーザーをターゲットに照射して、自動車のガソリンエンジンのように小さな爆発を次々に起こすことによってのみ、レーザー核融合装置は商業的に実現可能となることが期待できる。[24]

NIFで現在使われている技術では、レーザーを破壊せずにこれをすることはできない。ショットのたびに、光学系の冷却に何時間もかかる。言うまでもなく、フラッシュランプは充電に時間がかかり、ひどく効率が悪い。送配電網から四〇〇メガジュールの電気を取っても、レーザービームになるのはその〇・五パーセント（一・八メガジュール）にすぎない。

数十年前にNIFが設計されて以来、レーザー技術は進歩している。NIFの一九二本のレーザービームにエネルギーを与えるフラッシュランプは、ダイオードでエネルギーを与えるレーザーに凌駕されてしまった。新しいダイオードレーザーは、フラッシュランプを使うレーザーと比べて効率が二〇倍から四〇倍高く、廃熱は少ない。しかし発射回数は毎秒一〇回とめざましいが、各ショットに十分なエネルギーを込められるようになるまでには、まだ程遠い。[25]

さらに、慣性核融合で通常必要とされる、すさまじく複雑なターゲットの問題がある。NIFが商用化を実現するには、ターゲットのコストを現状の数十万ドルから数セントまで大幅に引き下げる必要がある。一秒ごとに一〇個が消費されることを思い出してほしい。そんなことはとうてい無理ではないかと私がNIFの科学者たちに言うと、現代の製造業は数セント程度の精密工学製品、たとえば弾丸などを作るのが得意だと指摘された。

リヴァモアはレーザー核融合を利用した発電所を計画しており、これがLIFE（レーザー慣性核融合エネルギー）というプロトタイプの設計となった。しかしLIFEの設計計画は、二〇一〇年代初期に理論から予測されたほどのエネルギー利得をNIFが達成できなかったときに中止となった。NIFが正味のエネルギー利得を達成したら、とりわけ他のどのスターマシンよりも先にそれをなし遂げたら、慣性核融合発電所の計画はすぐさま再開され、科学者は手ごわい課題のいくつかの解決に注力するだろう。しかし少なくとも今のところ、LIFEは休止している。[26]

明らかに、磁場方式やレーザー方式の核融合に立ちはだかる問題は、いずれも真に致命的な問題ではない。十分な投資や工学技術があれば、解決できる可能性が高い。なにしろ現世代のスターマシンが登場するまで、太陽系内で最も高温の場所となった装置はなく、太陽コアの密度に達した装置もなかったのだ。

とはいえ、核融合を商用化して地球を救うのに利用するという手ごわい難題は、核融合炉を建設することで終わるわけではない。

スタービルダーにとって重大な懸念の一つは、DEMOやLIFEが仮に実現しても、気候変動への対策には間に合わないだろうということだ。DEMOはITERが稼働してから二〇年後、すなわち二〇五〇年代に完成する予定となっている。多くの国が、そのころにはもう炭素排出量で正味ゼロを達成しているはずだと言っている。おそらくLIFEのような核融合炉が計画段階に進むのは、NIFが正味のエネルギー利得を達成した場合だけだろう。LIFEもDEMOも、仮に送配電網に電力を供給するとしても売ることはないだろう。これらは原型炉であり、商用核融合発電所の第一号ではないのだ。

核融合の新たな起業家たちは、スタービルディングのギアを切り替えない限り、核融合エネルギーは進歩のペースが遅すぎて地球を救う助けにはならないと考えている。この見方は残念ながら完璧に正しい。イアン・チャップマンは核融合について、何もしないよりは遅くてもやるほうがいいと私に話した。確かにそのとおりだが、気候変動の最悪の影響を阻止するのに役立つように核融合エネルギーを間に合わせたいとスタービルダーが本気で思っているなら、ギアを一段上げる必要がある。

イアン・チャップマンによれば、磁場閉じ込め核融合エネルギーに関する国際共同事業の資金調達やリスクプロファイルの現状では、二〇五〇年までに電力が送配電網にたどり着く見込みはない。彼はそこから急速な展開を予見し、「核分裂がたどったのと同じく前年比三〇パーセント程度の成長率、同様の発電所の規模、同様の資本コスト」が実現すると予想する。このように急速と思われる展開をもってしても、二〇五〇年からスタートするならば、核融合は二〇八三年までに全世界の電力需要の半分しか満たせない。他の選択肢がほとんどないなかで、政策担当者は化石燃料、核分裂、再生可能エネルギーなどからなる電源構成の採用を続けざるを得ないかもしれない。

スタートアップは、核融合発電による電力をこれよりずっと早く送配電網に送り込みたいと考えている。トカマク・エナジーは、スターパワーを二〇三〇年代のうちに「巨大な規模」で展開させなくてはだめだと語った。ニック・ホーカーは、逆算してファースト・ライト・フュージョンの行動計画を立てた。「二〇五〇年までに正味ゼロの達成に貢献したければ、複数の発電所を二〇四〇年代に建設する必要があります。第一号は二〇三〇年代に建設しなくてはなりません。そのためには、物理学的な問題を二〇二〇年代のうちに解決することが必須です」。彼らの言うとおりならば、正味のエネルギー利得が達成されたらすぐさま核融合発電所が出現するはずだ。

核融合をする余裕はあるのか

正味のエネルギー利得に向かう進展、そしてもっと最近では核融合発電所の実現に立ちはだかる難題は、いずれも資金を要する。そこで、いよいよイギリス原子力公社ＣＥＯのイアン・チャップマンの挙げた五つ目の課題を明かすときが来た。「これは私にとって大きな問題です」と、彼は先ほどよりも深刻な口調で言う。「あらゆる手を尽くして、それでも電力のコストがどうしようもなく高いなら、核融合が実現できていても市場に浸透させることはできません」。あらゆる作業、プラズマとの闘い、数十年におよぶイノベーションといったものは、経済面がうまくいかなければ意味がない。

人材、機械、その他の資源の費用をまかなう資金があれば、核融合への前進を加速できる。逆に、資金がなければ減速してしまう。核融合が実現するまでにあとどのくらい時間がかかるのかと問う人は、機能する核融合炉を実現するのにあとどのくらい費用がかかるかについても知ろうとしているのかもしれない。電力源としての核融合がどのくらい実現に近づいているかという問いに対する答えは、われわれが社会としてその実現をどれほど望んでいるかにかかっている。

核融合は、巨額の費用を要する取り組みだ。その一因は、スターマシンが絶えず規模の拡大を要求し、規模の拡大は不釣り合いな費用の増大につながることにある。ITERはJETより大きなものになる予定で、DEMOはそれよりさらに大きくなる可能性が高い。当初、ITERの総コストは五〇億ユーロ前後と見積もられていたが、二〇一六年には二〇〇億ユーロまで膨れ上がった。ITERの内部関係者でさえ、規模が問題だと認める。イギリス原子力公社の元CEOのサー・スティーヴ・カウリーは、かつてこう言った。「私は全面的にITERを支持します。なぜなら、われわれは燃える［自続的核融合］プラズマを実現しなくてはならないからです。しかし商用核融合炉は、もっと小型で安価にする必要があるでしょう[27]」

NIFのコストは一四億ドルと想定されていた。ところが予算超過が生じ、総額は四一億ドルに跳ね上がった[28]。NIFの後継施設に関するおおまかな計画では、レーザー技術の進歩のおかげでこれより大きな建造物は不要と思われる。しかしおそらくレーザーのエネルギーのスケールアップは必要で、そのためにコストが増える。「だからNIFのレーザーは実用化できないのです」と、商用化について話していたときにファースト・ライト・フュージョンのニック・ホーカーが私に語った。「NIFのレーザーはエネルギー一ジュールあたり一〇〇〇ドルを超えていました。われわれのエネルギー利得マシンなら、一ジュールあたり四ドルから五ドルのあいだになるでしょう。しかしこの金額でもコストは依然として問題です」

もちろん、それまでにないタイプの核融合炉を作るなら、成熟した技術とは異なる研究開発費が必要だ。しかしスタービルダーはなお、資本コストが商用核融合炉を支配すると考えている。「実際の燃料コストはわずかでしょう」と、シビル・ギュンター教授が私に言った。彼女は二大コストとして、装置および建物への初期投資と発電所の保守を挙げた。確かにこれは問題になり得る。というのは、資本集約的で投資の回収に何十年もかかるような発電所のために資金を調達するのは容易でないからだ。たとえばイギリス政府は、サマセット州ヒンクリーポイントに建設予定の三〇〇〇メガワット規模の巨大な核分裂発電所のために民間資金を調達するのに苦労している。

ここで、新たなスタービルダーがきわめて魅力的な主張をしてくる。自分たちの装置が機能するとすれば、それは今までよりも小型で資本集約的でないものになるだろうと言うのだ。「小型でモジュール方式の装置なら、建設現場から離れた工場でもっとたくさん作れます。これはコストの削減につながる大きなファクターです」と、トカマク・エナジーCEOのジョナサン・カーリングが言った。トカマク・エナジーは、トカマクには大きなサイズが必要だという想定は誤っているかもしれないとする学術研究を発表している。同社は、自分たちの球状トカマクなら装置を果てしなく大型化する必要が回避できると期待している。モジュール方式で小型装置を採用すれば大幅なコストダウンが実現できるということは、よく知られている。たとえばマイクロチップに関するムーアの法則〔インテル社の創業者の一人、ゴードン・ムーアが提唱した、集積回路の集積率は一年半ごとに二倍になるという予測〕は、有名な一例である。太陽電池もその一例と言える。一九五六年から二〇一九年のあいだに、価格が三〇〇〇分の一以下まで下がったのだ。ファースト・ライト・フュージョンは、可能な限り既存の技術を利用することでコストダウンを続けている。[29]

とはいえ、これはかなり非現実的な考えだ。核融合の実現を目指す政府の取り組みでは、これまで巨大な装置を使ってきている。われわれがその取り組みに頼らなくてはならないとしたらどうだろう。JET（二六億ドル）、NIF（四一億ドル）、ITER（二二〇億ドル）は明らかに巨額の費用を費やしているが、許容しがたいわけではないかもしれない。これらの金額は、CERNの大型ハドロン衝突型加速器（五三億ドル）やスクエア・キロメートル・アレイ（一〇億ドル）、あるいは史上最高額の大規模科学プロジェクトである国際宇宙ステーション（一二〇〇億ドル）とさほど違わない。次世代の粒子衝突型加速器は、おそらく二五〇億ドルに達するだろう。こんなに高額でも、これらのプロジェクトはいずれも人類の生活をよりよくする、きわめて有意義なものとなるはずだ。だが、これらは新たな科学の知見をもたらすとはいえ、新しいエネルギー源をもたらせるのは核融合装置だけだとスタービルダーは言うだろう。そして新たなエネルギー源こそ、切実に求められている。[30]

既存の実験用核融合炉のコストを世界人口で割ったら、その金額はわずかだ。一〇〇億ドル前後という現在の相場は、アメリカの航空母艦とほぼ同じだ。最初の商用核融合炉はだいたいこれと同額となり、それ以降は大幅に安くなるだろう。アメリカ全体のエネルギー支出は年間一兆ドルを超える。これと比べれば、核融合炉のコストは決して大きくない。[31] アメリカがイラク戦争で費やした数兆ドルと比べれば、明らかに微々たるものだ。

しかし、こんな比較はいささかばかげている。核融合を合理的なタイムスケールで実現させるのに資金は十分にあるのかを問うほうが、理にかなっている。じつはこれまでのところ、その資金が十分にあったためしがない。そして、そのことはずっと前からわかっている。

一九七〇年代、アメリカのエネルギー研究開発局は年間の資金をさまざまに設定して、それぞれの条件で核融合が実現できる時期を推定した。その結果、核融合の商用化を目指すなら、最低でも年間二〇億ドルの資金が必要だと推定された。一九七六年から二〇一二年にかけて、アメリカにおける核融合エネルギー研究への平均出資額は、磁場方式とレーザー方式を合わせて年間およそ六億ドルだった。これはトカマクにせよ巨大レーザーにせよ、プロトタイプの核融合炉を実現するのに必要と考えられていた最低額をはるかに下回る。[32]

年間およそ六億ドル（最近でも配分されている金額はこの程度だ）と聞くと巨額に感じられるかも

しれないが、二〇一八年にはこの金額はアメリカの研究開発予算の〇・一パーセントにすぎず、大手の石油会社や天然ガス会社が研究開発費として一社で年間に支出する金額にも達しない[33]。

核融合関連支出として世界全体でずば抜けて巨額の資金を投入されているのはＩＴＥＲで、長期にわたる計画期間に年間一七億ドルほど費やしている。これも巨額に感じられるが、世界全体の研究開発費の〇・一パーセントほどにすぎない。

さらに、大気汚染が原因で年間九〇〇万人が死亡し、旱魃(かんばつ)、洪水、火災といった気候変動関連の事象で死亡する人がすでに年間一五万人ほどに達していることを思い出すべきだ。核融合にリスクが伴うのは、（一部のスタービルダーの言葉はさておき）この技術が商業的に実用化できるかどうかがはっきりしていないからだ。それでも、大気汚染や気候変動による不必要な死をなくせる可能性は有意義だと考えられる。

ちなみに、世界全体で年間およそ二〇〇億ドルががんの研究に費やされているという事実について考えてみよう。がんは年間に一〇〇〇万人の命を奪うと考えられている[34]。今日のがん研究はおそらく、核融合研究よりもはるかにすばやく人の命を救ったり生活を改善したりすることにつながる（核融合研究は、商業的に実用可能な技術をもたらさない限り人の役には立たないので）。だから、これは比較として明らかに適切でない。それでも数字からわかるのは、核融合が現在のところ、その潜在的な可能性に比して十分な資金を配分されていないということだ。

核融合の進展が遅すぎると文句を言う人は、その大きな理由が資金の問題であることを理解すべきだ。進展を加速するか減速するかの鍵となるのが出資だ。核融合を急速に進展させるには出資が少なすぎるということは、一九七〇年代から知られていた。正味のエネルギー利得が実現不可能なわけではない。それを求めるわれわれの熱意が足りなかったのだ。科学者に恒星を作って地球を救ってもらいたいと本気で思うなら、誰かがそのための資金を出さなくてはならない。

資金調達をめぐる状況は変わりつつある。「五年前には、政府で核融合を話題にする人などいませんでした」とイアン・チャップマンが言った。「今では私が財務省に行くと、職員が核融合について話したがるのです」。彼も指摘したとおり、核融合については中国のほうがはるかに強くリスクと資金を求めていて、その計画からは中国が世界の核融合研究における将来のペースを定める可能性が示唆される。現時点で核融合に投入されている民間投資家の資金については、一部は実現の可能性のきわめて低いプロジェクトに向けられているが、スタービルダーのデイヴィッド・キンガムの言葉を借りれば、民間の核融合が市場のパイを成長させている。核融合を遅きに失せぬうちに実現させるには、あらゆるものを利用することが必要だ。

先走ってしまう危険を覚悟のうえで言うが、核融合エネルギーが商用化された場合、消費者にとってどのくらい高価なものになるのかを推測するとおもしろい。イアン・チャップマンの挙げた五つ目の課題を再び取り上げよう。価格以外の点では完璧だが他のエネルギーと比べて価格が一〇〇倍以上というエネルギー源が、市場に広く浸透することはないだろう。さまざまな発電方式のコストを比較する場合、よく使われるのがＬＣＯＥ（共通基準電力コスト）だ。ＬＣＯＥを計算するには、発電所の建設コストを、運用期間全体で見込まれるエネルギーの総生産量と比較する。これは通常、エネルギーの単位生産量あたりのドルで算出する。たとえば国際エネルギー機関は多くの国の実態にもとづいて、従来型の石炭火力発電所のＬＣＯＥを一ギガジュール（一〇〇〇メガジュール）あたり二四ドルと推定している。これはエネルギー源の価格を考えるのに役立つ方法だ。

核融合エネルギーがどれほど高価になるのかを特定するのが難しいのは、答えの出ていない疑問があまりにも多いからだ。核融合発電所には、核分裂発電所とは別の規制基準が適用されるのか。発電所はどのくらいの規模なのか。核融合炉チャンバーの耐用期間はどのくらいか。ダウンタイムはどのくらいになるのか。核融合のコストを推定してなんらかの数字にたどり着くには、思い切った想定をする必要がある。アメリカエネルギー省が最近発表したさまざまな核技術の推定コストに関する報告書は、ＬＣＯＥの計算を避けている。その理由はまさにこの不確実性だ。確立している技術のＬＣＯＥさえ、どんな前提を用いるかによって大きく異なる。といっても、試みた人がいないわけではない。ただし、どの推定も鵜呑みにしてはならない。

核融合発電のコストを推定するのに、核分裂発電のコストはきわめて有用な目安となる。核分裂発電所が比較対象として役立つのは、これも核技術であり、おそらく必要な施設の規模が同程度になるからだ。ただし核融合に対する規制は、核分裂と比べてかなりゆるいものになるだろう。核分裂のコストには寿命の長い放射性廃棄物の処理やメルトダウンなどのリスクが含まれるので、核分裂発電のほうが核融合発電よりもコストは高くなる。核分裂と核融合が類似しているのは、費用の多くが建設、試運転、資金調達をカバーする資本コストとなる可能性が高い点だ（核技術ではＬＣＯＥの中で燃料が占める割合はわずかである）。国際エネルギー機関は、先進的な核分裂原子炉のコストを一ギガジュールあたり一九ドルとしている。これは一般的な石炭火力発電所を下回る。

核融合発電所のプロトタイプである磁場閉じ込め核融合のＤＥＭＯおよび慣性核融合のＬＩＦＥの設計の一環として、発電コストの推定が作成された。ＤＥＭＯの後継施設のコストについては、一ギガジュールあたり二一ドルから四五ドルと推定されている。ＬＩＦＥはもう少し安く、一ギガジュールあたり二一ドルから三〇ドルが上限とされている。ニック・ホーカーは、自身のもっとモジュール性の高い装置のコスト範囲に関する詳細な推定を公表している。それによると、一ギガジュールあたり三〇ドルとなる可能性が高いが、七ドルという低コストになる可能性もある。[35] 一ギガジュールあたり二〇ドルから三〇ドルというのは、核分裂発電に関する推定からかけ離れてはいないので、信頼できそうだ。しかし正直なところ、確かなことは誰にもわからない。われわれに言えるのは、核融合のLCOEが核分裂のLCOEを著しく下回る可能性はなさそうだということだ。ただし、レーザーの小型化や超伝導磁石の高性能化などの新しい技術によって、スタービルダーが発電所に必要な規模を大幅に縮小する方法を見出せるなら話は変わってくる[36]。

他の電力源はどうだろう＊。化石燃料で最も安価なのは、複合ガスサイクルタービンの一ギガジュールあたり一八ドルだ。しかしこのコストでは、大気汚染や二酸化炭素といった望ましくない外部効果が勘案されていない。これ以外の化石燃料は、比較的高価である。非常に興味深いのは、再生可能エネルギーとの比較だ。集中型太陽熱（鏡を使って液体を加熱する）は一ギガジュールあたり三四ドル、産業規模太陽光発電（パネル）は一六ドル、洋上風力は二四ドル、陸上風力は一四ドルだ。太陽電池と陸上風力はすでに最も競争力のある発電方式だが、核融合が価格でこれらに勝てる可能性は低い[37]。

核融合は魔法ではないし、無料ではないし、無償で提供できるほど安価でもない[38]。まさにニック・ホーカーの言うとおり、核融合発電の問題はコストではない。風力や太陽光はすでに最も安価な電力源になっていて、この先もそうあり続けると見込まれる。コストの推定を真剣に受け止めるなら、核融合エネルギーの価格はいずれ競争力を得ると思われる。最も安価な部類の電力源にはなるかもしれない。それでも、随一の安価な発電方式になることはないだろう。

核融合が世界にふるまってくれるのは、地球を救うために、われわれの必要を満たす規模で、われ

＊ ここで挙げる数値は、さまざまな国についての国際エネルギー機関による中央値の推定に七パーセントの割引率を適用したものである。提示している価格の順位は、アメリカエネルギー情報局が公表している電力価格の順位と類似している。

われわれの求める普及速度で、われわれの必要とする期間にわたり、炭素を排出しないエネルギーだ。

エピローグ　核融合をしない余裕はあるのか

「熱核エネルギーの準備が整うのは、人類にとってそれが必要になったときだ」
——レフ・アルツィモビッチ　ソヴィエト核融合プログラム責任者
（一九五一年～一九七三年）[1]

地上の生命は頑健だが脆弱だ。頑健だと言えるのは、三〇億年以上にわたって存続してきたからだ。脆弱だと言うのは、地上に出現した種のほとんどが絶滅してしまったためだ。地球で最も繁栄している種について考える場合、私の頭に浮かぶのは人間ではない。クロコダイルとシーラカンスが頭に浮かぶのだ。

クロコダイルは、一つの種として八五〇〇万年を生き延びてきた。しかし屈強なクロコダイルさえ、四億年も存続してきた種と比べれば新参者だ。シーラカンスは肉鰭（にくき）類の魚で、かつては六六〇〇万年前に絶滅したと考えられていた。しかし、シーラカンスにこのことを告げた者はいなかったらしい。というのは、一九三〇年代に一匹のシーラカンスが漁船に捕獲されたからだ。絶滅どころか、地球で起きた五回の大量絶滅のうち四回を生き延びるという、信じがたい歴史をたどっている（ロンドンの自然史博物館に行くと、ホルマリン漬けにされた二〇世紀のシーラカンスの標本のとなりに、六六〇〇万年前の化石が見られる）。われわれが現在のホモ・サピエンスという姿になってからは、わずか数十万年しか経っていない。われわれは自分自身を生存させるために、長きにわたるゲームに乗り出す必要がある。もっとシーラカンスのようになるべきなのだ。[2]

大量絶滅や地球規模の大災害は実際に起きる。つい最近も、パンデミックが死と経済の崩壊を引き起こして去っていくのを目撃し、事前の備えができていなければ最悪の結果がさらに拡大されるのを目の当たりにした。しかし地球には、他にもさまざまな恐怖がある。われわれの存在を揺るがす三大脅威を挙げるなら、それは小惑星か彗星の地球衝突、超巨大噴火と呼ばれる大規模な火山噴火、そして（人類だけがかかわるものとして）人為起源による気候変動の暴走だ。

恐竜を絶滅させ、地球にそのとき存在していた種の七五パーセントを根絶やしにした原因は、おそらく直径一二キロメートルほどの小惑星だ。恐竜は一億年以上にわたり地球を支配していたのだから、生存競争に長けていなかったわけではない。一九〇八年、われわれは恐竜を絶滅に追いやったのと同じような事象をほんの少しだけ経験して、それでも恐怖にかられた。せいぜい直径数百メートルの小惑星がシベリア上空で崩壊し、二〇〇〇平方キロメートル以上の森林を破壊したのだ。世界人口の大半の命を奪えるほど大きな小惑星か彗星が地球に衝突する確率は、一世紀で一万分の一回程度だ。超巨大噴火のほうが確率は高く、少なくとも地球の半分、おそらく地球全体に影響し、全大陸に大量の灰を降らせる可能性がある。[3]

こうした絶滅を引き起こす規模の事象が起きた場合、余波として激しい気候変動が生じるだろう。小惑星の衝突や火山の噴火で舞い上がった塵や土砂が日光の一部を遮ることで冷却効果が生じ、食料生産や太陽光エネルギーの利用が難しくなる。

こうしたまれだが世界を一変させるような大災害に備えるには、どうしたらよいだろう。気候に大規模で望ましくない変化が起きても途絶えることのないエネルギー源を確保するのは、すぐれた対策だと思われる。知ってのとおり、化石燃料はまもなく枯渇する。広大な土地を必要とする再生可能エネルギーは、環境の変化の影響を受けやすい。核分裂は一つの解決策になり得る。そして核融合（スターパワー）も解決策になる。燃料は（比較的）ありふれている。重水素は世界中の海で得られるし、リチウムは人の暮らすすべての大陸に存在するのだ。そしていかなる場合も、これらの燃料は大量には要らない。

こんな話は恐ろしいと感じられるかもしれない。実際、恐ろしい話だ。しかし長い目で考えておくのは賢明でもある。これらの事象が起こり得ることはわかっている。十分な長期にわたるタイムスケールで考えれば、ほぼ確実に起きる。個人的には、人類にはるか遠い未来まで繁栄し続けてほしいと思う。われわれが今日下す選択が、将来世代にとてつもなく大きな影響をもたらす。スタービルダーたちに言わせれば、世界全体の研究予算のほんの一部を核融合エネルギー技術の完成に充てるのは、災害に強い電力源を手に入れられることを考えたらわずかな代償にすぎない。

もちろん、核融合が実現するのを見たいと願う理由は、単に災害から身を守りたいというだけではない。

核融合の追求は、分野を問わずトップクラスと言える極端で驚くべき科学的発見をもたらしてきた。プラズマについてちょっと考えてみよう。プラズマについて理解することは、核融合においてきわめて重要だ。それは間違いない。しかしプラズマをめぐる発見はいずれも、可視宇宙の九九パーセントについての理解を深めてくれる。プラズマは「量が増えれば性質が変わる」ことのきわめてドラマチックな例だ。原子核や電子といった個々の要素のふるまいは理解できているとしても、これらが大量にあって合わさった場合にはなんらかの変化が起き、単純さから複雑さが現れ出る。[4]科学のさまざまなテーマと同様、これらの深遠な現象が理解できれば、そのこと自体が報いになり得る。プラズマ研究は、発見の喜びが得られるという理由だけでは取り組む価値がなかったかもしれないが、そこから生じる複雑さは、人の交わりが個々のパーツの総和と一致しない、経済学など他の分野にも通じる実用的な教えを与えてくれる。*

プラズマに関する理解が進んだことにより、外科手術機器の洗浄やダイヤモンドの合成など、さらに多くの実用的な応用が生まれた。[6] また、レーザーとプラズマを併用することで、がんと闘うのに従来よりもすぐれた方法が新たに誕生した。レーザーを使ってプラズマ中の陽子を加速してきわめて高いエネルギー状態にすると、この陽子はX線などと比べてもっと高い精度でがん細胞を狙い撃ちできるのだ。[7]

NIFのような装置は、慣性核融合エネルギーや核兵器備蓄計画に関する実験に加えて、想像を超えた科学研究を行なっている。NIFは太陽の一〇倍の質量をもつ恒星のコアの条件を再現するのに使用され、そうした恒星での核融合反応の速度について、よりよい推定をもたらしている。[8] NIFの実験は、われわれを地球以外の場所に連れていってくれたこともある。リヴァモアの創設者エドワード・テラーは九五歳で亡くなる直前、一〇〇歳の誕生日に望むのは「惑星の内部に関するすばらしい予想――計算や実験」だと研究所の科学者たちに話した。[9] テラーは二〇〇三年に亡くなったため、その進捗を見届けることはできなかったが、NIFの運用開始以来、リヴァモアの科学者たちは木星や土星といった巨大ガス惑星の内部の強大な圧力を小規模ながら再現することに成功している。この実験では、NIFのレーザービームを使って液体重水素を地球の圧力の六〇〇万倍まで圧縮し、温度を数千度まで上げた。圧力を上げていくと、通常は透明な液体重水素がまず不透明になり、それからじつに思いがけず奇妙なことに、輝く金属に変化した。まるでコーヒーカップを握りしめたら皿に変わってしまったというようなものだ。[10]

イアン・チャップマン教授のようなスタービルダーたちが核融合の商用化への途上で解決しつつある工学的な課題からは、産業上の副産物も生まれる。カラムの遠隔操作ロボットは、細かな作業が必要だが安全性の理由から人間が立ち入ることのできないさまざまな状況で利用できる。また、丈夫な核融合炉の開発に後押しされて、エンジニアは極限条件に適する新素材を作り出している。[11] ローレンス・リヴァモアは、ＮＩＦを稼働させる必要に迫られて生み出した発明をもとに、多数の特許を申請している。有人宇宙飛行の研究と同様に、核融合研究でもそれ自体の必要を超えてイノベーションが推し進められている。

核融合はすばらしい技術だが、これを追求する科学上および産業上の理由が、恒星のエネルギー源の完成を目指す最も大胆で野心的な根拠というわけではない。種としてのわれわれの存在に向かってより声高に語られる、核融合を実現すべき理由がある。それは、この技術によってわれわれが翼を広げて宇宙を探索できるということだ。

宇宙の彼方へさらに進み出ていくというのは、途方もない夢のように感じられる。そして今のところ、実際に途方もない夢だ。だが、われわれは月へ行った。無人宇宙船を小惑星に着陸させた。太陽系外へ探査機を送り出した。遠くない未来、有人ミッションを火星に送り込めるかもしれない。次の扉を開けて、未知の宇宙でわれわれを待っているものを見てみたいと思わない人がいるだろうか。

われわれになじみのある宇宙から未知の宇宙へ旅立つには、プラズマ物理学と核融合を利用する以外に方法はない。核融合ロケットは、広大な宇宙を移動する手段として人類が抱く最大の期待だ。

ロケット科学とはややこしいものだというのがもっぱらの見方である。しかし突き詰めれば、そこにあるのは二つの単純なアイデアだ。一つは、質量を一方向に噴射すれば、物体は反対方向に進むということ。もう一つは、生み出せる推進力の大きさに関係する。推進力の大きさは、噴射されている

＊最近では、プラズマ物理学の中核的な方程式の一つであるフォッカー＝プランク方程式が、マクロ経済学のモデルとなった。[5]

質量と、その噴射速度によって決まる。ロケットは軌道に入るためにたくさんの質量を急速に噴射する。しかし大量の質量の噴射には問題が伴う。噴射時までそれを自ら運搬しなくてはならないのだ。必要な推進力が大きければ、それだけ多くの質量を運搬しなくてはならない。そのためにはさらに大きな推進力が必要になり、そのためには……となる。この問題を避けるため、宇宙で用いる推進法については大量の質量の噴射に頼るのではなく、噴射速度を最大限に上げる（そして噴射する質量を抑える）必要がある。

せっかちな宇宙旅行者にとって核融合がよい選択肢となる理由は、おそらく想像がつくだろう。核融合はエネルギー密度が高いため、わずかな質量で莫大な排気速度が実現できる。最もすぐれた化学燃料ロケットが到達できる排気速度は秒速四・五キロメートルで、核分裂では秒速八・五キロメートルであるのに対し、核融合炉なら秒速数百から数千キロメートルの排気速度を出せる可能性がある。[12]

核融合炉を宇宙船に搭載するのは、意外にも核融合宇宙船の唯一の選択肢ではない。核兵器を平和目的に変えることを目指したエドワード・テラーの「鋤刃」計画の一環で、物理学者フリーマン・ダイソンも共同で率いた、オリオン計画というのがある。[13]オリオン計画では、爆発中の水素爆弾を宇宙船の後部から放出して、宇宙船を逆方向に加速させる方法を調べた。ばかげたスキームと思われるかもしれないが、じつはさほどばかげているわけではなく、秒速一〇〇〇キロメートルから一万キロメートルの排気速度を出せるとダイソンが自ら推定した。宇宙旅行の動力源として核融合を使うというアプローチが核拡散と安全性に関する重大なリスクをもたらすことに加え、パルス核爆発ロケットの実験は国際条約で実質的に禁止されている。そのため同様の目標を達成するには、制御核融合ロケットを使うほうがはるかに賢明と思われる。核融合ロケットがいかにして最終的に実現されるにせよ、エネルギー源としての核融合の研究はその開発の助けとなるだろう。[14]

ともあれ、核融合推進を開発する目的は、宇宙探索だけでない。核融合ロケットは、地球規模の生命の絶滅そのものが起きるのを防ぐ助けとなる可能性もある。人類の命を奪う小惑星や彗星の地球衝突を阻止することにおいて主たる問題は、その進路をそらすなどの緩和措置をとれるように、十分に早く対象を発見してそれに到達することだ。早いうちに小惑星を少し押し動かすのは、あとで大きく押し動かすのと同様の効果がある。核融合ロケットは従来のロケットよりも高速で宇宙を航行できるので、対策をとる時間を多く稼げる。われわれの力では地球を救えない破局的な事象に見舞われた場合にも、新たな居住地へ移動できることは、人類にとって究極の保険となるだろう。

核融合炉を動力源とする宇宙船は、宇宙旅行を手の届くものにしてくれる。火星に到着するまでの時間が大幅に短縮され、一年で行って帰ってこられるようになるだろう。太陽系外への旅行も可能になる。太陽系外でわれわれの最も近くに位置する恒星系は、赤色矮星プロキシマ・ケンタウリを中心としている。この星は地球から四光年離れたところにある。つまり、プロキシマ・ケンタウリを出発した光が地球に到達するまでに四年かかる。プロキシマ・ケンタウリには居住可能な地域がある。原理的には、生命が存在し得るということだ。この居住可能域には、太陽系外惑星として地球に最も近い位置にあるプロキシマ・ケンタウリbがある。プロキシマ・ケンタウリbが居住可能である可能性は非常に低いが、まだわからない。核融合ロケットがあれば、四〇年以内という驚くほど短い時間でプロキシマ・ケンタウリbに行けるだろう。[15]

本書は、突拍子もないアイデアで幕を開けた。恒星にあるのと同じ物質を作って、そこで核融合反

＊　次の聖書の一節にちなんで名づけられている。「こうして彼らは剣を打ち直して鋤とする」（旧約聖書イザヤ書二章三〜四節）

応を起こしてエネルギーを生み出そうというアイデアだ。といっても、これを目指してきた科学者、起業家、政府は、ひどく常軌を逸しているというわけではない。この科学者たちは、世の科学者たちのなかでもとりわけ優秀だ。本書で登場した科学者たちのなかには、アメリカの核兵器の管理を任されている人もいる。彼らは核物理学に関して自分たちのしていることをきちんと理解している。また、カラムのイアン・チャップマン教授など、すぐれた研究に対して賞をいくつももらっている人もいる。恒星を作るレースに参加している起業家たちは、大胆で野心を抱き、たいていのスタートアップには夢見ることしかできない巨額の資金を調達し、ほんの数年で何十年分にも相当する核融合の進歩を果たしている。核融合に出資している政府は、最富裕の国々の先頭に立ち、世界人口の大多数を代表する。

彼らの動機も、常軌を逸しているとは思えない。われわれは環境に対して未曾有の変動をもたらしていて、そのほとんどがエネルギー使用によるものだ。しかしエネルギーを利用することで生活が改善し、われわれの先祖から見たら信じられないような生活が実現していることは否定できない。気候変動を阻止できるほどエネルギー需要を抑制するのは、現実的でないと思われる。エネルギー需要は、この先も減少ではなく増加する可能性が高い。われわれには、ある程度までその需要を満たす技術がある。特に太陽光や風力、そして核分裂も、受容される場所ではその役割を果たす。しかしこれらの技術は、われわれを目指す場所まで連れていってはくれないだろう。この突拍子もないと思われるアイデアを追求する者たちは、両方を実現することは可能だと言う。さらに多くの人の生活の質を向上させながら、同時に環境を守ることができるのだ。核融合は二酸化炭素を排出しないエネルギーを大規模に供給でき、これまでに考え出されてきた電力源のなかで安全性に関しても一番ではないにしても上位の一つとなる可能性は高い。気候変動はさておき、われわれの主たるエネルギー源である化石燃料が枯渇してきているので、新たなエネルギー源が必要だ。核融合なら、重水素と三重水素を使う最も基本的な方式でも、材料は三三〇〇万年ほど持続する。シーラカンスが海中を泳いできた年月には及ばないが、それでも手始めとしてはすばらしい。この三三〇〇万年は、さらに長く持続する燃料を使う核融合反応のやり方を考えるのに十分な時間を与えてくれるだろう。

核融合で地球が救えると信じていても、核融合を実際に実現できるかについては確信できないという人もいるかもしれない。しかし自然は、核融合が実際に起こり得るとわれわれに語るだけでなく、宇宙のエネルギー源として他の何よりもはるかに広く生じているのだと教えてくれる。地球で日々を照らすのも、夜空に星座を描き出すのも、核融合なのだ。宇宙の可視物質は、核融合で生まれた。恒星は、核融合を経て超新星爆発を起こして寿命を終える。われわれの体も、核融合によって生じた原子がなければ存在できない。核融合はいたるところで起きている。それなら地球でも起こせないはずがない、というのがスタービルダーの言い分だ。われわれ人類はすでに制御核分裂を利用している（今日の原子力発電所で）。また、核兵器では制御されていない核分裂と核融合を利用している。制御核融合も手なずけられるかもしれないと考えるのは、本当に荒唐無稽なのだろうか。

スタービルダーは「ノー！」と言う。彼らの作った装置は、制御核融合が利用可能であることを正味のエネルギー利得によって科学的に実証するのにあと少しというところまで迫っている。磁場閉じ込め核融合は核融合発電において六七パーセントの利得を達成し、慣性閉じ込め核融合はエネルギーにおいて三パーセントの利得を達成している。さらに重要な点として、机上の物理学から、核融合による正味のエネルギー利得が可能であることがわかっている。実験で得られたエビデンスは、十分に大きなレーザーを使えば慣性閉じ込め核融合で正味のエネルギー利得が達成できるはずだということを強く示している。自続的核融合、すなわち点火の条件にも近づいており、最初の核融合装置が建設されて以来、点火に向かって一〇〇万倍の改良がなされてきた。その進展には長い時間が費やされてきた。現在、起業家たちは動きの遅い政府系研究所に競争を挑み、もっと迅速で安価に、そして商業的に実用化可能な技術を提供できるように進展を推し進めている。「どのように」については見解の完全な一致はなく、「いつ」については資金と運にかかっているが、スタービルダーはみな正味のエネルギー利得の達成が近づいていると口を揃えて言う。

今、スタービルダーは正味のエネルギー利得の先へ目を向け、核融合エネルギーを送配電網に送り込むことを見据えている。工学上および商業上の大きな課題がまだ残っている。まずは発電所全体として、消費エネルギーを上回るエネルギーを生産しなくてはならない(個々の実験単位でなく毎日)。核融合エネルギーを安全かつ持続可能な方法で取り出して、電力に変えることも必要だ。核融合エネルギーは、幅広く入手可能でなおかつ価格も手ごろでなくてはならない。核融合電力がない状態から核融合電力が大量に存在する状態へ移行するには、世界各地に何千もの発電所を建設する必要があり、理解しがたいほどの規模の変化を伴う。それでも多くのスタービルダーは、十分にすばやく大規模な核融合を実現することによって、まさに今、強大な破壊力をもって迫りくる破局的な気候変動を地球が回避するのを助けられない限り、自分たちが真に成功したとは思わないだろう。

地球に電力を供給するためのレースで、現在の地点までたどり着くだけでも長い時間がかかった。それでも、次の二つの問いについて考えるのは意味がある。前進は続いているのか？　目的地は目指す価値のある場所なのか？　スタービルディングをめぐる冒険を通じて、私はどちらの問いに対する答えも揺るぎない「イエス」だと確信するに至った。潜在的な利益を考えれば、核融合をやらないわけにはいかない。

前進を続ければ、今から何世紀もあとに、そもそもわれわれがまだ地球上に存在していたらの話だが、間接的に太陽光発電から、そして直接的にスターマシンからの、クリーンなエネルギーを享受している可能性が非常に高いと思われる。

核融合で電力を供給する未来がどこまで近づいているかは、われわれがその実現をどれほど望むか、いや、必要とするかにかかっている。私が今回の冒険の途上で出会った人たちは、究極的にわれわれがそれを必要とするはずだと言う。なぜなら、われわれを恒星に連れていける動力源は核融合しかないのだから。

謝辞

本書の執筆中、じつにたくさんの方々から時間と励ましを惜しみなくいただいた。彼らがいなかったら、本書を書き上げることはできなかっただろう。

まず、あらゆる段階で力となってくれたメラニー・ウィンドリッジに、特別な感謝の念を伝えたい。彼女が著書『オーロラ』（*Aurora*）の出版記念イベントに招待してくれていなかったら、私が本書を書いたかどうか定かでない。そのイベントでノースバンク・タレント・マネジメント社のダイアン・バンクスが声を掛けてくれて、私の語るストーリーに関心をもつ人がいるかもしれないと自信をもたせてくれた。出会った最初の瞬間から私を信頼してくれてありがとう、ダイアン。

ノースバンクで私のエージェントを務めているマーティン・レッドファーンは、出版業界の奇妙な仕組みについて教えてくれる情報源として欠かすことのできない存在で、すばらしい編集者たちとともに本書の刊行のために尽力してくれた（そして無事に刊行できた）。彼がいなければ、本書を完成させることはできなかった。とりわけ、私が山ほど質問をぶつけても、果てしない忍耐強さで応じてくれたことに感謝する。元エージェントのロビン・ドゥルーリー（現在はペンギン社で企画編集者をしている）にも感謝したい。彼女は最初の草稿の段階で、本書の可能性を見出してくれた。核物理学とプラズマ物理学に関する本を一般読者が心から読みたいと思えるものにするにはどうしたらよいか、的を射たアドバイスもくれた！

各章についてフィードバックをくれた、次の方々にも深謝する。ブライアン・アップルビー、スティーヴン・ピュー、ポール・ロビンソン、スティーヴ・ローズ、マーク・シャーロック。そもそも私がプラズマ物理学と核融合に関心をもつようになったのは、博士課程で指導教授だったマークとスティーヴのおかげだ。また、本書の一部について議論してくれた、シャーロット・パーマー、ジェリー・チッテンデン、エド・ヒル、アンドリュー・ホランド、マシュー・リリー、スチュアート・マングルズにも感謝する。そしてもちろん、核融合の本を書くようにと最初に勧めてくれたオリ・パイクにも。

本書の執筆中、イングランド銀行での同僚も大いに私を助けてくれた。なかでも私を励まし熱心に支えてくれた、デイヴィッド・ボラトに感謝したい。

学界、産業界、政府の方々も時間を割き、さまざまな形で本書の執筆を助けてくれた。デイヴィッド・キンガム、スティーヴ・マクナマラ、ジョナサン・カーリング、ローン・ホートン、フェルナンダ・リミニ、《ア・グラス・オブ・シーウォーター》ポッドキャストのスターの皆さん、その他のCFE博士課程の学生たち（全員の名前を記せず申し訳ない！）、イアン・チャップマン、ハワード・ウィルソン、デイヴ・スティーヴンズ、クリス・ウォリック、カール・ティシュラー、ジェイムズ・ペカヴァー、ガイ・バーディアク、ニック・ホーカー、ジャンルカ・ピサネロ、ネイサン・ジョイナー、ヒューゴ・ドイル、イザベラ・ミルヒ、シビル・ギュンター、エマ・チャップマン、ジェフ・ウィソフ、マイケル・ステイダーマン、ベッキー・バトリン、マーク・ハーマン、タヤブ・スラトワラ、ブライアン・ウェルデイ、ブルーノ・ヴァン・ウォンターヘム、ルイーザ・ピックワース、ジョージ・スウェイドリング、オマー・ハリケーン、スティーヴ・カウリー、ジェイソン・パリシに感謝する。また、私の訪問をスケジュールしてくれた、リヴァモアのブレアナ・ビショップとカラムのニック・ホロウェイに、特別な感謝の念を伝えたい。

ローリー・ウィンクレスには、（サイエンス）ライティングについてアドバイスをくれたことを感謝する。

ウェイデンフェルド&ニコルソンとサイモン&シュスターのチームには、とびきりの感謝を。クラリッサ・サザーランドとベケット・ルエダは、職務の範囲をはるかに超えると思われる手助けをしてくれた。また、ジョー・グレッドヒルとリック・ウィレットという鋭い目をもつ原稿整理編集者がいてくれたことは、私にとってこのうえもない幸運だった。ジェイソン・アンスコム（イギリスおよびイギリス連邦版）とジョナサン・ブッシュ（アメリカ版）によるカバーデザインには驚かされた。ウェイデンフェルド&ニコルソンで私の最初の編集者を務めたポール・マーフィーは、本書に関する私の展望をただちに理解してくれた。ポール、私たちが本書でなし遂げたことを君が誇りに思っていてくれることを願う。本書の大部分は、ウェイデンフェルド&ニコルソンのマディー・プライスと、サイモン&シュスターのリック・ホーガンという二人の編集者によるすばらしい支援のもとでできあがった。彼らはドリームチームだ。マディーはとてつもなく広い心でアドバイスをくれた。彼女のコメントはどれも本書をよりよくするものだったので、最終的に採り入れなかったものは一つもなかったと思う。リックはとにかく並外れた存在で、どんなときも私が自分の読者や著者としての自分自身のためにもっとよい仕事ができるように後押ししてくれた。この二人と仕事をして彼らから学ぶ機会に恵まれたことを、とてもありがたく思っている。

最後になったが、妻のアリス・タレルに誰よりも感謝している。彼女はすべての草稿のほぼすべての章を読み、根気強く意見と励ましをくれた。そのどちらも計り知れないほど貴重なものだった。

監修者解説
ひとりの「スタービルダー」より

国立研究開発法人　量子科学技術研究開発機構　那珂フュージョン科学技術研究所　研究員
横山　達也

「スタービルダー」と核融合を巡るレース

原書のタイトルを聞いただけで本書の内容を推測できる人は稀(まれ)だろう。*The Star Builders*、直訳するなら「星を建造する者たち」だろうか。副題はこう続く――*Nuclear Fusion and the Race to Power the Planet*。これも直訳すると、「核融合と地球への電力供給を巡る競争」。物理学や天体、環境問題に興味がある人であれば、なんとなくタイトルの意味するところがわかるだろうか。核融合――最近では日本語でも単に「フュージョン」と呼ばれることもある。この数年、ニュース番組などで耳にしたことがある人もいるだろう。そして、「核」と聞いて眉をひそめた人も、もしかしたらいるかもしれない。

本書は（研究者向けでないという意味で）一般向けに書かれた、核融合エネルギー開発、あるいは「スタービルディング」の入門書だ。夜空の星が輝くのと同じ原理――核融合反応によるエネルギーを地上に実現させようという、荒唐無稽(こうとうむけい)にも思える取り組みが、今、世界中から注目されている。各国の研究所が取り組んでいるだけではなく、多くの民間企業も参画している。著者は彼らのことを、地上に恒星を建設しようとする「スタービルダー」と呼ぶ。スタービルダーたちが目指しているのは、核融合エネルギーで地球を救う、すなわち、「核融合では使うエネルギーを上回る量のエネルギーを生み出せるということ、そしてこれが実用的なエネルギー源になるということ」を最初に達成することだ。

本書はこのレースの最前線を走るスタービルダーたちへのインタビューを交えながら、「スタービルディング」をとりまく現状をわかりやすく紹介している。

著者のアーサー・タレルは、経済学を研究するデータサイエンティストとしてイングランド銀行に所属する傍ら、核融合研究のアウトリーチ活動を行なっている。彼はインペリアル・カレッジ・ロンドンで慣性閉じ込め核融合の研究をして博士号を取得しており、同大学での研究職を経て経済学へと転向した経歴を持つ。そのため、本文中では自身を「元」スタービルダーと呼称している。

本書は著者がアメリカのカリフォルニアにある国立点火施設（ＮＩＦ）のレーザー核融合実験を見学するシーンから始まる。レーザー光が全長一・五キロメートルもの距離を走り抜け、髪の毛の太さほどの極小の燃料カプセルに照射されて核融合反応が生じるさまが、さながらドキュメンタリー番組のＣＧ解説のように描かれる。

本書を通して、著者は様々な核融合エネルギーの研究施設を訪問し、その代表的なスタービルダーたちに話を聞いている。ＮＩＦの次に著者が訪れるのは、原書刊行当時世界最大だった磁場閉じ込め核融合実験装置である欧州トーラス共同研究施設（ＪＥＴ）を有する、イギリスのカラム核融合エネルギーセンター（ＣＣＦＥ）。そして同じオックスフォード州にあるトカマク・エナジー社とファースト・ライト・フュージョン社だ。それぞれの研究所を取りまとめる研究者や経営者に話を聞いて、著者は次のように語る。「どのスタービルダーに話を聞いても大差はない。誰もが自分のやり方こそ最初にエネルギーを送配電網に供給できると固く信じている」。

なぜ、核融合なのか

核融合エネルギーが大きな注目を集めている理由は、「化石燃料からの脱却」という人類にとっての大きな課題の解答になりうると考えられているからだ。第2章ではこの点について、他のエネルギー源との比較の中で語られている。

核融合反応をエネルギー源として用いるための手法は様々なものがあるが、共通しているのは燃料を高温のプラズマにして、一定時間閉じ込める、ということだ。飛び回る原子核同士が偶然衝突して融合する反応をできるだけ多く起こすため、それらの速度は速い、すなわち温度は高い方が良いからだ。さらに、なるべく多くの原子核を、できるだけ長く閉じ込めておくことが重要だ。

太陽を始めとする恒星の中では、非常に大きな重力によって「温度・密度・閉じ込め」の三要素が核融合反応に必要な条件を満たしている。だが、地球上では重力による閉じ込めは不可能だ。そのため、「ねじれた磁場によってプラズマを閉じ込める」と「慣性を利用して爆縮によって反応を起こす」の二種類の方法が検討されている。前者の代表例がＪＥＴのようなトカマク方式、後者の例がＮＩＦで研究されているようなレーザー方式だ。

核融合エネルギーを巡るレースの参加者は、ＣＣＦＥやＮＩＦのような政府系の研究所ばかりではない。各国のスタートアップ企業は、高い機動力と資金調達力を武器に、それぞれが信じる独創的な手法でこのレースを走っている。どの走者が最初にゴールするかはわからないが、スタートアップ企業が注目を集め、投資や人材が集まるほど、ゴールが近づくのは間違いないだろう。

第8章は少し角度を変えて、核融合について初めて聞いた人が持つであろう素朴な疑問――「これはちょっと危険では?」を投げかけ、その安全性について議論する。皆さんは、第五福竜丸という漁船をご存じだろうか。私はその歴史を伝える展示館のある東京都江東区の出身で、小学校の授業で習った記憶がある。一九五四年三月一日、第五福竜丸の乗組員たちは、米国による核融合技術を用いた兵器――水素爆弾の実験の近くに偶然居合わせ、被曝した。この悲惨な事件のように、核融合の技術が使い方によっては人類に危険をもたらしうるのは事実だ。とはいえ、核融合炉が水素爆弾と同じレベルで危険なのだろうか？　さらに本章では放射能についても基礎的なところから解説しており、原子力発電所で使われる核分裂反応との比較の上で、核融合炉の安全性が議論される。核融合の危険性・安全性を考えるのに役立つだろう。

第9章では核融合エネルギー開発の「これから」が語られる。その代表的なものは、南フランスに建設中のトカマク装置「ＩＴＥＲ」だ。ＩＴＥＲは中国・ＥＵ・インド・日本・韓国・ロシア・アメリカの世界七極、三十五カ国が協力して建設を進めている、他に類を見ない巨大なプロジェクトだ。大きいのは枠組みだけではない。完成すれば、ＩＴＥＲは世界最大のトカマクになる。前述のＪＥＴの一〇倍以上の体積のプラズマを閉じ込める装置となるのだ。入力したエネルギーの一〇倍のエネルギー出力を達成することを目標とし、現在も建設が進められている。なお、ＩＴＥＲは当初二〇二五年の実験開始を予定していたが、コロナ禍による製造の遅れや、真空容器などの部品に大規模な修理が必要となり、実験開始は二〇三四年に延期されることが決まっている。

また本章では、核融合エネルギー開発の一つのマイルストーンとして、発電を実証する装置である原型炉の開発についても触れられている。各国は国策として、核融合エネルギーの開発に取り組み始めており、原書の刊行後、その動きは更に加速している。例えばイギリスでは、二〇二三年に計画が更新され、二〇四〇年までに原型炉に相当する装置の建設を目指す計画になっている。アメリカも、二〇三〇年代終わりまでに原型炉の運転を開始するという計画だ。

ただし本書は、目下の気候変動を食い止めて地球を救うのには核融合エネルギー開発は間に合わないだろう、と言う見方は正しいと述べている。それでも核融合エネルギー開発を推し進める理由は、必要性は、本当にあるのだろうか。時間、資源、財源といったリソースが限られる以上、このような議論が常に重要であることは間違いない。著者の答えはエピローグで語られる。

二〇二〇年代の核融合

さて、ここからは近年の、特に原書が刊行された二〇二一年以降の核融合研究の状況について、日本の核融合研究を中心に本書を補足したいと思う。

本文では、世界最大のトカマク装置としてイギリスのＪＥＴが紹介されている。しかし二〇二四年現在、ＪＥＴは運転を終了し、世界最大のトカマクの座は新たな装置に引き継がれている。その装置の名はＪＴ‐60ＳＡ、茨城県那珂市の量子科学技術研究開発機構（ＱＳＴ）那珂フュージョン科学技術研究所（那珂研）で二〇二三年に運転を開始したばかりのトカマク装置だ。世界最大のトカマク装置としてギネスブックにも登録されている。トカマクをはじめとする磁場閉じ込め核融合装置はプラズマが大きいほど閉じ込め性能が高くなることが知られており、大きい装置で実験することは、より高い性能のプラズマで実験するために重要なことだ。

ここで、ＱＳＴで働く若い「スタービルダー」を一人紹介したい。名前は横山達也。彼は二〇二二年に東京大学で博士号を取得後、那珂研で博士研究員（いわゆるポスドク）を経て研究員として勤務している。トカマクプラズマが突然崩壊してしまう「ディスラプション」現象について、その発生機構の解明や悪影響の緩和の手法を研究している若手研究者だ。そして二〇二四年秋、縁があってこの解説を執筆している――と、このような形で本文中では多くの「スタービルダー」たちが紹介されている。彼らがどんな研究をしているかだけでなく、生い立ちや個性的な人となりにも触れられている。

まず、JT‐60SAの前身の装置であるJT‐60から簡単に紹介したい。一九八五年に運転を開始したトカマク装置で、一九九六年にはイオン温度五・二億度を達成し、ギネスブックにも載った。JT‐60SAはその跡地に建設されている。特徴はそのギネス級の大きさに加えて、プラズマを閉じ込めるための磁場を発生させるコイルに超伝導材料が使われていることだろう。銅などの導体で作られたコイルでは通電していると熱を帯びてしまい、長時間の運転は難しい。超伝導コイルであれば、電気抵抗がほぼゼロのため熱を生じず、長時間の運転が可能だ。また、JT‐60SAの計画は日本単独ではなく、欧州と共同で進められているプロジェクトである点も特筆すべきだろう。

JT‐60SAの大きな目的は、ITERを支援・補完する実験を行なうことだ。ITERに先駆けて高い性能のプラズマ実験を行ない、その成果をITERへ反映させる。さらに、原型炉に向けたITERの補完実験として、高い圧力のプラズマを長時間閉じ込める手法の確立を目指している。また、来るべきITERや原型炉の時代に、核融合研究開発をリードする人材の育成も目的として掲げている。

二〇二三年にはJT‐60SAでの初めてのトカマクプラズマ生成が成功し、同年中に一メガアンペアの電流が流れるプラズマの生成にも成功した。本稿を執筆している二〇二四年秋現在、さらに高性能のプラズマを目指す約二年間の増力作業期間に入っている。ITERの計画の遅れがすでに発表されており、世界最大のトカマクであるJT‐60SAの担う役割は今後ますます大きくなるだろう。

もちろん、核融合エネルギー開発レースに参加する日本の走者はJT‐60SAだけではない。岐阜県にある核融合科学研究所が持つ大型ヘリカル装置（LHD）は、二五年にわたって実験が続けられてきた磁場閉じ込め方式の実験装置だ。二〇二五年度でその運転は終了し、超高温プラズマの振る舞

JT-60SA　装置上部

JT-60SA　装置正面

JT-60SA　装置内部とプラズマ放電の様子
（以上、写真提供：量子科学技術研究開発機構）

いを更に詳しく調べる新たな装置を建設する計画が発表されている。また、慣性核融合に目を向けると、大阪大学レーザー科学研究所では大型レーザー実験装置・激光XII号を用いて燃料を爆縮する実験が行なわれている。

世界の注目はITERやJT‐60SA、といったプラズマ研究の先、発電の実証に向けられているのは前述の通りだ。日本も二〇二三年四月に「フュージョンエネルギー・イノベーション戦略」が策定された。この戦略では核融合技術開発と核融合の産業化の両者を推進することが掲げられている。

技術開発推進の取り組みの一つとして、「二〇五〇年までに、フュージョンエネルギーの多面的な活用により、地球環境と調和し、資源制約から解き放たれた活力ある社会を実現」することが「ムーンショット型研究開発計画」の一〇番目の目標として掲げられている。ムーンショット型研究開発計画とは、その名の通り、大胆な発想に基づいてイノベーションを生み出そうという内閣府の研究支援プログラムだ。この取り組みの最も大きな特徴は、発電、すなわち電気エネルギーにこだわらず多様なエネルギー源としての核融合エネルギーの活用を目指している点だ。単に要素技術の開発をしようというだけではなく、核融合エネルギーの革新的な社会実装を実現する、という視点から構想することでイノベーションを起こそうという狙いだ。本解説の執筆時点では具体的な研究計画を作り込んでいる段階とのことで、どのようなイノベーションが生まれるか注目されている。私個人としても、革新的な技術開発や未来の社会の実現に、どのように関わっていけるか楽しみにしている。

核融合エネルギー（または、フュージョンエネルギー）の産業化を目指そうという動きも同時に本格化している。二〇二四年春にはメーカーや商社、さらには核融合スタートアップ企業からなる「一般社団法人フュージョンエネルギー産業協議会」が設立された。

国内の核融合スタートアップ企業は、研究機関や大学からのスピンオフが目立つ印象だ。自前の核融合装置を作ってエネルギー利得の実現を目指す企業ばかりでなく、核融合炉に必要なリチウムやベリリウムといった材料に特化した企業もある。二〇二三年には京都大学発のスタートアップ企業・京都フュージョニアリング社が一〇〇億円を超える資金調達に成功したというニュースも伝えられ、国内の注目も高まっているといえる。

だが、過度に高まった期待は同時にリスクにもなる。たとえば、注目と資金を集めるために実現不可能な時間スケールで核融合エネルギーの実現を謳い、それが果たされなかったときの失望感は、その企業だけでなくスタービルダーたち全員に対して向けられるかもしれない。このリスクは本文でも触れられていて、一つの例として「常温核融合」のスキャンダルが挙げられている。個人的な考えを述べるなら、スタービルダーにとって――科学者であれ技術者であれ、経営者であれ――科学に真摯な態度でいることが、第一に重要だと思う。それこそが社会の信頼を勝ちとる基盤となるはずだと、私は信じている。

未来の「スタービルダー」へ

本書を手に取る人の中には、「核融合」や「プラズマ」に興味を持っている学生もいることだろう。本書は最も読みやすく新しい、核融合の入門書だ。核融合に興味を持つきっかけは様々にあると思う。環境問題への問題意識もあるだろうし、そもそもプラズマ物理学は学問分野として面白い。核融合が登場するSF作品も多くある。例えば、私が核融合研究を志したのは、福島第一原発事故の記憶が鮮明に残る二〇一三年、大学一年のこと。これからの社会ではエネルギー問題の解決が必要だと感じつつも、具体的にどんな事ができるのかは知らなかった。そんなとき、ある講義で「エネルギー問題の究極解」として紹介された核融合エネルギーに惹かれ、この道に飛び込んだ。私の周りの核融合研究者たちもこの道を選んだ理由は様々だが、皆同じ、核融合をやらなくちゃ、という志を抱いている。本書を一つの入口として、同じ気持ちでこのレースに関わってくれることを待っている。

冒頭でも述べたが、最近、「核融合」ではなく「フュージョン」と呼ばれることが多くなった。実は本文でも「核融合を困難にしている問題の一つは、おそらくその名称だ」と語られており、「核（nuclear）」と名のつく技術を敬遠する風潮は日本だけでなく英語圏にもあるのだということを初めて知った。核融合が地球を救うためには、少なくともこの「核」への拒絶反応を抜け出し、核融合発電を推進するかどうか、みんなで考えていく必要があると思う。たくさんの人に「核融合」について知ってもらうことこそ、その第一歩だ。冒頭で「核」融合と聞いて眉をひそめた人、どうか本書を読んで、核融合が怖いものかどうか、もう一度考えてみてはくれないか。

本書を通して多くの人が核融合について知る一助になれることを嬉しく思う。スタービルダーたちを応援する人が一人でも増えてくれれば幸いである。

原　注

プロローグ　突拍子もないアイデア

1. Bill Gates, "Two superpowers we wish we had—2016 Annual Letter" (2016), https://www.gatesnotes.com/2016-Annual-Letter.
2. Lawrence Livermore National Laboratory, National Ignition Facility and Photon Science (2019), https://lasers.llnl.gov.
3. S. Atzeni and J. Meyer-ter-Vehn, *The Physics of Inertial Fusion* (Oxford Science Publications, 2004).
4. "The Boy Who Played with Fusion," *Popular Science* (2012), http://www.popsci.com/science/article/2012-02/boy-who-played-fusion; "Young Scientist Jamie Edwards in Atomic Fusion Record," BBC News (2014), https://www.bbc.com/news/av/science-environment-26450494.
5. "A Tool for Tracking Millions of Parts," *Iter Newsline* (2014), https://www.iter.org/newsline/-/1887; *Space Shuttle Era Facts,* NASA (2011), https://www.nasa.gov/pdf/566250main_2011.07.05%20SHUTTLE%20ERA%20FACTS.pdf.
6. "Stephen Hawking: Why We Should Embrace Fusion Power," BBC News (2016), https://www.bbc.com/future/article/20161117-stephen-hawking-why-we-should-embrace-fusion-power.
7. "Boris Johnson Jokes About UK Being on the Verge of Nuclear Fusion," *New Scientist* (2019), https://www.newscientist.com/article/2218570-boris-johnson-jokes-about-uk-being-on-the-verge-of-nuclear-fusion/#ixzz66tYUwh6k.
8. R. F. Post, "Controlled Fusion Research—An Application of the Physics of High Temperature Plasmas," *Reviews of Modern Physics* 28 (1956): 338.
9. R. Herman, *Fusion: The Search for Endless Energy* (Cambridge University Press, 1990).〔『核融合の政治史』ロビン・ハーマン著、見角鋭二訳、朝日新聞社、1996年〕
10. S. Cowley, "Fusion Is Energy's Future," TED Talk (2009).
11. "FOCUS FUSION: emPOWERtheWORLD," IndieGoGo (2014), https://www.indiegogo.com/projects/focus-fusion-empowertheworld–3\#.
12. J. Tirone, "Nuclear Fusion," *Washington Post* (2019), https://www.washingtonpost.com/business/energy/nuclear-fusion/2019/06/20/c6bd5682-938d-11e9-956a-88c291ab5c38_story.html.
13. "PayPal Billionaire Peter Thiel 'Becoming Key Donald Trump Adviser,' " *Independent* (2017), http://www.independent.co.uk/news/world/americas/us-politics/peter-thiel-donald-

trump-key-adviser-technology-science-paypal-david-gelertner-steve-bannon-a7600471.html; "Peter Thiel's Other Hobby Is Nuclear Fusion," *Bloomberg* (2016), https://www.bloomberg.com/news/articles/2016-11-22/peter-thiel-s-other-hobby-is-nuclear-fusion.

14. "The Secretive, Billionaire-Backed Plans to Harness Fusion," BBC News (2016), https://www.bbc.com/future/article/20160428-the-secretive-billionaire-backed-plans-to-harness-fusion.
15. "Oil Major Chevron Invests in Nuclear Fusion Startup Zap Energy," *Reuters* (2020), https://www.reuters.com/article/us-chevron-investment-nuclear-idUSKCN25831E; "The Secret U.S.–Russian Nuclear Fusion Project," ZDNet (2013), http://www.zdnet.com/article/the-secret-us-russian-nuclear-fusion-project/; R. Martin, "Go Inside TriAlpha, a Startup Pursuing the Ideal Power Source," *MIT Technology Review* (2016), https://www.technologyreview.com/s/601482/go-inside-trialpha-a-startup-pursuing-the-ideal-power-source/; "Lockheed Portable Fusion Project Still Making Progress," *Next Big Future* (2016), http://www.nextbigfuture.com/2016/05/lockheed-portable-fusion-proejct-still.html; "The British Reality TV Star Building a Fusion Reactor," BBC News (2017), https://www.bbc.com/future/article/20170418-the-made-in-chelsea-star-building-a-fusion-reactor.
16. T. Peckinpaugh, M. O'Neill, and A. Johns, "U.S. House of Representatives Demonstrates Support for Fusion Energy," https://www.globalpowerlawandpolicy.com/2020/09/u-s-house-of-representatives-demonstrates-support-for-fusion-energy/ (2020).
17. 2020年3月4日、ロンドンにて核融合産業協会が開催した「核融合産業発足朝食会」で出されたコメント。
18. Max-Planck-Gesellschaft, "Angela Merkel Switches on Wendelstein 7-X Fusion Device," https://www.mpg.de/9926419/wendelstein7x-start (2016).
19. M. Herrmann, "The Future of U.S. Fusion Energy Research—Hearing: Delivered to the Committee on Science, Space, and Technology Subcommittee on Energy" (2018).
20. ZDNet (2013); International Atomic Energy Agency, Fusion Device Information System, https://nucleus.iaea.org/sites/fusionportal/Pages/FusDIS.aspx (2020); "China Plans Fusion Power Research," *World Nuclear News* (2019), http://world-nuclear-news.org/Articles/China-plans-fusion-power-research; Pravda.ru, "Russia Prepares to Test Laser More Powerful Than USA's National Ignition Facility," YouTube, https://www.youtube.com/watch?v=uTqg-tmDdEg; "Will China Beat the World to Nuclear Fusion and Clean Energy?," BBC News (2018), https://www.bbc.co.uk/news/blogs-china-blog-43792655; "China Targets Nuclear Fusion Power Generation by 2040," *Euronews* (2019), https://www.scmp.com/news/china/science/article/2177652/operation-z-machine-chinas-next-big-weapon-nuclear-arms-race.
21. "Billionaires Back Fusion Energy Projects in Pursuit of a SpaceX Moment," *Seattle Times*

(2018), https://www.seattletimes.com/business/billionaires-back-fusion-energy-projects-in-pursuit-of-a-spacex-moment/.

第1章　スタービルダー

1. A. S. Eddington, "The Internal Constitution of the Stars," *Observatory* 43 (1920): 341–58.
2. I. T. Chapman, "Modelling the Stability of the N=1 Internal Kink Mode in Tokamak Plasmas" (Imperial College London, 2008).
3. "The Joint European Torus Is Going Out with a Bang," *Science Business* (2019), https://sciencebusiness.net/news/joint-european-torus-going-out-bang.
4. J. Bairstow, "Tokamak Energy Wins $580k from US Government to Tackle Fusion Challenges," *Energy Live News* (2020), https://www.energylivenews.com/2020/09/07/tokamak-energy-wins-580k-from-us-government-to-tackle-fusion-challenges/.
5. "Oxford Startup Promises Fusion Gain by 2024," *EENews Europe* (2019), https://www.eenewseurope.com/news/oxford-startup-promises-fusion-gain-2024#.

第2章　恒星を作り、地球を救え

1. "Gods of Science: Stephen Hawking and Brian Cox Discuss Mind Over Matter," *Guardian* (2010), https://www.theguardian.com/science/2010/sep/11/science-stephen-hawking-brian-cox.
2. Energy and Climate Intelligence Unit, "One-Sixth of Global Economy Under Net Zero Targets" (2019), https://eciu.net/news-and-events/press-releases/2019/one-sixth-of-global-economy-under-net-zero-targets.
3. R. N. Carmody and R. W. Wrangham, "The Energetic Significance of Cooking," *Journal of Human Evolution* 57 (2009): 379–91; R. Wrangham and N. Conklin-Brittain, "Cooking as a Biological Trait," *Comparative Biochemistry and Physiology Part A: Molecular & Integrative Physiology* 136 (2003): 35–46.
4. R. J. Gordon, *The Rise and Fall of American Growth: The US Standard of Living Since the Civil War* (Princeton University Press, 2016).〔『アメリカ経済——成長の終焉』上・下、ロバート・J・ゴードン著、高遠裕子・山岡由美訳、日経BP社、2018年〕
5. BP, *Statistical Review of World Energy 2020* (British Petroleum, 2020); UK Government, *Digest of United Kingdom Energy Statistics 2020* (UK Department of Business, Energy and Industrial Strategy, 2020); R. Fouquet, *Heat, Power and Light: Revolutions in Energy Services* (Cheltanham, UK: Edward Elgar Publishing Limited, 2008); R. Fouquet, "Consumer Surplus from Energy Transitions, *Energy Journal* 39 (2018); V. Smil, *Energy Transitions: History, Requirements, Prospects* (Westport, CT: Praeger, 2010); H. Ritchie et.al., "Energy". *Our World in Data* (2014), https://ourworldindata.org/energy.

6. T. Cowan, "Want to Help Fight Climate Change? Have More Children," *Bloomberg* (2019), https://www.bloomberg.com/opinion/articles/2019-03-14/want-to-help-fight-climate-change-have-more-children; M. Kremer, "Population Growth and Technological Change: One Million BC to 1990," *Quarterly Journal of Economics* 108 (1993): 681–716.
7. World Bank, *Total Population. World Bank Indicators* (2019), https://data.worldbank.org/indicator/SP.POP.TOTL?locations=NG-US.
8. United Nations Department of Economic and Social Affairs, *World Population Prospects, the 2015 Revision* (2015).
9. BP, *Statistical Review of World Energy 2019* (British Petroleum, 2019); IEA, *World Energy Outlook 2019* (IEA, 2019); A. Kahan, "EIA Projects Nearly 50% Increase in World Energy Usage by 2050, Led by Growth in Asia" (US Energy Information Administration, 2019), https://www.eia.gov/todayinenergy/detail.php?id=41433#; V. Smil (2010); H. Ritchie et al. (2014).
10. BP(2020).
11. BP(2020).
12. D. J. C. MacKay, *Sustainable Energy—Without the Hot Air* (UIT Cambridge, 2009).〔『持続可能なエネルギー――「数値」で見るその可能性』デービッド・J. C. マッケイ著、村岡克紀訳、産業図書、2010年〕
13. BP(2020); D. J. C. MacKay(2020).〔『持続可能なエネルギー』〕
14. J. Heissel, C. Persico, and D. Simon, *Does Pollution Drive Achievement? The Effect of Traffic Pollution on Academic Performance* (National Bureau of Economic Research), http://www.nber.org/papers/w25489 (2019) doi:10.3386/w25489; J. G. Ayres and J. F. Hurley, *The Mortality Effects of Long-Term Exposure to Particulate Air Pollution in the United Kingdom* (UK Department for Environment, Food & Rural Affairs: Committee on the Medical Effects of Air Pollutants, 2010); European Environment Agency, *Air Pollution Fact Sheet 2013—United Kingdom* (European Union, 2013); "Air Pollution Deaths Are Double Previous Estimates, Finds Research," *Guardian* (2019), https://www.theguardian.com/environment/2019/mar/12/air-pollution-deaths-are-double-previous-estimates-finds-research.
15. J. Cook et al., "Quantifying the Consensus on Anthropogenic Global Warming in the Scientific Literature," *Environmental Research Letters* 8 (2013): 024024; T. Stocker et al., *Climate Change 2013: The Physical Science Basis—Summary for Policymakers* (Intergovernmental Panel on Climate Change, 2013); D. M. Etheridge et al., "Natural and Anthropogenic Changes in Atmospheric CO_2 over the Last 1000 Years from Air in Antarctic Ice and Firn," *Journal of Geophysical Research: Atmospheres* 101 (1996): 4115–128; NOAA ESRL Global Monitoring Division, *Atmospheric Carbon Dioxide Dry Air Mole Fractions from*

Quasi-Continuous Measurements at Mauna Loa, Hawaii (2014).
16. H. E. Huppert and R. S. J. Sparks, "Extreme Natural Hazards: Population Growth, Globalization and Environmental Change," *Philosophical Transactions of the Royal Society of London A: Mathematical, Physical and Engineering Sciences* 364 (2006): 1875–888.
17. Berkeley Earth, *Global Temperature Report for 2019* (Berkeley Earth, 2020), http://berkeleyearth.org/archive/2019-temperatures/; Z. Hausfather, *State of the Climate: How the World Warmed in 2019* (Carbon Brief, 2020), https://www.carbonbrief.org/state-of-the-climate-how-the-world-warmed-in-2019; World Health Organization, *Global Health Risks* (World Health Organization, 2009).
18. "Climate Change: Where We Are in Seven Charts and What You Can Do to Help," BBC News (2019), https://www.bbc.co.uk/news/science-environment-46384067; V. P. Masson-Delmotte et al., "Summary for Policymakers," in *Global Warming of 1.5C. An IPCC Special Report on the Impacts of Global Warming of 1.5C Above Pre-Industrial Levels and Related Global Greenhouse Gas Emission Pathways, in the Context of Strengthening the Global Response to the Threat of Climate Change, Sustainable Development, and Efforts to Eradicate Poverty* (IPCC; World Meteorological Organization, 2018).
19. BP(2020).
20. R. Fouquet, *Heat, Power and Light: Revolutions in Energy Services* (Cheltenham, UK: Edward Elgar Publishing Limited, 2008); V. Smil (2010); H. Ritchie et al.(2014);BP(2020); International Energy Agency. *Key World Energy Statistics* (International Energy Agency, 2014); The Pandas Development Team, *pandas-dev/pandas: Pandas,* Zenodo, 2020, doi:10.5281/zenodo.3509134; J. D. Hunter, "Matplotlib: A 2D Graphics Environment," *Computing in Science & Engineering* 9 (2007): 90–95.
21. BP(2020); V. Smil(2020); H. Ritchie et al.(2014).
22. R. Fouquet and P. J. Pearson, "Seven Centuries of Energy Services: The Price and Use of Light in the United Kingdom (1300–2000)," *Energy Journal* 139 (2006): 177; I. MacLeay, K. Harris, and A. Annut, *Digest of United Kingdom Energy Statistics 2013* (UK Department of Energy; Climate Change, 2013); A. Kharina and D. Rutherford, *Fuel Efficiency Trends for New Commercial Jet Aircraft: 1960 to 2014* (The International Council on Clean Transportation, 2015).
23. L. A. Greening, D. L. Greene, and C. Difiglio, "Energy Efficiency and Consumption—The Rebound Effect: A Survey," *Energy Policy* 28 (2000): 389–401; H. Herring, "Is Energy Efficiency Environmentally Friendly?," *Energy & Environment* 11 (2000): 313–325; S. B. Bruns, A. Moneta, and D. Stern, *Macroeconomic Time-Series Evidence That Energy Efficiency Improvements Do Not Save Energy* (Centre for Applied Macroeconomic Analysis, Crawford School of Public Policy, The Australian National University, 2019), https://EconPapers.

repec.org/RePEc:een:camaaa:2019-21.

24. J. J. Andersson, "Carbon Taxes and CO_2 Emissions: Sweden as a Case Study," *American Economic Journal: Economic Policy* 11 (2019): 1–30; A. Yamazaki, "Jobs and Climate Policy: Evidence from British Columbia's Revenue-Neutral Carbon Tax," *Journal of Environmental Economics and Management* 83 (2017): 197–216.
25. *Initiative on Global Markets. Surveys of Economists on Carbon Taxes* (University of Chicago Booth School of Business, 2020), https://www.igmchicago.org/?s=carbon+tax; P. H. Howard and D. Sylvan, "The Economic Climate: Establishing Expert Consensus on the Economics of Climate Change," *Institute for Policy Integrity* (2015): 438–41; N. G. Mankiw, "Smart Taxes: An Open Invitation to Join the Pigou Club," *Eastern Economic Journal* 35 (2009): 14–23.
26. J. Rogleji et al., "2018: Mitigation Pathways Compatible with 1.5C in the Context of Sustainable Development," in IPCC (2018).
27. International Renewable Energy Agency, *How Falling Costs Make Renewables a Cost-Effective Investment* (International Renewable Energy Agency, 2020), https://www.irena.org/newsroom/articles/2020/Jun/How-Falling-Costs-Make-Renewables-a-Cost-effective-Investment; UK Government, *Electricity Generation Costs 2020* (Department of Business, Energy and Industrial Strategy, 2020).
28. L. M. Miller and D. W. Keith, "Corrigendum: Observation-Based Solar and Wind Power Capacity Factors and Power Densities," *Environmental Research Letters* 14 (2019): 079501.
29. D. J. C. MacKay (2009)〔『持続可能なエネルギー』〕; "The Great Myth of Urban Britain," BBC News (2012), https://www.bbc.co.uk/news/uk-18623096.
30. M. Dröes and H. R. A. Koster, *Wind Turbines, Solar Farms, and House Prices* (C.E.P.R. Discussion Papers, 2020), https://EconPapers.repec.org/RePEc:cpr:ceprdp:15023; G. Meyer, "The US and Climate: New York's Bold Green Plans Hit Opposition," *Financial Times* (2020), https://www.ft.com/content/61a07f4f-1622-4bea-a71d-f927cf113636.
31. J. Gummer et al., *Net Zero—Technical Report* (UK Committee on Climate Change, 2019).
32. G. Myhre et al., "Frequency of Extreme Precipitation Increases Extensively with Event Rareness Under Global Warming," *Scientific Reports* 9 (2019): 1–10; K. Solaun and E. Cerdá, "Climate Change Impacts on Renewable Energy Generation. A Review of Quantitative Projections," *Renewable and Sustainable Energy Reviews* 116 (2019): 109415.
33. P. Denholm, M. O'Connell, G. Brinkman, and J. Jorgenson, *Overgeneration from Solar Energy in California. A Field Guide to the Duck Chart* (National Renewable Energy Lab [NREL], Golden, CO, 2015).
34. O. Edenhofer, R. Pichs-Madruga, Y. Sokona, and K. Seyboth, "Summary for Policymakers," in *Special Report on Renewable Energy Sources and Climate Change Mitigation of Global Warming of 1.5C Above Pre-Industrial Levels and Related Global Greenhouse Gas Emission*

Pathways, in the Context of Strengthening the Global Response to the Threat of Climate Change, Sustainable Development, and Efforts to Eradicate Poverty (IPCC, 2011); P. Moriarty and D. Honnery, "What Is the Global Potential for Renewable Energy?," *Renewable and Sustainable Energy Reviews* 16 (2012): 244–52; P. Moriarty and D. Honnery, "Can Renewable Energy Power the Future?," *Energy Policy* 93 (2016): 3–7; J. D. Jenkins, M. Luke, and S. Thernstrom, "Getting to Zero Carbon Emissions in the Electric Power Sector," *Joule* 2 (2018): 2498–510.

35. M. Pehl et al. "Understanding Future Emissions from Low-Carbon Power Systems by Integration of Life-Cycle Assessment and Integrated Energy Modelling," *Nature Energy* 2 (2017): 939.
36. Ipsos-Mori, *Global Citizen Reaction to the Fukushima Nuclear Plant Disaster* (Ipsos-Mori, 2011).
37. "UK Renewable Energy Auction Prices Plunge," *Financial Times* (2019), https://www.ft.com/content/472e18cc-db7a-11e9-8f9b-77216ebe1f17.
38. M. Pehl et al., "Understanding Future Emissions from Low-Carbon Power Systems by Integration of Life-Cycle Assessment and Integrated Energy Modelling," *Nature Energy* 2 (2017): 939.
39. BP, *Statistical Review of World Energy 2019* (British Petroleum, 2019).
40. U. Bardi, "Extracting Minerals from Seawater: An Energy Analysis," *Sustainability* 2 (2010): 980–92.
41. BP(2020); Pandas Development Team, *pandas-dev/pandas: Pandas,* Zenodo, 2020, doi:10.5281/zenodo.3509134; J. D. Hunter (2007): 90–95; S. Fetter, "How Long Will the World's Uranium Supplies Last?," *Scientific American* (2009), https://www.scientificamerican.com/article/how-long-will-global-uranium-deposits-last/; Nuclear Energy Agency and the International Atomic Energy Agency, *Uranium 2018: Resources, Production and Demand* (OECD, 2019), https://doi.org/10.1787/uranium-2018-en; A. M. Bradshaw, T. Hamacher, and U. Fischer, "Is Nuclear Fusion a Sustainable Energy Form?," *Fusion Engineering and Design* 86 (2011): 2770–773.
42. C. Liu et al., "Lithium Extraction from Seawater Through Pulsed Electrochemical Intercalation," *Joule* 4 (2020): 1459–469.
43. K. Bourzac, "Fusion Start-ups Hope to Revolutionize Energy in the Coming Decades," *Chemical Engineering News* (2018), https://cen.acs.org/energy/nuclear-power/Fusion-start-ups-hope-revolutionize/96/i32.
44. J. A. Etzler, *The Paradise Within the Reach of All Men: Without Labor, by Powers of Nature and Machinery* (J. Cleave, 1842); "SOLAR Energy: What the Sun's Rays Can Do and May Yet Be Made to Do," *Washington Star* (1891); "Use of Solar Energy Is Near a Solution; German Scientist's Improved Device Held to Rival Hydroelectric," *New York Times* (1931).

第3章 原子からのエネルギー

1. A. S. Eddington (1920): 341–58.

2. M. Poole, J. Dainton, and S. Chattopadhyay, "Cockcroft's Subatomic Legacy: Splitting the Atom," *CERN Courier* (2007), https://cerncourier.com/a/cockcrofts-subatomic-legacy-splitting-the-atom/; N. Bohr, "The Rutherford Memorial Lecture 1958: Reminiscences of the Founder of Nuclear Science and of Some Developments Based on His Work," *Proceedings of the Physical Society* 78 (1961): 1083–115; R. H. Cragg, "Lord Ernest Rutherford of Nelson (1871–1937)," *Royal Institute of Chemistry Reviews* 4 (1971): 129–45; M. Kumar, "The Man Who Went Nuclear: How Ernest Rutherford Ushered in the Atomic Age," *Independent* (2011), https://www.independent.co.uk/news/science/the-man-who-went-nuclear-how-ernest-rutherford-ushered-in-the-atomic-age-2230533.html; J. K. Laylin, *Nobel Laureates in Chemistry, 1901–1992* (Chemical Heritage Foundation, 1993); H. R. Robinson, "Rutherford: Life and Work to the Year 1919, with Personal Reminiscences of the Manchester Period," *Proceedings of the Physical Society* 55 (1943): 161–82; M. A. Ainslie, *Principles of Sonar Performance Modelling* (Springer, 2010); C. Jarlskog, "Lord Rutherford of Nelson, His 1908 Nobel Prize in Chemistry, and Why He Didn't Get a Second Prize," *Journal of Physics: Conference Series* 136 (2008): 012001.

3. J. Navarro, *A History of the Electron: JJ and GP Thomson* (Cambridge University Press, 2012).

4. E. Rutherford, "The Scattering of α and β Particles by Matter and the Structure of the Atom," *Philosophical Magazine* 92 (1911): 379–98; E. N. da C. Andrade, *Rutherford and the Nature of the Atom,* vol. 35 (Gloucester, MA: Peter Smith Publisher, 1964); W. E. Burcham, "Nuclear Physics in the United Kingdom 1911–1986," *Reports on Progress in Physics* 52 (1989): 823–79; E. Rutherford and H. Geiger, "The Charge and Nature of the α-particle," *Proceedings of the Royal Society of London. Series A, Containing Papers of a Mathematical and Physical Character* 81 (1908): 162–73.

5. B. Bryson, *A Short History of Nearly Everything* (Kottayam, India: DC Books, 2003). 〔『人類が知っていることすべての短い歴史』上・下、ビル・ブライソン著、楡井浩一訳、新潮文庫、2014年〕

6. J. Blackmore, "Ernst Mach Leaves 'the Church of Physics,'" *British Journal for the Philosophy of Science* 40 (1989): 519–540.

7. E. Rutherford, "LIV Collision of α Particles with Light Atoms IV. An anomalous Effect in Nitrogen," *London, Edinburgh, and Dublin Philosophical Magazine and Journal of Science* 37 (1919): 581–87; P. M. S. Blackett, "The Ejection of Protons from Nitrogen Nuclei, Photographed by the Wilson Method," *Proceedings of the Royal Society of London. Series A, Containing Papers of a Mathematical and Physical Character* 107 (1925): 349–60.

8. M. Poole, J. Dainton, and S. Chattopadhyay, "Cockcroft's Subatomic Legacy: Splitting the

Atom," *CERN Courier* (2007), https://cerncourier.com/a/cockcrofts-subatomic-legacy-splitting-the-atom/; J. Cockcroft, and E. Walton, "Experiments with High Velocity Positive Ions ii. The Disintegration of Elements by High Velocity Protons," *Proceedings of the Royal Society of London. Series A, Mathematical, Physical and Engineering Sciences* 137 (1932): 229–42; J. Cockcroft and E. Walton, "Experiments with High Velocity Positive Ions," *Proceedings of the Royal Society of London. Series A, Containing Papers of a Mathematical and Physical Character* 129 (1930): 477–89.

9. R. Herman, (1990)〔『核融合の政治史』〕; M. L. E. Oliphant, P. Harteck, and E. Rutherford, "Transmutation Effects Observed with Heavy Hydrogen," *Proceedings of the Royal Society of London. Series A, Containing Papers of a Mathematical and Physical Character* 144 (1934): 692–703.
10. R. Sherr, K. T. Bainbridge, and H. H. Anderson, "Transmutation of Mercury by Fast Neutrons," *Physical Review* 60 (1941): 473–79.
11. A. Einstein, "Does the Inertia of a Body Depend on Its Energy Content?," *Annalen der Physik* 323 (1905): 639–41; F. W. Dyson, A. S. Eddington, and C. Davidson, "A Determination of the Deflection of Light by the Sun's Gravitational Field, from Observations Made at the Total Eclipse of May 29, 1919," *Philosophical Transactions of the Royal Society of London. Series A: Mathematical, Physical and Engineering Sciences* 220 (1920): 291–333.
12. J. Cockcroft and E. Walton (1932): 229–242; M. L. E. Oliphant, P. Harteck, and E. Rutherford, "Transmutation Effects Observed with Heavy Hydrogen," *Proceedings of the Royal Society of London. Series A, Containing Papers of a Mathematical and Physical Character* 144 (1934): 692–703.
13. "Einstein's Equation of Life and Death," *BBC Horizon,* BBC (2014), http://www.bbc.co.uk/sn/tvradio/programmes/horizon/einstein_equation_trans.shtml; W. Kaempffert, "Rutherford Cools Atom Energy Hope," *New York Times,* 1933.
14. L. Spitzer, Jr., *Physics of Fully Ionised Gases* (Geneva: Interscience, 1967).
15. H. Alfvén, *Nobel Lectures: Physics 1963–1970* (Amsterdam: Elsevier Publishing Company, 1972).
16. J. Nuckolls, "Contributions to the Genesis and Progress of ICF," in *Inertial Confinement Nuclear Fusion: A Historical Approach by Its Pioneers* (eds. G. Velarde and N. Carpintero-Santamaria) (London: Foxwell & Davies, 2007); D. Clery, *A Piece of the Sun: The Quest for Fusion Energy* (New York: Abrams, 2014).

第4章　宇宙は恒星をどうやって作るのか

1. A. Eddington, *Stars and Atoms* (Oxford: Clarendon Press, 1927).〔『星と原子』エー・エス・エディントン著、谷本誠訳、岩波書店、1929年〕

2. H. Johnston, Lives of the Stars Lectures: Star Birth (2016).
3. L. Koopmans et al., "The Cosmic Dawn and Epoch of Reionization with the Square Kilometre Array," *arXiv preprint arXiv:1505.07568* (2015); A. Patil et al., "Upper Limits on the 21 cm Epoch of Reionization Power Spectrum from One Night with LOFAR," *Astrophysical Journal* 838 (2017): 65.
4. E. M. Burbidge, G. R. Burbidge, W. A. Fowler, and F. Hoyle, "Synthesis of the Elements in Stars," *Reviews of Modern Physics* 29 (1957): 547.
5. O. Benomar et al., "Asteroseismic Detection of Latitudinal Differential Rotation in 13 Sun-like Stars," *Science* 361 (2018): 1231–234.
6. "The Hidden Mechanics of Magnetic Field Reconnection, A Key Factor in Solar Storms and Fusion Energy Reactors," Phys.org (2017), https://phys.org/news/2017-10-hidden-mechanics-magnetic-field-reconnection.html; NASA, "The Day the Sun Brought Darkness" (2009), https://www.nasa.gov/topics/earth/features/sun_darkness.html.
7. F. J. Dyson, "Search for Artificial Stellar Sources of Infrared Radiation," *Science* 131 (1960): 1667–668.
8. H. Johnston, "Lives of the Stars Lectures: Star Birth" (2016); F. Tramper et al., "Massive Stars on the Verge of Exploding: The Properties of Oxygen Sequence Wolf-Rayet Stars," *Astronomy & Astrophysics* 581 (2015): A110.
9. A. Eddington, (1927).〔『星と原子』〕
10. K. P. Schröder and R. Connon Smith, "Distant Future of the Sun and Earth Revisited," *Monthly Notices of the Royal Astronomical Society* 386 (2008): 155–63.
11. P. F. Winkler, G. Gupta, and K. S. Long, "The SN 1006 Remnant: Optical Proper Motions, Deep Imaging, Distance, and Brightness at Maximum," *Astrophysical Journal* 585 (2003): 324; N. Gehrels et al., "Ozone Depletion from Nearby Supernovae," *Astrophysical Journal* 585 (2003): 1169; B. R. Goldstein, "Evidence for a Supernova of AD 1006," *Astronomical Journal* 70 (1965): 105; W. Rada and R. Neuhaeuser, "Supernova SN 1006 in Two Historic Yemeni Reports," *Astronomische Nachrichten* 336 (2015): 249–57.

第5章　磁場を使って恒星を作る

1. D. J. C. MacKay, (2009)〔『持続可能なエネルギー』〕; M. Kaku, *Physics of the Impossible: A Scientific Exploration into the World of Phasers, Force Fields, Teleportation, and Time Travel* (New York: Anchor, 2009), 46–47.〔『サイエンス・インポッシブル――SF世界は実現可能か』ミチオ・カク著、斉藤隆央訳、日本放送出版協会、2008年〕
2. *Lords Sitting—JET Nuclear Fusion Project: HL deb.*, vol. 485, 1517–1519 (Houses of Parliament, 1987).
3. J. J. Thomson, *The Corpuscular Theory of Matter* (London: A. Constable & Company, Limited,

1907).

4. X. Litaudon et al., "Overview of the JET Results in Support to ITER," *Nuclear Fusion* 57 (2017): 102001.

5. P. H. Rebut, "The Joint European Torus (JET)," *European Physical Journal H* 43 (2018): 459–97.

6. M. Steenbeck and K. Hoffmann, *Siemens Technical Report HW/PL :* Number 27 (1943).

7. W. H. Bennett, "Magnetically Self-Focussing Streams," *Physical Review* 45 (1934): 890.

8. A. Ware, "A Study of High-Current Toroidal Ring Discharge," *Philosophical Transactions of the Royal Society of London A: Mathematical, Physical and Engineering Sciences* 243 (1951): 197–220; S. Cousins and A. Ware, "Pinch Effect Oscillations in a High Current Toroidal Ring Discharge," *Proceedings of the Physical Society B* 64 (1951): 159; R. Carruthers, "The Beginning of Fusion at Harwell," *Plasma Physics and Controlled Fusion* 30 (1988): 1993; T. Török, B. Kliem, and V. Titov, "Ideal Kink Instability of a Magnetic Loop Equilibrium," *Astronomy & Astrophysics* 413 (2004): L27–L30.

9. J. D. Hunter, "Matplotlib: A 2D Graphics Environment," *Computing in Science & Engineering* 9 (2007): 90–95.

10. J. Wesson and D.J. Campbell, *Tokamaks,* vol. 149 (Oxford: Oxford University Press, 2011).〔『トカマク概論』J.ウェッソン著、伊藤早苗・矢木雅敏訳、九州大学出版会、2003年〕

11. F. Chen, *An Indispensable Truth: How Fusion Power Can Save the Planet* (London: Springer Science + Business Media, 2011).

12. H. Weisen et al., "The Scientific Case for a JET DT Experiment," in *AIP Conference Proceedings,* vol. 1612 (AIP, 2014), 77–86.

13. J. D. Lawson, "Some Criteria for a Power Producing Thermonuclear Reactor," *Proceedings of the Physical Society* B 70 (1957): 6.

第6章　慣性を使って恒星を作る

1. R. Herman (1990)〔『核融合の政治史』)〕

2. W. Dunn, "The New Industry of Building Stars," *New Statesman* (2018), https://www.newstatesman.com/spotlight/energy/2018/11/new-industry-building-stars.

3. E. Teller, *Energy from Heaven and Earth* (New York: W. H. Freeman Co. Limited, 1979).〔『エネルギーはよみがえる——天と地からのおくりもの』エドワード・テラー著、塩田進ほか訳、共立出版、1982年〕

4. E. Teller, "Comments on Plasma Stability and on a Constant-Pressure Thermonuclear Reactor," in *Conference on Thermonuclear Reactions,* Princeton University, October 26–27, 1954; A. S. Bishop, *Project Sherwood: The US Program in Controlled Fusion* (Boston: Addison-Wesley, 1958).

5. J. Nuckolls, "Contributions to the Genesis and Progress of ICF," in *Inertial Confinement Nuclear Fusion: A Historical Approach by Its Pioneers* (eds. G. Velarde and N. Carpintero-Santamaria) (London: Foxwell & Davies, 2007).
6. T. H. Maiman, "Stimulated Optical Radiation in Ruby," *Nature* 187 (1960): 493.
7. J. Nuckolls (2007); D. Clery (2014).
8. R. Kidder, "Laser Fusion: The First Ten Years 1962–1972," in *Inertial Confinement Nuclear Fusion: A Historical Approach by Its Pioneers* (eds. G. Velarde and N. Carpintero-Santamaria) (London: Foxwell & Davies, 2007).
9. J. D. Lindl, "Development of the Indirect-Drive Approach to Inertial Confinement Fusion and the Target Physics Basis for Ignition and Gain," *Physics of Plasmas* 2 (1995): 3933–4024; R. Craxton et al., "Direct-Drive Inertial Confinement Fusion: A Review," *Physics of Plasmas* 22 (2015): 110501.
10. S. Atzeni and J. Meyer-ter-Vehn, *The Physics of Inertial Fusion* (Oxford Science Publications, 2004); J. D. Lindl, "Development of the Indirect-Drive Approach to Inertial Confinement Fusion and the Target Physics Basis for Ignition and Gain," *Physics of Plasmas* 2 (1995): 3933–4024; R. Olson et al., "First Liquid Layer Inertial Confinement Fusion Implosions at the National Ignition Facility," *Physical Review Letters* 117 (2016): 245001.
11. J. D. Lindl (1995): 3933–4024.
12. H. Robey et al., "The Effect of Laser Pulse Shape Variations on the Adiabat of NIF Capsule Implosions," *Physics of Plasmas* 20 (2013): 052707.
13. F. Suzuki-Vidal et al., "Interaction of a Supersonic, Radiatively Cooled Plasma Jet with an Ambient Medium," *Physics of Plasmas* 19 (2012): 022708.
14. D. H. Sharp, *Overview of Rayleigh-Taylor Instability* (Los Alamos National Lab., NM, USA, 1983).
15. R. Herman (1990)〔『核融合の政治史』〕; J. D. Lindl (1995): 3933–4024; C. M. Braams and P. E. Stott, *Nuclear Fusion: Half a Century of Magnetic Confinement Fusion Research* (Bristol, UK: Institute of Physics Publishing, 2002); G. McCracken and P. Stott, *Fusion: The Energy of the Universe* (Amsterdam: Elsevier, 2005); R. G. Evans, "UK Fusion Breakthrough Revealed at Last," *Physics World* 23 (2010); C. Marsh, P. D. Roberts, and K. Johnston, "Nuclear Testing: A UK Perspective," in *US-UK Nuclear Cooperation After 50 Years* (Washington, DC: CSIS Press, 2008), 228; W. J. Broad, "Secret Advance in Nuclear Fusion Spurs a Dispute Among Scientists," *New York Times* (1988); G. Velarde and N. Carpintero-Santamaria, *Inertial Confinement Fusion: A Historical Approach by Its Pioneers* (London: Foxwell & Davies, 2007); S. Rose and J. Wark, "Laser Fusion's Hot Secrets Revealed," *Physics World* 7 (1994): 26.

第7章　新たなスタービルダー

1. 以下から引用。Werner von Siemens, 1854–1892 (selection), Siemens Historical Institute (2016), https://assets.new.siemens.com/siemens/assets/api/uuid:979a30ef7b0cf73bdf3fa4eefed7cbabcbef8a10/070-werner-von-siemens-quotations1.pdf.
2. A. Riley, "This Shrimp Is Carrying a Real-Life Working Stun Gun," BBC (2016), http://www.bbc.co.uk/earth/story/20160129-the-shrimp-that-has-turned-bubbles-into-a-lethal-weapon; M. Webster, "Bigger Bacon," *Radiolab from WNYC* (2016), https://www.wnycstudios.org/podcasts/radiolab/articles/bigger-bacon; M. Versluis, B. Schmitz, A. von der Heydt, and D. Lohse, "How Snapping Shrimp Snap: Through Cavitating Bubbles," *Science* 289 (2000): 2114–117.
3. C. MacLeod, "The 1690s Patents Boom: Invention or Stock-Jobbing?," *Economic History Review* (1986): 549–71.
4. "Oxford Startup Promises Fusion Gain by 2024," *EENews Europe* (2019), https://www.eenewseurope.com/news/oxford-startup-promises-fusion-gain-2024#.
5. A. Sykes et al., "Compact Fusion Energy Based on the Spherical Tokamak," *Nuclear Fusion* 58 (2017): 016039; A. Sykes, "Progress on Spherical Tokamaks," *Plasma Physics and Controlled Fusion* 36 (1994): B93.
6. T. Lee, I. Jenkins, E. Surrey, and D. Hampshire, "Optimal Design of a Toroidal Field Magnet System and Cost of Electricity Implications for a Tokamak Using High Temperature Superconductors," *Fusion Engineering and Design* 98 (2015): 1072–75; D. Cohn and L. Bromberg, "Advantages of High-Field Tokamaks for Fusion Reactor Development," *Journal of Fusion Energy* 5 (1986): 161–70.
7. A. Creely et al., "Overview of the SPARC Tokamak," *Journal of Plasma Physics* 86 (2020).
8. "Nuclear Fusion on Brink of Being Realised, Say MIT Scientists," *Guardian* (2018), https://www.theguardian.com/environment/2018/mar/09/nuclear-fusion-on-brink-of-being-realised-say-mit-scientists; B. N. Sorbom et al., "ARC: A Compact, High-Field, Fusion Nuclear Science Facility and Demonstration Power Plant with Demountable Magnets," *Fusion Engineering and Design* 100 (2015): 378–405.
9. S. Wurzel, "The Number of Fusion Energy Startups Is Growing Fast—Here's Why," Fusion Energy Base (2020), https://www.fusionenergybase.com/article/the-number-of-fusion-energy-startups-is-growing-fast-heres-why/; D. Chandler, "MIT and Newly Formed Company Launch Novel Approach to Fusion Power," *MIT News* (2018), https://news.mit.edu/2018/mit-newly-formed-company-launch-novel-approach-fusion-power-0309; J. Tollefson, "MIT Launches Multimillion-Dollar Collaboration to Develop Fusion Energy," *Nature* 555 (2018); J. Shieber, "A Boston Startup Developing a Nuclear Fusion Reactor Just Got a Roughly $50

Million Boost," Tech Crunch (2019), https://techcrunch.com/2019/06/27/a-boston-startup-developing-a-nuclear-fusion-reactor-just-got-a-roughly-50-million-boost.

10. "The British Reality TV Star Building a Fusion Reactor," BBC News (2017), https://www.bbc.com/future/article/20170418-the-made-in-chelsea-star-building-a-fusion-reactor.

11. ARPA-E, "Department of Energy Announces $32 million for Lower-Cost Fusion Concepts" (2020), https://arpa-e.energy.gov/news-and-media/press-releases/department-energy-announces-32-million-lower-cost-fusion-concepts; ARPA-E, "Department of Energy Announces $29 million in Fusion Energy Technology Development" (2020), https://arpa-e.energy.gov/news-and-media/press-releases/department-energy-announces-29-million-fusion-energy-technology.

12. K. Graham, "Canadian Startup Gets a $65 Million Boost for Fusion Power Plant," *Digital Journal* (2019), http://www.digitaljournal.com/tech-and-science/technology/canadian-startup-gets-a-65-million-boost-for-fusion-power-plant/article/563880; T. Orton, "General Fusion Partners with Hatch for Prototype Power Plant," JWN Energy (2020), https://www.jwnenergy.com/article/2020/1/general-fusion-partners-hatch-prototype-power-plant/.

13. M. Delage, "Timing Is Everything: Pushing Fusion Forward with Pistons & Cutting-Edge Electronics," General Fusion (2018), https://generalfusion.com/2018/11/timing-everything-pushing-fusion-forward-pistons-cutting-edge-electronics/; M. Laberge, "Magnetized Target Fusion with a Spherical Tokamak," *Journal of Fusion Energy* 38 (2019): 199–203; B. Borzykowski, "Why Bezos and Microsoft Are Betting on This $10 Trillion Energy Fix for the Planet," CNBC (2019), https://www.cnbc.com/2019/03/06/bezos-microsoft-bet-on-a-10-trillion-energy-fix-for-the-planet.html; T. Hamilton, "A New Approach to Fusion," *MIT Technology Review* (2009), https://www.technologyreview.com/s/414559/a-new-approach-to-fusion/; D. Robitzski, "Expert: 'I'm 100 Percent Confident' Fusion Power Will Be Practical," Futurism (2019), https://futurism.com/fusion-power-practical; T. Orton, "General Fusion Raises $27m, Construction on Large-Scale Prototype Two Years Away," *Business Vancouver* (2015), https://biv.com/article/2015/05/general-fusions-raises-27m-ceo-says-prototype-two-.

14. J. McMahon, "Energy from Fusion in a Couple Years, CEO Says, Commercialization in Five," *Forbes* (2019), https://www.forbes.com/sites/jeffmcmahon/2019/01/14/private-firm-will-bring-fusion-reactor-to-market-within-five-years-ceo-says/#56c240f11d4a; M. Kanellos, "Hollywood, Silicon Valley and Russia Join Forces on Nuclear Fusion," *Forbes* (2013), https://www.forbes.com/sites/michaelkanellos/2013/03/11/hollywood-silicon-valley-and-russia-join-forces-on-nuclear-fusion/#4ff137e272ba; B. Wang, "CEO of TAE Technologies Says They Will Begin Commercialization of Fusion by 2023," NextBigFuture (2019), https://www.nextbigfuture.com/2019/01/ceo-of-tae-technologies-says-they-will-reach-

commercial-fusion-by-2024.html.
15. M. Haines, "Plasma Containment in Cusp-Shaped Magnetic Fields," *Nuclear Fusion* 17 (1977): 811; S. Best, "Trouble for Lockheed's Fusion Reactor?," *Daily Mail* (2017), https://www.dailymail.co.uk/sciencetech/article-4473908/Trouble-Lockheed-s-fusion-reactor.html; J. Trevithik, "Skunk Works' Exotic Fusion Reactor Program Moves Forward with Larger, More Powerful Design," *The Drive* (2019), https://www.thedrive.com/the-war-zone/29074/skunk-works-exotic-fusion-reactor-program-moves-forward-with-larger-more-powerful-design; R. Smith, "Lockheed Martin Doubles Down on Cold Fusion," Yahoo! Finance (2019), https://finance.yahoo.com/news/lockheed-martin-doubles-down-cold-120300203.html.
16. "Startup Nuclear Energy Companies Augur Safer, Cheaper Atomic Power," *Fortune* (2014), https://fortune.com/2014/07/03/startup-nuclear-energy-companies/; "A New Approach to Fusion," *MIT Technology Review* (2009), https://www.technologyreview.com/s/414559/a-new-approach-to-fusion/; BIV, "General Fusion Raises 27m, Construction on Large-Scale Prototype Two Years Away," BIV.com (2015), https://biv.com/article/2015/05/general-fusions-raises-27m-ceo-says-prototype-two-; Futurism, "Expert: 'I'm 100 Percent Confident' Fusion Power Will Be Practical," Futurism.com (2019), https://futurism.com/fusion-power-practical.
17. ラーナーの主張に対する反論は以下のとおり。V. J. Stenger, "Is the Big Bang a Bust?," *Skeptical Inquirer* 16 (1992); A. Penzias, "Big Bang Theory Makes Sense of Cosmic Facts; No Contradiction," *New York Times* (1991), https://www.nytimes.com/1991/06/18/opinion/l-big-bang-theory-makes-sense-of-cosmic-facts-no-contradiction-092291.html; B. Feuerbacher and R. Scranton, "Evidence for the Big Bang" (2006), http://www.talkorigins.org/faqs/astronomy/bigbang.html#lerner.
18. D. Klir et al., "Ion Acceleration Mechanism in Mega-Ampere Gas-Puff Z-Pinches," *New Journal of Physics* 20 (2018): 053064; M. Krishnan, "The Dense Plasma Focus: A Versatile Dense Pinch for Diverse Applications," *IEEE Transactions on Plasma Science* 40 (2012): 3189–221.
19. M. Halper, "Startup Nuclear Energy Companies Augur Safer, Cheaper Atomic Power," *Fortune* (2014), https://fortune.com/2014/07/03/startup-nuclear-energy-companies/; M. Anderson, "How Far Can Crowd-Funded Nuclear Fusion Go?," IEEE Spectrum (2014), https://spectrum.ieee.org/energywise/energy/nuclear/how-far-can-crowdfunded-nuclear-fusion-go; E. J. Lerner, "Invest in LPPFusion," Wefunder (2017), https://wefunder.com/lppfusion/about; E. Lerner, *The Big Bang Never Happened: A Startling Refutation of the Dominant Theory of the Origin of the Universe* (New York: Vintage, 2010)〔『ビッグバンはなかった』上・下、エリック・J・ラーナー著、林一訳、河出書房新社、1993年〕; E. J. Lerner, S. M. Hassan, I. Karamitsos, and F. V. Roessel, "Confined Ion Energy >200 keV and Increased

Fusion Yield in a DPF with Monolithic Tungsten Electrodes and Pre-Ionization," *Physics of Plasmas* 24 (2017): 102708; E. J. Lerner, S. K. Murali, D. Shannon, A. M. Blake, and F. V. Roessel, "Fusion Reactions from >150 keV Ions in a Dense Plasma Focus Plasmoid," *Physics of Plasmas* 19 (2012): 032704; E. J. Lerner, "Thank you all!," Wefunder (2020), https://wefunder.com/updates/130741-thank-you-all.

20. T. S. Pedersen et al., "Confirmation of the Topology of the Wendelstein 7-X Magnetic Field to Better Than 1:100,000," *Nature Communications* 7 (2016).
21. Max-Planck-Gesellschaft, "Angela Merkel Switches on Wendelstein 7-X Fusion Device" (2016), https://www.mpg.de/9926419/wendelstein7x-start; T. S. Pedersen et al., "Confirmation of the Topology of the Wendelstein 7-X Magnetic Field to Better Than 1:100,000," *Nature Communications* 7 (2016).
22. A. Sykes et al., "First Physics Results from the MAST Mega-Amp Spherical Tokamak," *Physics of Plasmas* 8 (2001): 2101–106.
23. "Boris Johnson Jokes About UK Being on the Verge of Nuclear Fusion," *New Scientist* (2019), https://www.newscientist.com/article/2218570-boris-johnson-jokes-about-uk-being-on-the-verge-of-nuclear-fusion/#ixzz66tYUwh6k; P. Ball, "A Lightbulb Moment for Nuclear Fusion?," *Guardian* (2019), https://www.theguardian.com/environment/2019/oct/27/nuclear-fusion-research-power-generation-iter-jet-step-carbon-neutral-2050-boris-johnson; E. Gibney, "UK Hatches Plan to Build World's First Fusion Power Plant," *Nature* (2019), https://www.nature.com/articles/d41586-019-03039-9.
24. A. Harvey-Thompson et al., "Diagnosing and Mitigating Laser Preheat Induced Mix in MagLIF," *Physics of Plasmas* 25 (2018): 112705; S. A. Slutz et al., "Scaling Magnetized Liner Inertial Fusion on Z and Future Pulsed-Power Accelerators," *Physics of Plasmas* 23 (2016): 022702; S. A. Slutz and R. A. Vesey, "High-Gain Magnetized Inertial Fusion," *Physical Review Letters* 108 (2012): 025003; S. A. Slutz et al., "Pulsed-Power-Driven Cylindrical Liner Implosions of Laser Preheated Fuel Magnetized with an Axial Field," *Physics of Plasmas* 17 (2010): 056303; M. V. Berry and A. K. Geim, "Of Flying Frogs and Levitrons," *European Journal of Physics* 18 (1997): 307.
25. T. Peckinpaugh, M. O'Neill, and A. Johns, "U.S. House of Representatives Demonstrates Support for Fusion Energy" (2020), https://www.globalpowerlawandpolicy.com/2020/09/u-s-house-of-representatives-demonstrates-support-for-fusion-energy/.

第8章　これはちょっと危険では？

1. R. Rhodes, *Dark Sun: The Making of the Hydrogen Bomb* (New York: Simon & Schuster, 1995)〔『原爆から水爆へ――東西冷戦の知られざる内幕』上・下、リチャード・ローズ著、小沢千重子、神沼二真訳、紀伊國屋書店、2001年〕; R. G. Hewlett and F. Duncan, *Atomic Shield, 1947–*

1952, vol. 2 (Pennsylvania State University Press, 1969).

2. L. Engel, "Twenty-three Fishermen and a Bomb: The Voyage of the Lucky Dragon," *New York Times* (1958); B. Kendall, "The H-Bomb," *Cold War: Stories from the Big Freeze,* BBC Radio 4 (2016).
3. C. Bernardini and L. Bonolis, *Enrico Fermi: His Work and Legacy* (London: Springer Science & Business Media, 2013).
4. A. Robock, L. Oman, and G. L. Stenchikov, "Nuclear Winter Revisited with a Modern Climate Model and Current Nuclear Arsenals: Still Catastrophic Consequences," *Journal of Geophysical Research: Atmospheres* 112 (2007); M. Roser and M. Nagdy, "Nuclear Weapons," *Our World in Data* (2013), https://ourworld indata.org/nuclear-weapons.
5. A. Glaser and R. J. Goldston, "Proliferation Risks of Magnetic Fusion Energy: Clandestine Production, Covert Production and Breakout," *Nuclear Fusion* 52 (2012): 043004.
6. A. Glaser and R. J. Goldston (2012): 043004.
7. M. Claessens, *ITER: The Giant Fusion Reactor: Bringing a Sun to Earth* (London: Springer Nature, 2019).
8. R. H. Cragg, "Lord Ernest Rutherford of Nelson (1871–1937)," *Royal Institute of Chemistry, Review* 4 (1971): 129–45; E. Rutherford and T. Royds, "XXI. The Nature of the α Particle from Radioactive Substances," *London, Edinburgh, and Dublin Philosophical Magazine and Journal of Science* 17 (1909): 281–86; E. Rutherford, "VIII. Uranium Radiation and the Electrical Conduction Produced by It," *London, Edinburgh, and Dublin Philosophical Magazine and Journal of Science* 47 (1899): 109–63.
9. R. Blandford, P. Simeon, and Y. Yuan, "Cosmic Ray Origins: An Introduction," *Nuclear Physics B—Proceedings Supplements* 256–257 (2014): 9–22.
10. P. De Marcillac, N. Coron, G. Dambier, J. Leblanc, and J. P. Moalic, "Experimental Detection of α-Particles from the Radioactive Decay of Natural Bismuth," *Nature* 422 (2003): 876–78.
11. W. Friedberg, K. Copeland, F. E. Duke, K. O'Brien III, and E. B. Darden Jr., "Radiation Exposure During Air Travel: Guidance Provided by the Federal Aviation Administration for Air Carrier Crews," *Health Physics* 79 (2000): 591–95.
12. Public Health England, *Ionising Radiation: Dose Comparisons* (UK Government, 2011), https://www.gov.uk/government/publications/ionising-radiation-dose-comparisons/ionising-radiation-dose-comparisons.
13. M. Hvistendahl, "Coal Ash Is More Radioactive Than Nuclear Waste," *Scientific American* 13 (2007); J. McBride, R. Moore, J. Witherspoon, and R. Blanco, *Radiological Impact of Airborne Effluents of Coal-Fired and Nuclear Power Plants* (Oak Ridge National Lab., Tenn., USA, 1977).

14. N. Jones, "Carbon Dating, the Archaeological Workhorse, Is Getting a Major Reboot," *Nature* (2020); S. S. Schweber and S. Schweber, *Nuclear Forces: The Making of the Physicist Hans Bethe* (Harvard University Press, 2012); J. W. Valley et al., "Hadean Age for a Post-Magma-Ocean Zircon Confirmed by Atom-Probe Tomography," *Nature Geoscience* 7 (2014): 219–23; T. Higham et al., "The Timing and Spatiotemporal Patterning of Neanderthal Disappearance," *Nature* 512 (2014): 306.
15. E. O. Lawrence, "Transmutations of Sodium by Deutons," *Physical Review* 47 (1935): 17.
16. OECD, *Physics and Safety of Transmutation Systems: A Status Report* (OECD, 2006).
17. L. N. Larson, *Nuclear Waste Storage Sites in the United States* (Congressional Research Service, 2020), https://sgp.fas.org/crs/nuke/IF11201.pdf; Nuclear Decommissioning Authority, "UK Radioactive Waste Inventory" (2020), https://ukinventory.nda.gov.uk/.
18. ITER Organisation, "Safety and Environment" (2020), https://www.iter.org/mach/safety.
19. M. García, P. Sauvan, R. García, F. Ogando, and J. Sanz, "Study of Concrete Activation with IFMIF-like Neutron Irradiation: Status of EAF and TENDL Neutron Activation Cross-Sections," in *EPJ Web of Conferences,* vol. 146 (Les Ulis, France: EDP Sciences, 2017), 09037; L. El-Guebaly, V. Massaut, K. Tobita, and L. Cadwallader, "Goals, Challenges, and Successes of Managing Fusion Activated Materials," *Fusion Engineering and Design* 83 (2008): 928–35.
20. R. Conn et al., "Economic, Safety and Environmental Prospects of Fusion Reactors," *Nuclear Fusion* 30 (1990): 1919.
21. B. K. Sovacool et al., "Balancing Safety with Sustainability: Assessing the Risk of Accidents for Modern Low-Carbon Energy Systems," *Journal of Cleaner Production* 112 (2016): 3952–965; S. Gordelier, *Comparing Nuclear Accident Risks with Those from Other Energy Sources* (OECD, 2010), http://dx.doi.org/10.1787/9789264097995-en; "Deaths per TWh by Energy Source," NextBigFuture.com (2011), https://www.nextbigfuture.com/2011/03/deaths-per-twh-by-energy-source.html; A. Markandya and P. Wilkinson, "Electricity Generation and Health," *Lancet* 370 (2007): 979–90.
22. F. Richter, M. Steenbeck, M. Wilhelm, et al., *Nuclear Accidents and Policy: Notes on Public Perception* (DIW Berlin, the German Socio-Economic Panel [SOEP], 2013); P. A. Kharecha and M. Sato, "Implications of Energy and CO_2 Emission Changes in Japan and Germany After the Fukushima Accident," *Energy Policy* 132 (2019): 647–53; M. J. Neidell, S. Uchida, and M. Veronesi, *Be Cautious with the Precautionary Principle: Evidence from Fukushima Daiichi Nuclear Accident* (Cambridge, MA: National Bureau of Economic Research, 2019).
23. P. A. Kharecha and J. E. Hansen, "Prevented Mortality and Greenhouse Gas Emissions from Historical and Projected Nuclear Power," *Environmental Science & Technology* 47 (2013): 4889–895.

第９章　核融合レースのゴール

1. E. Lawrence, Ernest Lawrence banquet speech, the Nobel Foundation, 1940 (Nobel Media AB, 2020), https://www.nobelprize.org/prizes/physics/1939/lawrence/speech/.
2. D. van Houtte et al., "Recent Fully Non-Inductive Operation Results in Tore Supra with 6 Min, 1GJ Plasma Discharges," *Nuclear Fusion* 44 (2004): L11– L15; X. Gong et al., "Integrated Operation of Steady-State Long-Pulse H-Mode in Experimental Advanced Superconducting Tokamak," *Nuclear Fusion* 59 (2019): 086030; Phys Org, "Korean Artificial Sun sets the New World Record of 20-Sec-Long Operation at 100 Million Degrees" (2020), https://phys.org/news/2020-12-korean-artificial-sun-world-sec-long.amp.
3. J. Wesson and D. J. Campbell (2011)〔『トカマク概論』〕; F. Wagner et al., "Development of an Edge Transport Barrier at the H Mode Transition of ASDEX," *Physical Review Letters* 53 (1984): 1453–456; F. Wagner, "A Quarter-Century of H-Mode Studies," *Plasma Physics and Controlled Fusion* 49 (2007): B1–B33; R. Arnoux, "How Fritz Wagner 'Discovered' the H-Mode," *Iter Newsline* 86 (2009), https://www.iter.org/newsline/86/659; "Thirty Years of H-Mode," EUROfusion.org (2012), https://www.euro-fusion.org/news/detail/thirty-years-of-h-mode/?.〔現在はアクセス不能〕
4. J. Kates-Harbeck, A. Svyatkovskiy, and W. Tang, "Predicting Disruptive Instabilities in Controlled Fusion Plasmas Through Deep Learning," *Nature* 568 (2019): 526; G. Kluth et al., "Deep Learning for NLTE Spectral Opacities," *Physics of Plasmas* 27 (2020): 052707.
5. T. Boisson, "British Nuclear Fusion Reactor Relaunched for the First Time in 23 Years," *Trust My Science* (2020), https://trustmyscience.com/reacteur-fusion-anglais-relance-premiere-fois-depuis-23-ans/.
6. J. Wesson and D. J. Campbell (2011)〔『トカマク概論』〕; A. E. Costley, "On the Fusion Triple Product and Fusion Power Gain of Tokamak Pilot Plants and Reactors," *Nuclear Fusion* 56 (2016): 066003.
7. T. Fujita et al., "High Performance Experiments in JT-60U Reversed Shear Discharges," *Nuclear Fusion* 39 (1999): 1627–636; "Wendelstein 7-X Achieves World Record," Max Planck Institute for Plasma Physics (2018), https://www.ipp.mpg.de/4413312/04_18; T. S. Pedersen et al., "First Results from Divertor Operation in Wendelstein 7-X," *Plasma Physics and Controlled Fusion* 61 (2018): 014035.
8. P. O'Shea, M. Laberge, M. Donaldson, M. Delage, et al., "Acoustically Driven Magnetized Target Fusion at General Fusion: An Overview," *Bulletin of the American Physical Society* 61 (2016); D. Clery, "Alternatives to Tokamaks: A Faster-Better-Cheaper Route to Fusion Energy?," *Philosophical Transactions of the Royal Society A: Mathematical, Physical, and Engineering Sciences* 377 (2019): 20170431; R. Mumgard, *A New Approach to Funding,*

Accelerating, and Commercializing Fusion: NAS Comments, PPPL (Commonwealth Fusion Systems, 2018).
9. J. Wesson and D. J. Campbell (2011).〔『トカマク概論』〕
10. M. Claessens, *ITER: The Giant Fusion Reactor: Bringing a Sun to Earth* (London: Springer Nature, 2019).
11. "ITER FAQ" (2020), http://www.iter.org/faq; E. Cartlidge, "Fusion Energy Pushed Back Beyond 2050," BBC (2017), https://www.bbc.co.uk/news/science-environment-40558758.
12. ITER Organisation, *ITER Research Plan Within the Staged Approach (Level III—Provisional Version)*, ITER (2018); G. Brennan, "When Will Fusion Power European Grids?—the Commercial Reactor—Part 2," *Engineers Journal* (2016), http://www.engineersjournal.ie/2016/02/09/when-will-fusion-power-european-grids-the-commercial-reactor-part-2/.
13. US Department of Energy, *2015 Review of the Inertial Confinement Fusion and High Energy Density Science Portfolio* (National Nuclear Security Administration, 2016).
14. O. A. Hurricane et al., "Fuel Gain Exceeding Unity in an Inertially Confined Fusion Implosion," *Nature* 506 (2014): 343–48; O. Hurricane et al., "Approaching a Burning Plasma on the NIF," *Physics of Plasmas* 26 (2019): 052704; S. Le Pape et al., "Fusion Energy Output Greater Than the Kinetic Energy of an Imploding Shell at the National Ignition Facility," *Physical Review Letters* 120 (2018): 245003; D. Clery, "Laser Fusion Reactor Approaches 'Burning Plasma' Milestone," *Science* 370 (2020): 1019–20.
15. D. Clark et al., "Three-Dimensional Modeling and Hydrodynamic Scaling of National Ignition Facility Implosions," *Physics of Plasmas* 26 (2019): 050601; V. Gopalaswamy et al., "Tripled Yield in Direct-Drive Laser Fusion Through Statistical Modelling," *Nature* 565 (2019): 581–86.
16. K. Hahn et al., "Fusion-Neutron Measurements for Magnetized Liner Inertial Fusion Experiments on the Z Accelerator," in *Journal of Physics: Conference Series*, vol. 717 (IOP Publishing, 2016), 012020.
17. O. Hurricane et al., "Approaching a Burning Plasma on the NIF," *Physics of Plasmas* 26 (2019): 052704; P. Amendt et al., "Ultra-High (>30%) Coupling Efficiency Designs for Demonstrating Central Hot-Spot Ignition on the National Ignition Facility Using a Frustraum," *Physics of Plasmas* 26 (2019): 082707.
18. R. Aymar, P. Barabaschi, and Y. Shimomura, "The ITER Design," *Plasma Physics and Controlled Fusion* 44 (2002): 519–65.
19. M. Claessens (2019); H. A. Bethe, "The Fusion Hybrid," *Nuclear News* 21 (1978): 41; "Russia Develops a Fission-Fusion Hybrid Reactor," *Nuclear Engineering International Magazine* (2018), https://www.neimagazine.com/news/newsrussia-develops-a-fission-fusion-hybrid-reactor-6168535; R. Barrett and R. Hardie, *Fusion-Fission Hybrid as an Alternative to*

the Fast Breeder Reactor (Los Alamos Scientific Lab, 1980).

20. T. Klinger et al., "Overview of First Wendelstein 7-X High-Performance Operation," *Nuclear Fusion* 59 (2019): 112004; F. Warmer et al., "From W7-X to a HELIAS Fusion Power Plant: On Engineering Considerations for Next-Step Stellarator Devices," *Fusion Engineering and Design* 123 (2017): 47–53.
21. I. T. Chapman and A. Morris, "UKAEA Capabilities to Address the Challenges on the Path to Delivering Fusion Power," *Philosophical Transactions of the Royal Society A: Mathematical, Physical and Engineering Sciences* 377 (2019): 20170436; T. Tanabe et al., "Tritium Retention of Plasma Facing Components in Tokamaks," *Journal of Nuclear Materials* 313 (2003): 478–90.
22. I. T. Chapman and A. Morris, "UKAEA Capabilities to Address the Challenges on the Path to Delivering Fusion Power," *Philosophical Transactions of the Royal Society A: Mathematical, Physical and Engineering Sciences* 377 (2019): 20170436; S. Brezinsek et al., "Fuel Retention Studies with the ITER-like Wall in JET," *Nuclear Fusion* 53 (2013): 083023; A. Baron-Wiechec et al., "First Dust Study in JET with the ITER-like Wall: Sampling, Analysis and Classification," *Nuclear Fusion* 55 (2015): 113033.
23. M. Claessens (2019); A. Donné, "The European Roadmap Towards Fusion Electricity," *Philosophical Transactions of the Royal Society A: Mathematical, Physical and Engineering Sciences* 377 (2019): 20170432.
24. R. Miles et al., "Thermal and Structural Issues of Target Injection into a Laser-Driven Inertial Fusion Energy Chamber," *Fusion Science and Technology* 66 (2014): 343–48.
25. P. Mason et al., "Kilowatt Average Power 100 J-Level Diode Pumped Solid State Laser," *Optica* 4 (2017): 438.
26. W. Meier et al., "Fusion Technology Aspects of Laser Inertial Fusion Energy (Life)," *Fusion Engineering and Design* 89 (2014): 2489–492; M. Dunne et al., "Timely Delivery of Laser Inertial Fusion Energy (LIFE)," *Fusion Science and Technology* 60 (2011): 19–27; T. M. Anklam, M. Dunne, W. R. Meier, S. Powers, and A. J. Simon, "LIFE: The Case for Early Commercialization of Fusion Energy," *Fusion Science and Technology* 60 (2011): 66–71.
27. D. Clery, "Knighthood in Hand, Astrophysicist Prepares to Lead U.S. Fusion Lab," *Science* (2019), https://www.sciencemag.org/news/2018/06/knighthood-hand-astrophysicist-prepares-lead-us-fusion-lab.
28. D. Clery (2014); N. R. Council, S. E. Koonin, et al., *Second Review of the Department of Energy's Inertial Confinement Fusion Program* (Washington, DC: National Academies Press, 1990); D. N. Bixler, "The LMF: Riding Out the Tide of Change," *Journal of Fusion Energy* 10 (1991): 335–37; "National Ignition Facility. FAQs," Lawrence Livermore National Laboratory (2020), https://lasers.llnl.gov/about/faqs; N. R. Council et al., *Review of the Department of*

Energy's Inertial Confinement Fusion Program: The National Ignition Facility (Washington, DC: National Academies Press, 1997).

29. A. Sykes et al., "Compact Fusion Energy Based on the Spherical Tokamak," *Nuclear Fusion* 58 (2017): 016039; A. E. Costley, "On the Fusion Triple Product and Fusion Power Gain of Tokamak Pilot Plants and Reactors," *Nuclear Fusion* 56 (2016): 066003; J. D. Farmer and F. Lafond, "How Predictable Is Technological Progress?," *Research Policy* 45 (2016): 647–65; H. Ritchie, "Renewable Energy," *Our World in Data* (2017), https://ourworldindata.org/renewable-energy.
30. D. Castelvecchi, "Next-Generation LHC: CERN Lays Out Plans for €21-Billion Supercollider," *Nature* (2019), https://www.nature.com/articles/d41586-019-00173-2; E. Gibney and D. Castelvecchi, "CERN Makes Bold Push to Build €21-Billion Supercollider," *Nature* (2020), https://www.nature.com/articles/d41586-020-01866-9; A. Knapp, "How Much Does It Cost to Find a Higgs Boson?," *Forbes* (2012), https://www.forbes.com/sites/alexknapp/2012/07/05/how-much-does-it-cost-to-find-a-higgs-boson/#28829a2c3948; J. R. Minkel, "Is the International Space Station Worth $100 billion?," Space.com (2010), https://www.space.com/9435-international-space-station-worth-100-billion.html; E. Cartlidge, "Square Kilometre Array Hit with Further Cost Hike and Delay," *Physics World* (2019), https://physicsworld.com/a/square-kilometre-array-hit-with-further-cost-hike-and-delay/.
31. "Total Energy Price and Expenditure Estimates (Total, per Capita, and per GDP), Ranked by State, 2018," US Energy Information Administration (2020), https://www.eia.gov/state/seds/data.php?incfile=/state/seds/sep_sum/html/rank_pr.html&sid=US.
32. S. O. Dean, "Historical Perspective on the United States Fusion Program," *Fusion Science and Technology* 47 (2005): 291–99; S. O. Dean, "Fusion Power by Magnetic Confinement Program Plan," *Journal of Fusion Energy* 17 (1998): 263– 87; "Gross Domestic Spending on R&D," OECD iLibrary (2020), doi:10.1787/d8b068b4-en; R. E. Rowberg, "Congress and the Fusion Energy Sciences Program: A Historical Analysis," *Journal of Fusion Energy* 18 (1999): 29–46.
33. OECD iLibrary (2020); "Federal Science Budget Tracker," American Institute of Physics (2020), https://www.aip.org/fyi/federal-science-budget-tracker/FY2020.
34. S. Eckhouse, G. Lewison, and R. Sullivan, "Trends in the Global Funding and Activity of Cancer Research," *Molecular Oncology* 2 (2008): 20–32.
35. N. Hawker, "A Simplified Economic Model for Inertial Fusion," *Philosophical Transactions of the Royal Society A: Mathematical, Physical and Engineering Sciences* 378 (2020): 20200053.
36. T. M. Anklam, M. Dunne, W. R. Meier, S. Powers, and A. J. Simon, "LIFE: The Case for Early Commercialization of Fusion Energy," *Fusion Science and Technology* 60 (2011): 66–71; Bechtel National, Inc., *Fusion Power Capital Cost Study* (ARPA-E, 2017).

37. Energy Information Administration, *Levelized Cost and Levelized Avoided Cost of New Generation Resources in the Annual Energy Outlook* (US Government, 2019); IEA, *Projected Costs of Generating Electricity 2020* (2020), https://www.iea.org/reports/projected-costs-of-generating-electricity-2020.
38. L. L. Strauss, "Remarks Prepared for Delivery at the Founders Day Dinner," *National Association of Science Writers* 16 (1954).

エピローグ　核融合をしない余裕はあるのか

1. L. Artsimovich, "Matter and Energy," in *Children's Encyclopedia* (ed. Alexei Ivanovich Markushevich) (Pedagogy, 1973).
2. R. Black, "The Top 10 Greatest Survivors of Evolution," *Smithsonian* (2012), http://www.smithsonianmag.com/science-nature/The-Top-10-Greatest-Survivors-of-Evolution-178186561.html; D. M. Raup and S. J. Gould, *Extinction: Bad Genes or Bad Luck?* (New York: W. W. Norton & Company, 1993)〔『大絶滅――遺伝子が悪いのか運が悪いのか？』デイヴィッド・M・ラウプ著、渡辺政隆訳、平河出版社、1996年〕; D. Jablonski and W. G. Chaloner, "Extinctions in the Fossil Record [and Discussion]," *Philosophical Transactions of the Royal Society of London B: Biological Sciences* 344 (1994): 11–17; C. Lavett Smith, C. S. Rand, B. Schaeffer, and J. W. Atz, "Latimeria, the Living Coelacanth, Is Ovoviviparous," *Science* 190 (1975): 1105–1106.
3. C. R. Chapman and D. Morrison, "Impacts on the Earth by Asteroids and Comets: Assessing the Hazard," *Nature* 367 (1994): 33–40; Z. Sekanina, "The Tunguska Event—No Cometary Signature in Evidence," *Astronomical Journa* l 88 (1983): 1382–413; S. Self, "The Effects and Consequences of Very Large Explosive Volcanic Eruptions," *Philosophical Transactions of the Royal Society A: Mathematical, Physical and Engineering Sciences* 364 (2006): 2073–97.
4. P. W. Anderson, "More Is Different," *Science* 177 (1972): 393–96.
5. G. Dosi, M. Napoletano, A. Roventini, J. E. Stiglitz, and T. Treibich, *Rational Heuristics? Expectations and Behaviors in Evolving Economies with Heterogeneous Interacting Agents* (Cambridge, MA: National Bureau of Economic Research, 2020), http://www.nber.org/papers/w26922, doi:10.3386/w26922; Y. Achdou, J. Han, J. M. Lasry, P. L. Lions, and B. Moll, *Income and Wealth Distribution in Macroeconomics: A Continuous-Time Approach* (Cambridge, MA: National Bureau of Economic Research, 2017), http://www.nber.org/papers/w23732, doi:10.3386/w23732.
6. J. Wolf, G. R. Asrar, and T. O. West, "Revised Methane Emissions Factors and Spatially Distributed Annual Carbon Fluxes for Global Livestock," *Carbon Balance and Management* 12 (2017): 16; M. Kamo, Y. Sato, S. Matsumoto, and N. Setaka, "Diamond Synthesis from Gas Phase in Microwave Plasma," *Journal of Crystal Growth* 62 (1983): 642–44.

7. S. V. Bulanov et al., "Laser Ion Acceleration for Hadron Therapy," *Physics-Uspekhi* 57 (2014): 1149–1179.

8. D. T. Casey et al., "Thermonuclear Reactions Probed at Stellar-Core Conditions with Laser-Based Inertial-Confinement Fusion," *Nature Physics* 13 (2017): 1227–231.

9. G. Wilt, "Glimpses of an Exceptional Man," *Science & Technology Review* (July/August, 1998).

10. P. M. Celliers et al., "Insulator-Metal Transition in Dense Fluid Deuterium," *Science* 361 (2018): 677–82.

11. I. T. Chapman and A. W. Morris, "UKAEA Capabilities to Address the Challenges on the Path to Delivering Fusion Power," *Philosophical Transactions of the Royal Society A: Mathematical, Physical and Engineering Sciences* 377 (2019): 20170436.

12. G. Wurden et al., "A New Vision for Fusion Energy Research: Fusion Rocket Engines for Planetary Defense," *Journal of Fusion Energy* 35 (2016): 123–33.

13. F. J. Dyson, "Interstellar Transport," *Physics Today* 21 (1968): 41–45.

14. D. B. Lombard, "Plowshare: A Program for the Peaceful Uses of Nuclear Explosives," *Physics Today* 14 (1961): 24–34; G. W. Johnson and H. Brown, "Non-Military Uses of Nuclear Explosives," *Scientific American* 199 (1958): 29–35; E. Teller, *Plowshare* (Livermore, CA: University of California, 1963); C. R. Gerber, R. Hamburger, and E. S. Hull, *Plowshare* (Washington, DC: US Atomic Energy Commission, Division of Technical Information, 1967); M. D. Nordyke, "The Soviet Program for Peaceful Uses of Nuclear Explosions," *Science & Global Security* 7 (1998): 1–117.

15. J. Cassibry et al., "Case and Development Path for Fusion Propulsion," *Jounal of Spacecraft and Rockets* 52 (2015): 595–612; G. Schmidt, J. Bonometti, and P. Morton, "Nuclear Pulse Propulsion—Orion and Beyond," in *36th AIAA/ASME/SAE/ASEE Joint Propulsion Conference and Exhibit* (2000): 3856; C. Orth, *Interplanetary Space Transport Using Inertial Fusion Propulsion* (Lawrence Livermore National Lab, 1998); I. A. Crawford, "Interstellar Travel: A Review for Astronomers," *Quarterly Journal of the Royal Astronomical Society* 31 (1990): 377–400; K. Long et al., "PROJECT ICARUS: Son of Daedalus, Flying Closer to Another Star," *arXiv preprint arXiv:1005.3833* (2010); W. Moeckel, "Comparison of Advanced Propulsion Concepts for Deep Space Exploration,"*Journal of Spacecraft and Rockets* 9 (1972): 863–68.

「夢のエネルギー」核融合の最終解答

2025年1月20日　初版印刷
2025年1月25日　初版発行

*

著　者　アーサー・タレル
監修者　横山達也
訳　者　田沢恭子
発行者　早川　浩

*

印刷所　三松堂株式会社
製本所　三松堂株式会社

*

発行所　株式会社　早川書房
東京都千代田区神田多町2-2
電話　03-3252-3111
振替　00160-3-47799
https://www.hayakawa-online.co.jp
定価はカバーに表示してあります
ISBN978-4-15-210396-3　C0042
Printed and bound in Japan
乱丁・落丁本は小社制作部宛お送り下さい。
送料小社負担にてお取りかえいたします。